BIBLIOTHÈQUE DES MERV

L'ACOUSTIQUE

OU

LES PHÉNOMÈNES DU SON

PAR

R. RADAU

OUVRAGE ILLUSTRÉ DE 114 VIGNETTES
PAR H. LŒSCHIN, JAHANDIER, ETC

PARIS

LIBRAIRIE DE L. HACHETTE ET Cie

BOULEVARD SAINT-GERMAIN, N° 77

1867

BIBLIOTHÈQUE
DES MERVEILLES

PUBLIÉE SOUS LA DIRECTION

DE M. ÉDOUARD CHARTON

———

L'ACOUSTIQUE

PARIS. — IMP. SIMON RAÇON ET COMP., RUE D'ERFURTH, 1.

L'ACOUSTIQUE

I

LE SON DANS LA NATURE

Bruit et son musical. — Voix des animaux. — Langage des bêtes. — M. L***
et les singes. — L'animal Haüt. — Oiseaux chanteurs. — Insectes. — Reptiles et poissons. — Vie nocturne des animaux dans les forêts.

Le son, c'est le mouvement qui devient sensible à
distance. Le repos est muet. Tout son, tout bruit
annonce un mouvement. C'est le télégraphe invisible
dont se sert la nature.

Aussi bien le son est un appel ; on ne le comprend
pas sans l'oreille qui l'écoute, comme on ne comprend
point la lumière sans l'œil qu'elle impressionne. Voix,
parole, chant, il devient l'auxiliaire le plus précieux et
le plus important de la vie de relation. On sait que les
aveugles qui entendent et parlent sont bien supérieurs
aux sourds-muets, qui n'ont que les yeux pour comprendre. C'est par la voix, fille de l'air, que les êtres
vivants se communiquent le plus complétement leurs
impressions et leurs besoins ou leurs désirs ; la voix ap-

1

pelle, attire ou repousse, excite ou caresse, implore ou maudit... Lorsqu'elle se fait parole dans la bouche de l'homme, elle exprime tout ce que l'esprit peut concevoir ou le cœur sentir. Incarnation merveilleuse qui prête un invisible corps à la pensée, elle porte d'esprit en esprit les passions, la foi ou le doute, le trouble ou la paix. Conçoit-on une humanité muette?

Nous nous proposons d'étudier le son sous différentes formes, sans nous préoccuper d'abord de la nature intime des phénomènes auxquels il donne lieu. On verra ensuite que ces phénomènes s'expliquent aussi complétement qu'on peut le désirer, par des considérations tirées de la théorie des vibrations, et que les règles de la musique même découlent en grande partie d'un certain nombre de faits physiques ou physiologiques qui sont du domaine des sciences d'observation. Il ne faut pas cependant que le lecteur s'effraye de cette perspective; nous ne ferons qu'effleurer ce côté de notre sujet, et nous nous bornerons, dans la plupart des cas, à l'indication des résultats obtenus, sans entrer dans aucun détail sur la démonstration des lois que nous ferons connaître. De cette façon, ce livre pourra être lu sans effort d'esprit par tous ceux qui aiment à comprendre les phénomènes au milieu desquels se passe notre existence.

Les impressions que perçoit l'oreille se distinguent habituellement en *sons musicaux* et en *bruits*. La distinction est vague; on ne saurait admettre entre les sons et les bruits une différence d'essence ou de nature. Tous les bruits se composent de sons de très-courte durée, presque instantanés et plus ou moins dissonants.

D'un autre côté, les sons musicaux, ou pour parler avec plus de précision et ne rien préjuger sur les définitions, les sons employés par les musiciens ont souvent une durée excessivement courte, et les combinaisons dans lesquelles on les fait entrer peuvent être parfaitement dissonantes. Où est la limite qui sépare le son musical du bruit? Elle est tracée par le degré de plaisir ou de déplaisir que nous causent les impressions perçues par un organe dont la sensibilité varie d'un individu à l'autre, et il ne faudrait pas en demander la définition à une personne qui sortirait d'un de nos spectacles de foire.

Le caractère le plus saillant du bruit c'est l'irrégularité et la discontinuité de l'impression. Le roulement d'une voiture sur le pavé se compose d'une série d'explosions discordantes ; le bruit que fait l'eau qui tombe du robinet d'une fontaine, est de même une suite rapide de notes saccadées. Dans le doux murmure d'un ruisseau, dans le bruissement des feuilles, les transitions sont déjà moins brusques ; enfin, dans d'autres bruits tels que les longs mugissements du vent qui s'engouffre dans les cheminées, les notes montent et descendent par degrés insensibles. Dans tous ces cas, cependant, nous rencontrons des successions irrégulières de sons hétérogènes, qui se suivent trop rapidement pour laisser à la sensation musicale le temps de naître, tandis que les impressions que constituent les sons musicaux sont assez prolongées pour être perçues distinctement. C'est dans le même fait que réside la différence entre le langage parlé et le chant. D'habitude, on appelle aussi *bruit* un mélange confus de sons que l'oreille ne parvient pas à confondre dans une sensation une et homogène. Ainsi, on produira un bruit en posant la main étendue sur les touches d'un clavier de manière à faire entendre à la fois toutes les notes de la gamme. Il est clair, d'après ces exemples, que la distinction entre bruit et son peut n'être qu'une affaire de convention, et qu'on peut passer par mille transitions de l'un à l'autre, quoique la distance soit grande aux extrêmes. Tout le monde appelle bruit le cliquetis que produisent en tombant des morceaux de bois. Cependant, voici une expérience qui se fait souvent. On prend sept lames de bois dur, de même longueur et de même largeur, mais dont les épaisseurs décroissent de l'une à l'autre suivant une certaine loi. On en laisse tomber une seule sur le plancher; elle donne un bruit qui paraît n'avoir aucun caractère musical; ensuite on les jette l'une après l'autre, suivant l'ordre de leurs épaisseurs décroissantes, et l'on entend parfaitement les sept notes de la gamme.

En frappant sur des cailloux convenablement choisis et suspendus à des fils, les Chinois produisent des sons assez agréables pour composer une mélodie. Beaucoup d'instruments employés dans les orchestres ne produisent, à parler proprement, que des bruits cadencés, qui viennent se mêler à la musique pour soutenir le rhythme; tels sont les cymbales, les castagnettes, les triangles, etc.

La nature inorganique ne produit que des bruits. La

voix du tonnerre, celle de l'ouragan et celle de la mer, ne sont que des bruits confus. Cependant, on peut obtenir du vent des notes musicales, en lui offrant une harpe éolienne, dont les cordes ne résonnent que d'une manière déterminée.

Dans le monde des animaux, on rencontre une variété infinie de bruits et de sons musicaux ; ces bruits et ces chants constituent le langage des bêtes. « Les oiseaux, dit le P. Mersenne, les chiens et les autres animaux font un autre cri quand ils se fâchent, qu'ils se plaignent ou qu'ils sont malades, que quand ils se réjouissent et se portent bien, et la voix est plus aiguë en la tristesse et en la colère, que hors de ces passions ; car la bile fait la voix aiguë, la mélancolie et le phlegme la fait grave, et l'humeur sanguine la rend tempérée... Mais la voix des animaux est nécessaire, et celle des hommes est libre ; c'est-à-dire que l'homme parle librement, et que les animaux crient, chantent, et se servent de leurs voix nécessairement... Plusieurs disent qu'ils ne crient pas nécessairement, d'autant qu'il n'y a, ce semble, rien de plus libre que le chant des oiseaux, comme du rossignol, du chardonneret, et des autres, et néanmoins il faut avouer qu'ils ne chantent que par nécessité, soit que la volupté ou la tristesse les pousse à chanter, ou qu'ils soient excités par quelque instinct naturel, qui ne leur laisse nulle liberté de se taire, ou de cesser quand ils ont commencé à chanter. Et quand ils oyent un luth ou quelque autre son harmonieux, et qu'ils chantent à l'envi les uns des autres, les sons qu'ils imitent ou qui les excitent à chanter, frappent tellement leur imagination qu'ils ne peuvent pas se taire ; car leur appétit sensitif étant échauffé par l'impression de l'imagination, commande nécessairement à la faculté motrice de mouvoir toutes les parties qui sont nécessaires à la voix. »

Cette théorie de la *voix nécessaire* ne laisse pas d'être passablement subtile, car on ne peut nier que beaucoup d'animaux ne parviennent à tenir entre eux de véritables conversations.

Il faut citer ici l'intéressant livre de G.-E. Wetzel, intitulé : *Nouvelle découverte sur le langage des bêtes, basée sur la raison et l'expérience* (Vienne, 1800). Le frontispice représente un groupe d'animaux supérieurs avec cette légende : *Ils ne mentent point; la vérité est leur langue.* L'auteur s'efforce de démontrer que les animaux se font comprendre les uns des autres par des combinaisons de sons qui constituent la plus simple des langues, une langue pleine de répétitions... qu'ils cherchent à se faire comprendre de l'homme et qu'ils en comprennent, à leur tour, le langage... qu'enfin il serait possible d'étudier les idiomes des différents animaux et d'en déterminer les formes et les variations.

On trouve effectivement dans le livre de Wetzel les rudiments d'un dictionnaire de la langue des bêtes ; cela remplit une vingtaine de pages. L'auteur a même essayé comme application de ses principes, de traduire en allemand plusieurs dialogues de chiens, de chats, de poules et d'autres oiseaux. Il rapporte une conversation, composée de petits cris abrupts, qu'il prétend avoir surprise entre plusieurs renards captifs, et qui avait pour but de s'entendre sur les moyens propres à faci-

liter la fuite ; il faut croire que le sens de cette conversation ne fut pas très-clair tout d'abord pour notre lin-
guiste, car les trois renards parvinrent à s'échapper.

Il n'est pas douteux qu'à force d'observer les animaux, on n'arrive à comprendre jusqu'à un certain
point leur langue mystérieuse, et même à la parler.
Voici, à ce propos, une histoire très-plaisante que j'emprunte à M. Jules Richard.

« En allant visiter dans un hôpital militaire un ami
malade, dit M. Richard, j'avais fait connaissance, il y a
douze ans, d'un vieil officier d'administration nommé
L.... : c'était un méridional, un peu hâbleur, mais
brave homme au fond, qui jurait comme un païen, et
qui chérissait les animaux. Il avait apprivoisé tous les
chats de l'hôpital, et un miaulement de lui, à l'heure
des distributions, les faisait accourir des points les plus
écartés de l'établissement autour de la soupière du
vieil officier.

« J'avais toujours supposé que les chats, trompés par
l'imitation parfaite de leur miaulement, ou habitués
comme des soldats à l'heure de la soupe, arrivaient
machinalement se ranger auprès de leur ami.

— Ils me comprennent, affirmait le père L...., ils
me comprennent admirablement. Je sais parler chat,
je sais parler chien ; mais je parle singe mieux que les
singes eux-mêmes.

« Comme je souriais d'un air d'incrédulité :

— Voulez-vous, me dit M. L...., venir demain avec
moi au Jardin des Plantes, et je vous ferai assister à
quelque chose d'extraordinaire ; je ne vous dis que
cela.

« Je n'eus garde de manquer au rendez-vous, le père L... fut exact de son côté. Il me conduisit au palais des singes ; à peine se fut-il accoudé sur la balustrade extérieure, que j'entendis à côté de moi un son guttural :

Kirrouu ! Kirriquiou ! Courouqui ! Quiriquiou !

Je cherche à reproduire les onomatopées qui sortaient de la bouche de mon voisin.

Kirrouu !

Trois singes tombèrent en arrêt devant L...

Kirriquiou !

Quatre autres singes imitèrent leurs camarades.

Courouqui !

Ils étaient douze.

Quiriquiou !

Ils y étaient tous. Le discours de L.... dura dix minutes, pendant lesquelles les singes, rangés sur plusieurs lignes, assis à terre, les pattes de devant croisées sur leurs genoux, riaient, s'agitaient, écoutaient et répondaient. Mon Dieu, oui, ils répondaient et L... reprenait de plus belle ses *Kirrouu, Kirriquiou, Courouqui, Kirriquiou.* Nous restâmes là vingt minutes et je vous garantis que les singes ne s'ennuyaient pas. Tout à coup L... fit mine de s'éloigner, ses auditeurs devinrent inquiets ; puis, comme L... quittait la balustrade, ils poussèrent des cris de détresse. Nous partîmes ; mais de loin nous apercevions les singes qui, grimpés dans les frises du palais, faisaient toujours des signes d'adieu à L... Il me sembla même que quelques-uns voulaient lui dire :

— Si tu ne reviens pas, au moins écris-nous ! »

On dit quelquefois d'une cacophonie : *musique de chiens et de chats.* Il fut un temps où cela pouvait se dire sans métaphore! Il y a eu des concerts de chats (je ne parle pas de ceux qui ont lieu sur les gouttières); des concerts de pourceaux, d'ours, de singes, de dindons, de petits oiseaux qui ne chantaient pas de gaieté de cœur.

Voici, d'après les chroniques, celui qu'on donna à Bruxelles en 1549, le jour de l'octave de l'Ascension, en l'honneur d'une image miraculeuse de la Vierge. Un ours touchait l'orgue. Cet orgue se composait d'une vingtaine de chats renfermés séparément dans des caisses étroites au-dessus desquelles passaient les queues de ces animaux, liées à des cordes qui étaient attachées aux registres de l'orgue et qui correspondaient aux touches. Chaque fois que l'ours tapait sur le clavier, il tirait les queues des pauvres chats et les forçait de miauler sur tous les tons.

Les historiens de la musique parlent aussi d'orgues de pourceaux réunis à des chats. Conrad van der Rosen, le fou de l'empereur Sigismond, réussit, dit-on, à guérir son maître d'une noire mélancolie en jouant d'un orgue de chats rangés par gammes, dont il piquait les queues en frappant sur les touches. Les chats n'étaient pas heureux à cette époque. A Aix, en Provence, on en rassemblait un grand nombre le jour de la Saint-Jean, jour des sorcières, et on les précipitait dans un énorme brasier qui flambait sur la place de la cathédrale.

A Anvers, le jour de la Saint-Jommergue, on attachait par la patte un certain nombre d'oiseaux aux

branches d'un arbre fraîchement coupé. Cet arbre était
ensuite placé derrière la balustrade de la chapelle du
saint qu'on voulait honorer. Tout le temps de la
célébration de l'office divin, les enfants sautaient après
cet arbre et tàchaient d'attraper les oiseaux, ce qui
donnait lieu à un vacarme épouvantable et fort peu
édifiant.

Le P. Kircher consacre aux voix des animaux un des
chapitres les plus curieux de sa *Musurgie*. En tête, il
place l'Aï ou Paresseux (en latin *Pigritia* et *animal
Haut*). Il en donne une description accompagnée d'une

Fig. 4. L'animal Haüt.

figure qu'il dit tenir d'un provincial de son ordre, revenu du Brésil ; nous la reproduisons à titre de curiosité. D'après cette relation, le Paresseux ne fait entendre sa voix que pendant la nuit ; son cri est *Ha ha ha*

ha ha...; il se compose de six notes qui forment une gamme ascendante et descendante :

ut ré mi fa sol la sol fa mi ré ut.

Ces notes sont émises à intervalles réguliers, chacune étant séparée de la suivante par une courte pause. Quand les Espagnols s'établirent dans le pays, ces cris nocturnes leur faisaient croire qu'ils entendaient des hommes qui vocalisaient dans les forêts. Kircher ne tarit pas d'admiration pour la voix du Paresseux. « Si la musique avait été inventée en Amérique, dit-il, je n'hésiterais pas à déclarer qu'elle dérive du chant mirifique de cet animal. »

Mais le P. Kircher nous réserve encore d'autres surprises.

Dans un appendice intitulé *de Phonognomia*, il s'efforce de démontrer que l'on peut jusqu'à un certain point conclure la nature d'un corps des sons qu'il rend, et le caractère ou le tempérament d'un homme ou d'un animal de sa voix. Un morceau de plomb rend un son sourd et grave : c'est un indice d'humidité intrinsèque, car le plomb contient beaucoup d'humidité mercurielle ; un son clair et aigu caractérise les corps poreux, remplis d'air, tels que l'étain. Quant à la voix des hommes, voici de quelle singulière façon l'interprète l'auteur. Ceux qui parlent d'une voix forte et grave, se rangent avec les ânes, d'après le témoignage d'Aristote. En effet, l'âne possède une voix assez forte et grave, et il est indiscret, pétulant, insolent ; donc ceux qui ont la même voix, sont indiscrets, pétulants, insolents. Le P. Kircher ne trouve aucune difficulté à expliquer la raison de ce phénomène, et il achève de caractériser les voix de basse en ajoutant que les propriétaires de ces voix sont avares, peureux, d'une âme abjecte, d'une insolence intolérable dans la prospérité et plus timides que des lièvres dans le malheur. Tel, dit-il, était Caligula. Ceux dont la voix, d'abord grave, devient aiguë à la fin de l'émission, sont moroses, colères, tristes, comme les bœufs. Une voix aiguë et sans force indique un caractère efféminé. Une voix grave, chez ceux qui parlent avec précipitation, annonce de la force, de l'audace. Une voix aiguë et stridente est le propre du bouc; elle indique un tempérament pétulant et libidineux, et annonce une odeur forte. Néanmoins, ces mauvaises dispositions naturelles peuvent être corrigées par l'éducation et par la volonté.

Les oiseaux sont de tous les animaux les mieux doués, sous le rapport de la voix. Voici d'abord le perroquet, auquel rien ne manque pour imiter la parole humaine. Mais cette imitation est toute machinale, et la merveilleuse faculté que nous admirons dans le perroquet, ne lui donne aucune prééminence, ne suppose en lui aucune supériorité sur les autres animaux : en répétant les mots qu'il entend prononcer, il prouve seulement sa parfaite stupidité.

Les sansonnets, les merles, les geais, les choucas, qui tous ont la langue épaisse et arrondie comme le perroquet, arrivent également à imiter la parole d'une manière plus ou moins parfaite. Pourquoi ces oiseaux restent-ils toujours privés de cette expression de l'intelligence qui fait le langage humain ? Buffon en trouve la raison dans leur prompt accroissement pendant le premier âge, et dans la courte durée de leur société avec leurs parents, dont les soins se bornent à l'éducation corporelle et ne se répètent ni ne se continuent assez de temps pour produire ces impressions durables et réciproques qui sont la source de l'intelligence.

Les oiseaux qui ont la langue fourchue sifflent plus aisément qu'ils ne jasent. Quand cette disposition naturelle se trouve réunie avec la mémoire musicale, ils apprennent à répéter des airs : le serin, la linotte, le tarin, le bouvreuil, se distinguent par leur docilité. Le perroquet, au contraire, n'apprend pas à chanter, mais il imite les bruits et les cris des animaux qu'il entend, il miaule, il aboie aussi facilement qu'il contrefait la parole.

Le vrai chantre de nos forêts, c'est le rossignol. Par la variété prodigieuse de ses intonations et par l'expression passionnée que peut prendre sa voix, il efface tous ses camarades. Ordinairement le chant du rossignol commence par un prélude timide, indécis : peu à peu il s'anime, s'échauffe, et bientôt on l'entend lancer vers le ciel les fusées de ses notes vives et brillantes. Ce sont des coups de gosier éclatants, qui alternent avec un murmure à peine perceptible ; des trilles, des roulades précipitées et nettement articulées, des cadences plaintives, des sons filés, des soupirs amoureux... de temps à autre un court silence plein d'effet, puis le ramage reprend et les bois retentissent de nouveau d'accents doux et pénétrants qui remplissent l'âme de langueur. La voix du rossignol porte aussi loin que la voix humaine, on l'entend très-bien à 2 kilomètres lorsque l'air est calme ; on l'entend d'autant mieux que

le rossignol ne chante que la nuit, alors que tout est
silence alentour. En général, ce n'est que le mâle qui
chante ; cependant, on a vu des femelles qui apprenaient
également à chanter. Les rossignols captifs chantent
pendant neuf ou dix mois de l'année ; en liberté, ils ne
commencent qu'au mois d'avril et finissent au mois de

Fig. 2. Rossignol.

juin ; passé ce mois, il ne leur reste qu'un cri rauque,
une sorte de croassement. Pour les faire chanter en
cage, il faut d'ailleurs les bien traiter, leur faire illusion sur leur captivité en les environnant de feuillages ;
dans ces conditions, ils se perfectionnent même et
chantent plus agréablement que les rossignols sauvages. Le rossignol captif embellit son chant naturel des

passages qui lui plaisent dans le chant des autres oiseaux qu'on lui fait entendre. Le son des instruments, celui d'une voix mélodieuse l'excite, et stimule son talent ; il cherche à se mettre à l'unisson et à éclipser ses rivaux, à couvrir tous les bruits qui se font à côté de lui ; on a vu des rossignols tomber morts à force de lutter contre un chanteur rival.

Le P. Kircher, dans sa *Musurgie*, analyse longuement le chant du rossignol. « Cet oiseau, dit-il, est ambitieux et avide d'éloges ; il aime autant à faire parade de son art que le paon de sa queue. Lorsqu'il est seul, il chante simplement, mais dès qu'il est assuré d'avoir des auditeurs, il étale avec bonheur les trésors de sa voix, et invente les modulations les plus variées et les plus mirifiques. » Le P. Kircher a essayé d'écrire ces modulations en mesurant la durée des notes par un métronome d'un nouveau genre : une corde d'un pied et demi, tendue de manière que chaque oscillation complète correspondait à un battement de pouls. Pour apprécier la hauteur des sons, il les compare aux vibrations d'une corde longue d'un pas, épaisse comme un fétu de paille et tendue par un poids d'une livre ; on conviendra que cette définition laisse à désirer.

Après Kircher, Barrington a également tenté de noter le chant du rossignol, mais, de son propre aveu, sans succès. Les airs notés, étant exécutés par le plus habile joueur de flûte, ne rappelèrent pas du tout le chant naturel. Barrington dit que la difficulté doit venir de ce qu'il est impossible d'apprécier au juste la valeur de chaque note. Au reste, si l'on n'est pas encore parvenu à écrire ce chant singulier, en revanche, on réussit parfois à l'imiter en sifflant. Buffon parle d'un homme qui, par son chant, savait attirer les rossignols au point qu'ils venaient se percher sur lui et se laissaient prendre à la main. Quant à l'étendue de la voix du rossignol, elle ne paraît pas dépasser une octave ; ce n'est que très-rarement qu'on entend quelques sons aigus qui vont à la double octave et passent comme des éclairs ; dans ce cas, l'oiseau fait octavier sa voix par un effort de gosier exceptionnel et passager.

Il n'est pas bien prouvé que le rossignol puisse apprendre à parler, quoique Pline raconte que les fils de l'empereur Claude en avaient qui parlaient grec et latin. Le P. Kircher penche à croire que cet oiseau pourrait apprendre à imiter la parole humaine ; mais, dit-il, ce que Aldrovande rapporte de trois rossignols qui, pendant la nuit, se contèrent tout ce qui s'était passé dans la journée, dans un hôtel de Ratisbonne, a paru fabuleux à beaucoup de personnes, ou du moins inexplicable sans quelque insigne imposture ou sans l'intervention du démon.

Il a noté également le chant du coq, celui de la poule qui va pondre ou qui appelle ses petits, celui du coucou et celui de la caille. Nous reproduisons les curieuses figures où il représente les résultats de ces observations ; nous omettons le perroquet, dont le cri naturel est exprimé par le mot grec χαῖρε (chaïré) qui signifie : *bonjour*.

On peut dire que le chant est chez la plupart des oiseaux un appel d'amour. Presque seule, l'*alouette* se

Fig. 3. Poule.

Fig. 4. Coq.

Fig. 5. Coucou.

Fig. 6. Caille.

fait entendre depuis le printemps jusqu'à l'hiver; c'est que seule aussi elle conserve ses ardeurs pendant toute la durée de la saison d'été. L'alouette chante en volant:

BEVALET. LESESTRG

Fig. 7. Alouette commune.

plus elle s'élève, et plus elle force la voix; on l'entend encore lorsqu'elle a disparu dans l'azur du ciel. Rien n'est gai comme les notes perlées de ce chant. Du Bartas a essayé de l'imiter dans un joli quatrain bien connu :

La gentille alouette, avec son tirelire,
Tirelire, relire et tirelirant, tire
Vers la voûte du ciel ; puis son vol en ce lieu
Vire et semble nous dire : Adieu, adieu, adieu !

Ronsard a aussi laissé des vers dignes d'être cités :

Sitôt que tu es arrosée,
Au point du jour, de la rosée,
Tu fais en l'air mille discours.
En l'air, des ailes tu frétilles,
Et, perdue au ciel, tu babilles
Et contes au vent tes amours :
Puis du ciel tu te laisses fondre

Dedans un sillon vert pour pondre,
Soit pour éclore ou pour couver.

La *calandre* est une espèce deux fois plus grande que
l'alouette ordinaire ; elle est commune en Italie et dans
le midi de la France. Douée d'une voix forte et agréable,
elle sait varier son chant en contrefaisant le ramage du
chardonneret, du serin, de la linotte, et même le piau-
lement des poussins, le cri de la chatte, etc. Les petits
oiseaux dont le gai ramage remplit pendant l'été les

Fig. 8. Pouillot.

bois, les vergers, les jardins et les bosquets, appartiennent, pour la plupart, au genre des *fauvettes*. L'une

des familles les plus remarquables est celle des *pouil-lots*, qui imitent à s'y méprendre le chant de tous les autres oiseaux. On pourrait les appeler *moqueurs de France*, car ils partagent le talent du *moqueur* d'Amérique.

L'oiseau sonneur (*Campanero*) a une voix vibrante comme le son d'une cloche; on l'entend à 14 kilomètres de distance, dans le désert qu'il habite. Chaque matin, il entonne ses chants, et encore à midi, quand l'ardeur du soleil a fermé le bec de ses collègues emplumés, il ne cesse pas d'animer la solitude. C'est d'abord un cri strident, suivi d'une pause qui dure une minute; puis un second cri suivi d'une autre pause, et encore un cri qui expire dans un silence de six à huit minutes que vient rompre une nouvelle série de cris saccadés.

Chez les anciens, le cygne figurait aussi parmi les oiseaux doués de la faculté de chanter; mais il ne chantait qu'au moment de sa mort. Cette fable a été longtemps fort accréditée; encore aujourd'hui nous comparons au *chant du cygne* la dernière manifestation d'un génie qui s'éteint. Mais la voix du cygne n'est qu'une sorte de strideur que rend bien le mot *drenser*. Il est vrai que, d'après Buffon, on peut distinguer dans les cris du cygne sauvage une espèce de chant modulé, composé de notes bruyantes comme celles du clairon.

Les anciens avaient peut-être sur l'harmonie des idées très-différentes des nôtres. Ils adoraient le chant de la *cigale*. Anacréon lui a consacré une ode. « Heureuse cigale, dit-il, qui sur les plus hautes branches des arbres, abreuvée d'un peu de rosée, chantes comme une reine! Tu es chérie des Muses et de Phébus même, qui t'a donné ton chant harmonieux. » Homère compare la suave éloquence des vieillards troyens au concert des cicades. Une légende rapporte qu'un jour une cigale décida l'issue d'une lutte entre deux joueurs de cithare, Eunome et Ariston. Pendant qu'Eunome jouait, une de ses cordes se brisa; mais les dieux lui envoyèrent une cigale qui s'étant posée sur son instrument lui remplaça la corde cassée, si bien qu'il remporta la victoire.

Aujourd'hui nous ne pouvons reconnaître un chant dans les notes stridentes et monotones de cet insecte. Son appareil musical consiste en deux volets écailleux (*fig.* 9) placés sur le ventre et qui n'existent que chez le mâle. Ces volets recouvrent deux cavités où se trouvent deux timbales ou membranes plissées qui résonnent comme du parchemin sec, et dont les contractions et relâchements répétés produisent un bruit de stridulation. D'autres parties de cet appareil compliqué paraissent être destinées à renforcer le son. La *cigale plébéienne* est très-commune en Provence, et remonte quelquefois assez loin dans le nord; on la rencontre à Fontainebleau. « Quand elle chante, dit M. Maurice Girard, elle remue rapidement son abdomen, de manière à l'éloigner et le rapprocher alternativement des

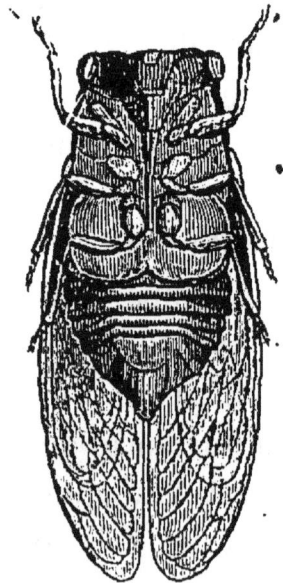

Fig. 9. Cigale.

opercules des cavités sonores. Sa stridulation est forte et aiguë, formée d'une seule note fréquemment réitérée, finissant par s'affaiblir peu à peu et se terminant par une sorte de sifflement, comme *st*, analogue au bruit de l'air sortant d'une petite ouverture d'une vessie que l'on comprime. Si on la saisit, elle jette des cris très-forts, qui diffèrent assez notablement de son chant en liberté. » En sifflant devant une cigale de manière à imiter sa stridulation, on la charme et l'attire; il est alors facile de s'en emparer.

Dans les pays du Nord, on prend souvent pour la cigale la grande sauterelle verte dont le cri rappelle celui de la cigale; les figures qui ornent les anciennes éditions de la Fontaine représentent aussi une sauterelle à propos de la fable intitulée : *la Cigale et la Fourmi*. Ces deux insectes appartiennent cependant à deux ordres entièrement distincts : la cigale est un hémiptère, la sauterelle un orthoptère.

Chez tous les orthoptères sauteurs : grillons, sauterelles et criquets, le mâle appelle la femelle par une stridulation due au frottement des élytres; mais le mécanisme qui produit ce bruit monotone diffère un peu d'une espèce à l'autre [1].

Le *grillon* ou *cri-cri* frotte l'une contre l'autre ses élytres entières, sillonnées de nervures épaisses, dures et saillantes. Les voyageurs racontent que, dans certaines régions de l'Afrique, on élève les grillons dans de petites cages à claire-voie. Leur chant amoureux charme les oreilles des indigènes; il dispose au sommeil.

[1] Voy. le Mémoire du colonel Goureau dans les *Annales de la Société entomologique de France.*

Les *courtilières* ou *taupes-grillons* émettent des notes lentes, monotones, moins pénétrantes que celles du

Fig. 10. Grillon.

grillon champêtre, et qui rappellent vaguement le cri de la chouette ou de l'engoulevent.

Les *sauterelles* produisent une stridulation aiguë par le frottement de deux membranes transparentes et garnies de nervures, appelées *miroirs*, qui existent à la base des élytres et que l'on pourrait comparer à des cymbales. Le *zig-zig* monotone de la sauterelle verte s'entend le soir et toute la nuit, dans les prairies un peu humides; le *dectique* chante de jour, dans les blés mûrs. Enfin, les *criquets* ou *acridiens* (ce sont eux qui ravagent nos colonies) produisent des sons moins musicaux, mais plus variés que ceux des espèces précédentes. Ils ont les cuisses et les élytres garnies de nervures saillantes très-dures. Les cuisses frottent sur les élytres comme un archet sur les cordes d'un violon. Ordinairement les deux pattes frottent à la fois, mais

l'on voit aussi l'insecte se servir tour à tour de la patte
gauche et de la droite. Une sorte de tambour, recou-
vert d'une peau très-mince, qui se trouve de chaque

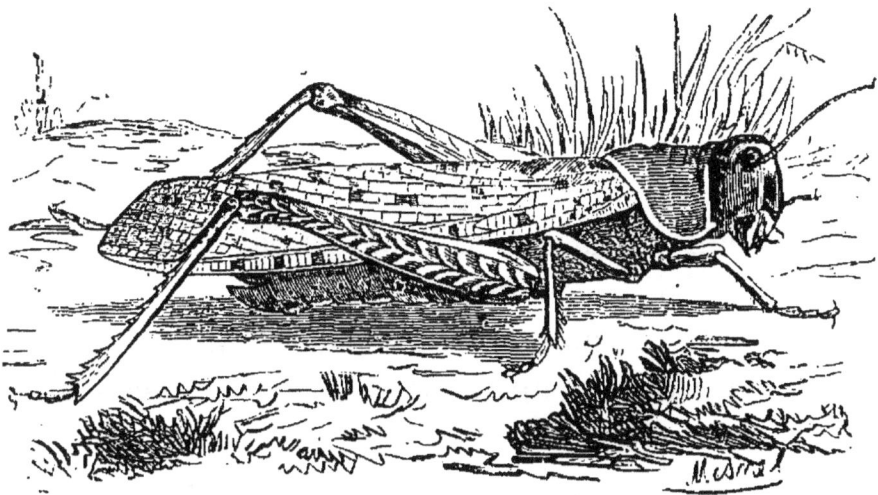

Fig. 14. Criquet.

côté du corps à la base de l'abdomen, semble destiné à
renforcer le son. Le chant des criquets ressemble à un
bruit de crécelle, mais avec des timbres très-divers
selon les espèces. On distingue plusieurs notes, et le
chant se modifie suivant qu'il appelle une femelle ou
qu'il provoque un rival. Yersin a essayé de noter le
chant de ces insectes. De même, Charles Butler, l'auteur de la *Monarchie féminine*, a tenté de noter les
bruissements d'ailes qu'on entend dans l'intérieur d'une
ruche d'abeilles qui va *jeter*. « Il a déterminé, dit Réau-
mur, toute les modulations du chant de l'abeille sup-
pliante, qui aspire à conduire un essaim, les différentes
clefs sur lesquelles elles sont composées, et de même
celles des chants de la reine mère. » Les bourdons produisent, avec leurs ailes, un bruit que leur nom imite

par onomatopée. Les *vrillettes*, en oscillant sur leurs six pattes, frappent le bois des vieux meubles avec leurs mandibules fermées, et produisent ainsi les coups secs que l'on entend pendant la nuit.

Les reptiles sont loin d'être muets. La voix des crocodiles et des caïmans peut se comparer au miaulement d'un chat, dans le jeune âge, et à des sanglots entrecoupés ou à des mugissements dans l'âge adulte. Ils trompent parfois les passants par des cris qui semblent venir d'un enfant. Le lézard chanteur de Birmanie, à ce que nous apprend M. Thomas Anquetil, annonce les tremblements de terre par des cris aigus et souvent répétés.

Les serpents n'ont, en fait de voix, qu'un sifflement aigu, sauf le serpent à sonnettes, qui porte au bout de la queue un grelot formé par des cornets écailleux, emboîtés les uns dans les autres, et dont le nombre augmente avec l'âge.

Le « peuple coassant » des grenouilles et rainettes est connu par sa loquacité, qui un jour lui devint funeste, suivant la Fontaine :

> Les grenouilles se lassant
> De l'état démocratique,
> Par leurs clameurs firent tant
> Que Jupin les soumit au pouvoir monarchique.

Les poissons qui passent pour être muets, ne le sont pas tous. Les lyres, les malarmats, les maigres d'Europe, les ombrines communes, les hippocampes à museau court, émettent des sons d'une nature particulière. Cette faculté, qui est commune aux mâles et aux femelles, atteint sa plus grande perfection à l'époque du frai. Les maigres surtout, lorsqu'ils se rassemblent en troupes, produisent un bruit assez fort qui semble sortir de l'eau et qui leur a mérité le nom d'*orgues vivantes*. M. Dufossé, qui s'est spécialement occupé de ce sujet, a trouvé que les bruits en question sont produits par le frémissement de certains muscles; chez quelques espèces ils sont renforcés par la vessie pneumatique.

Ainsi, mille voix se réunissent pour faire jour et nuit le grand concert de la nature. L'air est toujours rempli de son. Même quand nous nous croyons dans un silence complet, nous sommes encore entourés de bruits; on s'en aperçoit bien quand on veut écouter quelque son très-faible que ces bruits empêchent d'arriver à nous distinctement. Pour savoir ce que c'est que le silence, il faut monter sur une haute montagne, sur une cime bien isolée.

Chaque région de la terre a, pour ainsi dire, sa physionomie acoustique. Près des grandes villes, on entend mille bruits confus qui trahissent l'activité humaine, comme le bourdonnement des abeilles dans une ruche nous révèle qu'elle est habitée. A Paris, ce sourd murmure persiste toute la nuit. Le jour, il y a des rues où on ne s'entend point parler, quand il y passe beaucoup de voitures. Le roulement des voitures est encore renforcé par le sol trop élastique de la grande ville, qui recouvre les catacombes à la manière d'un tablier de violon.

Dans nos campagnes d'Europe, ce sont les petits oiseaux qui donnent le ton général à l'orchestre de la forêt. En Amérique, ce sont d'autres voix plus puissantes. Écoutons Alexandre de Humboldt lorsqu'il nous parle de la vie, ou plutôt des voix nocturnes des animaux dans les forêts des tropiques. Il passait la nuit sous la voûte du ciel, après avoir choisi sur les bords de l'Apure une plaine sablonneuse qui allait rejoindre à peu de distance la lisière d'une épaisse forêt vierge. La nuit était fraîche et éclairée par la lune. Un profond silence, troublé seulement de temps à autre par le ronflement des dauphins d'eau douce, régnait dans la plaine et sur la rivière. « Il était plus de onze heures, dit Humboldt, quand commença dans la forêt voisine un vacarme tel qu'il fallut renoncer absolument à dormir le reste de la nuit. Tout le taillis retentissait de cris sauvages. Parmi les voix nombreuses qui se mêlaient dans ce concert, les Indiens ne pouvaient reconnaître que celles qui, après une courte pause, recommençaient seules à se faire entendre. C'étaient les hurlements gutturaux et monotones des alouates, la voix plaintive et flûtée des petits sapajous, le ronflement du singe dormeur, les cris entrecoupés du grand tigre d'Amérique, du cougouar ou lion sans crinière, du pécari, du paresseux, et d'un essaim de perroquets, ceux des parraquas et d'autres gallinacés. Lorsque les tigres s'avançaient vers la limite de la forêt, notre chien, qui auparavant aboyait sans cesse, cherchait en hurlant un refuge sous nos hamacs. Quelquefois, le rugissement du tigre descendait du haut des arbres; toujours alors il était accompagné des cris aigus et plaintifs des singes qui s'efforçaient d'échapper à ce danger nouveau pour eux. »

Si l'on demande aux Indiens la cause de ce tumulte continuel, ils répondent en riant que les animaux aiment à voir la lune éclairer la forêt, qu'ils font fête à la pleine lune. Mais ce n'est pas la lune qui les excite le plus ; c'est pendant les violentes averses que les cris sont les plus bruyants, ou lorsqu'au milieu des grondements du tonnerre un éclair illumine l'intérieur de la forêt. Ces sortes de scènes offrent un contraste singulier avec le calme qui règne sous les tropiques vers l'heure de midi, par les grandes chaleurs, alors que le thermomètre marque plus de 40° à l'ombre. Les grands animaux s'enfoncent à cette heure dans les profondeurs de la forêt, les oiseaux se cachent sous le feuillage des arbres ou dans les crevasses des rochers, pour éviter les rayons ardents qui tombent du zénith ; en revanche, les pierres unies et les blocs arrondis sont couverts d'iguanes, de geckos, de salamandres, qui, immobiles, la tête levée et la bouche béante, semblent aspirer avec délices l'air embrasé. « Mais, dit Humboldt, si, durant ce calme apparent de la nature, on prête l'oreille à des sons presque imperceptibles, on saisit à la surface du sol et dans les couches inférieures de l'air, un bruissement confus produit par le murmure et le bourdonnement des insectes. Tout annonce un monde de forces organiques en mouvement. Dans chaque broussaille, dans l'écorce fendue des arbres, dans la terre que fouillent les hyménoptères, la vie s'agite et se fait entendre ; c'est comme une des mille voix que la nature adresse à l'âme pieuse et sensible de l'homme. »

II

EFFETS DU SON SUR LES ÊTRES VIVANTS

Puissance de la musique. — Légendes et anecdotes. — La musique comme remède. — Les tarentelles. — Effets de la musique sur les animaux.

Comme le peintre s'empare de la lumière pour en
faire un messager de la pensée, le musicien commande
aux sons et les charge de traduire des sentiments. La
musique est donc une langue comme une autre ; langue
d'autant plus douce et plus charmante qu'elle est moins
précise et moins subtile ; c'est le rêve de la parole.

On définit généralement la musique l'art de combiner les sons d'une manière agréable à l'oreille. Les
anciens philosophes donnaient à ce mot un sens beaucoup plus étendu. Pour eux, la musique comprenait la
danse, le geste, la poésie et même toutes les sciences.
Hermès déclare que la musique est la connaissance de
l'ordre de toutes choses ; Pythagore et Platon ensei-
gnaient que tout dans l'univers est musique. De là,
cette musique céleste — harmonie des mondes — danse
des sphères, qui a troublé tant de têtes.

La musique a été probablement le premier des arts ;

2.

l'homme avait dans l'oiseau un maître à chanter. Les
instruments à vent — flûte et pipeaux — ont dû venir
après. Diodore en attribue la première idée à quelque
pâtre qui avait étudié le sifflement du vent dans les ro-
seaux. Lucrèce est du même avis :

> Et Zephyri cava per calamorum sibila primum
> Agresteis docuere cavas inflare cicutas. !

Les instruments à corde et ceux qu'on bat pour en
tirer un bruit sourd — tambours et timbales — sont
également fort anciens. L'antiquité attribuait l'invention de la musique tantôt à Mercure, tantôt à Apollon ;
Cadmus, qui amena en Grèce la musicienne Hermione,
Amphion, Orphée et d'autres encore, sont cités comme
étant les pères de la musique instrumentale. D'après
la Genèse, les joueurs de flûte et de cithare descendent
de Jubal, fils de Lamech et d'Ada, de la race de Caïn.
La vérité, c'est que l'origine des instruments de musique se perd dans la nuit des temps.

L'influence de la musique sur les mœurs des peuples et sa puissance sur les âmes sont reconnues par
tous les philosophes de l'antiquité. Platon prétend
qu'on peut assigner les sons qui font naître la bassesse
et l'insolence, et d'autres qui produisent les vertus opposées. Pour lui, un changement introduit dans la musique doit en entraîner un dans la constitution de l'État.
Si cela est vrai, M. Wagner révolutionnera la Bavière !

Polybe nous dit qu'en Arcadie, pays triste et froid,
la musique était nécessaire pour adoucir les mœurs des
habitants ; que nulle part il ne se commettait autant
de crimes qu'à Cynète, où elle était négligée. D'après

Athénée, on mettait autrefois en vers et en musique
toutes les lois divines et humaines, les préceptes de
la morale, les légendes et l'histoire des peuples, et

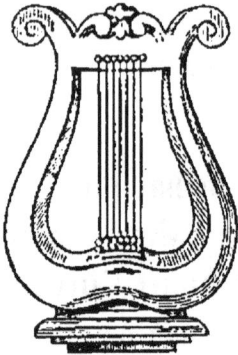

Fig. 12. Lyre   Fig. 13. Plec- F. 14. Cithare.   Fig. 15. Cithare.
d'Apollon.   trum.

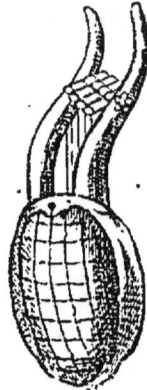

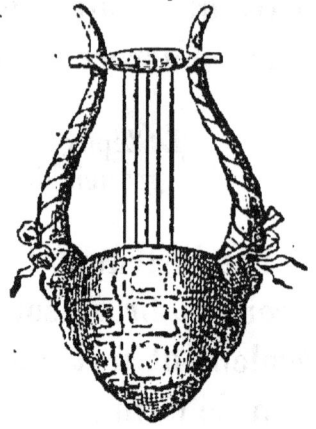

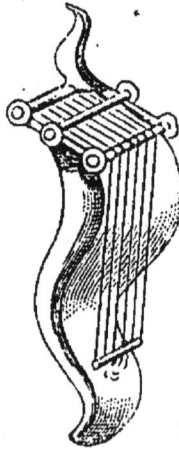

Fig. 16. Cithare.   Fig. 17. Cithare.   Fig. 18. Flûte double.   Fig.19. Flûte
de Pan.

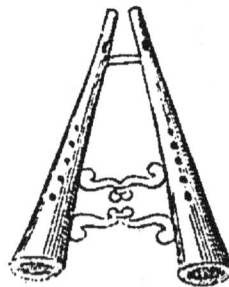

tout cela était chanté publiquement par des chœurs,
au son des instruments. Les Israélites avaient des usages
analogues. La musique prêtait à ces choses abstraites
un charme particulier, et les gravait dans l'esprit des
auditeurs. Est-ce le souvenir de ces antiques usages qui

a inspiré tout récemment à un Meyerbeer yankee
l'idée saugrenue de mettre en symphonie la constitution américaine?

Fig. 20. Sifflet pastoral ou flûte de Pan.

Selon les philosophes de l'école de Pythagore, l'âme
humaine est en quelque sorte formée d'harmonie. Ils
croyaient possible de rétablir, par le moyen de la musique, cette harmonie préexistante et primitive de nos
facultés intellectuelles, troublée trop souvent par le
contact des choses de ce bas monde. Les anciens auteurs
sont pleins de récits qui se rapportent au pouvoir miraculeux des sons.

Les chants d'Orphée domptaient les bêtes féroces,

suspendaient le cours des fleuves et faisaient danser les arbres et les rochers. Quand la mort lui eut ravi Eurydice, il descendit aux enfers ; les sombres divinités, charmées par la douceur de ses accords, lui accordèrent le retour de sa femme, qu'il aurait ramenée sur la terre, s'il avait pu s'empêcher de regarder en arrière pendant leur ascension.

Le divin Amphion bâtit les murs de Thèbes ; au son de sa lyre, les pierres venaient d'elles-mêmes se placer les unes sur les autres, dans l'ordre prescrit.

> . . . . . Agitataque saxa per artem
> Sponte sua in muri membra coisse ferunt.

Ici la musique fait naître les remparts d'une ville ; ailleurs, elle les fera tomber : les murs de Jéricho s'écroulent au son des trompes des prêtres d'Israël[1].

Dans les chants finnois, on voit les sables du rivage se transformer en diamants, les meules de foin accourir d'elles-même dans la grange, les flots de la mer se calmer, les arbres se mouvoir en cadence, et les ours s'arrêter avec vénération aux accents de la lyre de Wainamoinen, qui, saisi enfin lui-même, tombe dans une douce extase et verse, au lieu de larmes, un torrent de perles.

Les Védas, ou livres saints des Indous, ne sont pas les derniers à célébrer le pouvoir de la musique. Là, elle fait marcher à la baguette hommes et animaux ; la nature inanimée est elle-même contrainte d'obéir aux *ragas* que le dieu Mahédo compose avec sa femme Par-

[1] Josué, VI, 20.

butéa. Sous le règne d'Abker, le célèbre chanteur Mia-
Tousine chanta une fois en plein jour un *raga* consacré à la nuit; aussitôt le soleil s'éclipsa et les ténèbres
se répandirent aussi loin que sa voix se faisait entendre[1].
Un autre *raga* brûlait celui qui osait le chanter. Abker,
pour en faire l'épreuve, ordonna à un musicien de chanter cette chanson pendant qu'il était plongé jusqu'au
menton dans la rivière Djumna. Cela ne servit de rien:
le malheureux fut la proie des flammes, et Abker sut
désormais à quoi s'en tenir.

Le pouvoir que l'on attribue à la musique d'exciter et
de calmer les passions, a fourni la matière d'un grand
nombre de légendes. Tout le monde connaît l'histoire
de David qui joue de la harpe devant le roi Saül, toutes
les fois que celui-ci est possédé du mauvais esprit. Farinelli a renouvelé cette aventure. Lorsqu'il vint en Espagne, en 1736, les accents de sa voix arrachèrent le roi
Philippe V à une noire mélancolie; le roi se l'attacha,
lui défendit de chanter en public, et le combla de ses
faveurs. Il resta dans la même position sous Ferdi-
nand VI.

Le musicien Timothée excitait, dit-on, les fureurs
d'Alexandre le Grand, par le mode phrygien et les
calmait par le mode lydien.

Boèce nous apprend qu'un jour Pythagore trouva un
jeune homme à qui la jalousie, de fréquentes libations
et une mélodie phrygienne avaient tellement troublé la
tête, qu'il se mettait en devoir d'incendier la maison de

---

[1] Il paraît que ces miracles se renouvellent encore, car un jour une
feuille de Paris annonça que Dreyschock avait si divinement joué du
piano, que les bougies avaient jeté un éclat inaccoutumé.

sa maîtresse. Il suffit alors au philosophe de Samos de faire jouer à la flûtiste un autre air plus calme, pour ramener le jeune écervelé à des sentiments meilleurs.

Une autre fois, une terrible sédition, qui avait éclaté à Lacédémone, fut apaisée par Terpandre, qui se mit à chanter au son de la cithare. En ce temps-là, cela réussissait. Je doute qu'aujourd'hui on obtienne des succès de ce genre en armant les sergents de ville de guitares et de petites flûtes.

Les prêtres celtes se servaient de la musique pour adoucir les mœurs de la nation. Chez les Gaulois, les bardes arrêtaient par leurs chants la fureur des combattants. Saint Augustin raconte quelque chose de plus extraordinaire : un simple joueur de flûte excita un tel enthousiasme chez un peuple naturellement sensible, qu'il en fut élu roi.

Voici une autre légende qui rappelle l'histoire de Timothée et d'Alexandre le Grand.

Eric le Bon, roi de Danemark, entendit un musicien se vanter qu'il pouvait à volonté provoquer chez ses auditeurs la colère, la gaieté, la tristesse, etc. Eric voulut en faire l'expérience ; l'autre se récusa et représenta au roi le danger d'une pareille tentative, mais plus il se rétractait et plus le roi insistait. Voyant qu'il fallait s'exécuter, le musicien fit emporter toutes les armes, puis il demanda que quelques spectateurs fussent placés hors de la portée des sons de sa harpe ; ils devaient regarder de loin et accourir à un moment donné pour lui arracher son instrument et l'en frapper à la tête. Ensuite il s'enferma avec le roi et quelques fidèles serviteurs et il commença à jouer de sa harpe. D'abord il joua un air mélancolique qui plongea les assistants dans une grande tristesse ; puis changeant de ton, il modula des accents joyeux dont l'effet fut tel qu'ils faillirent danser et sauter. Mais subitement, la mélodie devint âcre et féroce, les auditeurs se sentirent excités outre mesure et le roi entra visiblement dans une grande fureur. Aussitôt ses gens accoururent de dehors, on arracha la harpe des mains du joueur et on l'en frappa pour le calmer ; mais le roi fut difficile à dompter ; il eut le temps d'assommer quelques-uns de ses serviteurs de formidables coups de poing avant qu'on pût le contenir, en jetant sur lui des coussins. Une autre version dit que le roi Éric enfonça la porte, s'empara d'une épée et tua quatre personnes ; il s'en repentit si fort, qu'il abdiqua et s'en alla à Jérusalem pour expier son crime ; il mourut à Chypre.

Sous Henri III, le musicien Claudin, jouant aux noces du duc de Joyeuse, anima non le roi, mais un courtisan, à tel point que celui-ci s'oublia jusqu'à mettre la main aux armes en présence de son souverain ; mais Claudin se hâta de le calmer en changeant de mode.

Le troubadour Pierre de Chateauneuf, qui vivait au treizième siècle, avait le don d'émouvoir profondément ses auditeurs. Voici ce que dit de lui Nostradamus, dans les *Vies des troubadours provençaux.*

« Ce poëte estant au bois de Vallongue, venant de Roquemartine visiter le seigneur du lieu, fut pris par des larrons qui brigandoyent les passans, et après l'avoir démonté et osté son argent et dépouillé jusques à la chemise, le vouloyent tuer. Le poëte les pria luy faire ceste grâce d'ouyr une chanson qu'il diroit avant que mourir, ce qu'ils feirent, et il se mit à chanter un chant sur sa lyre, qu'il feist promptement à la louange de ces brigands, si qu'ils furent contraints luy rendre son argent, son cheval et ses accoustrements, si grand plaisir prindrent-ils à la douceur de sa poésie et de sa voix. »

Une célèbre légende allemande constate le miraculeux pouvoir d'un sorcier qui était en possession d'une flûte enchantée. L'an 460, dit la légende, il se présenta à Hameln, en Saxe, un homme qui offrit de débarrasser la ville des rats qui l'infestaient, moyennant une forte somme que l'autorité municipale lui accorda. Cet homme se mit alors à jouer sur sa flûte un air particulier qui fit sortir les rats par milliers de toutes les maisons ; il les conduisit se noyer dans la rivière, puis revint pour réclamer la récompense promise. On refusa de lui payer ce qui était convenu. L'homme ne dit rien ; mais le lendemain il parut armé d'une autre flûte, et, quand il en joua, tous les enfants de quatre à douze ans le suivirent. Il les conduisit dans une caverne ; jamais on ne les revit. Les bourgeois éplorés regrettèrent alors leur mauvaise foi. Depuis cette époque, les Hamelois comptent les années de *l'émigration des enfants*, comme les Turcs les comptent de la fuite du prophète. Une peinture dans l'église de Hameln représente le funeste événement.

Sans remonter jusqu'aux temps légendaires, nous rencontrons dans l'histoire moderne des exemples célèbres du pouvoir de la musique. Qui n'a entendu parler du *Ranz-des-Vaches*, cet air qui donnait le mal du pays aux Suisses engagés dans les armées étrangères. On se vit à la fin obligé de défendre sous peine de mort de jouer

cet air dans leurs troupes, parce qu'il faisait fondre en
larmes, déserter ou mourir ceux qui l'entendaient. « On
chercherait en vain, dit J.-J. Rousseau, dans cet air les
accents énergiques capables de produire de si étonnants
effets. Ces effets, qui n'ont aucun lieu sur les étrangers,
ne viennent que de l'habitude, des souvenirs, de mille
circonstances qui, retracées par cet air à ceux qui l'entendent, et leur rappelant leur pays, leurs anciens plai-
sirs, leur jeunesse, et toutes leurs façons de vivre, exci-
citent en eux une douleur amère d'avoir perdu tout cela.
La musique alors n'agit point précisément comme musique, mais comme signe mémoratif. Cet air, quoique
toujours le même, ne produit plus aujourd'hui les mêmes
effets qu'il produisait ci-devant sur les Suisses, parce
qu'ayant perdu le goût de leur première simplicité, ils ne
la regrettent plus quand on la leur rappelle. Tant il est vrai
que ce n'est pas dans leur action physique qu'il faut chercher les plus grands effets des sons sur le cœur humain. »

La musique militaire joue un rôle extrêmement important dans l'histoire des batailles. Une musique rapide,
éclatante, composée de notes brèves, fouette le sang et
pousse à l'action. Shakspeare appelle le tambour le
grand excitateur du courage. Que de sang la *Marseillaise*
n'a-t-elle pas fait couler !

Les hommes ne sont cependant pas tous également
sensibles à la musique. Quelques-uns montrent pour elle
de l'indifférence et même de la répulsion. Saint Augustin
les frappe d'anathème; à ses yeux l'aversion pour la
musique est une marque de réprobation. C'est assurément aller trop loin, car cette étrange exception ne saurait s'expliquer que par un défaut de l'organisation phy-

sique, et l'on peut citer plusieurs grands hommes qui étaient affligés de cette infirmité. Il se rencontre, d'autre part, des organisations d'une sensibilité exagérée. Boyle parle de femmes qui fondaient en larmes lorsqu'elles entendaient un certain ton dont le reste des auditeurs n'était point affecté. Le même auteur cite un chevalier gascon chez lequel le son d'une cornemuse provoquait une incontinence d'urine... Rousseau mentionne qu'il a connu à Paris une dame qui ne pouvait écouter un morceau de musique quelconque sans être saisie d'un rire involontaire et convulsif. On lit dans l'histoire de l'Académie des sciences qu'un musicien fut guéri d'une violente fièvre par un concert donné dans sa chambre.

Il est certain que la musique pourrait servir, dans bien des cas, de moyen de médication. On sait que nos médecins aliénistes l'emploient utilement pour calmer leurs malades. Tous les journaux ont parlé récemment d'un concert donné par les pensionnaires de Charenton.

Au moyen âge, on croyait que les sons pouvaient guérir l'épilepsie, la rage, l'hystérie, les fièvres nerveuses, et même la bêtise. D'après Baptiste Porta, une flûte en bois d'ellébore chassait l'hydropisie, une flûte en bois de peuplier la sciatique, et les sons des pipeaux en bâtons de cannelle étaient souverains contre les évanouissements.

Le P. Kircher nous dit que la musique est le remède ordinaire de la danse de Saint-Guy. Les personnes atteintes de cette maladie bizarre sautent et dansent jusqu'à ce qu'elles tombent épuisées de fatigue; on les guérit par une musique fortement rhythmée qui les excite encore davantage, et fait pour ainsi dire aboutir le mal. A l'époque où cette maladie était endémique en certaines régions de l'Italie, des musiciens ambulants parcouraient le pays pour offrir leur assistance. Les airs de danse très-rapides qu'ils jouaient sont connus sous le nom de *tarentelles*, dénomination qui rappelle que le mal en question était attribué à la piqûre de la tarentule, grosse araignée venimeuse. Le P. Kircher prétend que la tarentule elle-même éprouve une envie de danser lorsqu'on joue l'air qui guérit le malade qu'elle a piqué. On l'a expérimenté, dit-il, à Andria, devant la duchesse et sa cour. On posa une tarentule sur une paille, et on la vit s'agiter et sautiller en mesure au son de la harpe. Les diverses espèces d'araignées sont impressionnées par des airs de musique différents; pour guérir un malade il faut lui jouer l'air qui convient à l'espèce à laquelle il a eu affaire. La chorée d'Éthiopie se guérit également par la musique; dans ce pays, les malades ne dansent que des épaules.

Sous le titre de *Phonurgia iatrica*, le P. Kircher consacre un chapitre étendu à l'emploi de la musique comme moyen thérapeutique. Cette idée mériterait d'être développée et de recevoir une application plus large que celle qu'elle a trouvée jusqu'ici. Il est incontestable que la musique peut agir comme un excitant ou comme un calmant, selon le rhythme qu'on emploie et selon la nature de l'air qu'on joue.

On sait que chez les enfants le système nerveux est toujours très-excité. Un rien les effraye; les moindres choses exaltent leurs petites idées. Ce sont des joies grandes, des étonnements, des rires, des terreurs sou-

Fig. 21. La Tarentelle, d'après Kircher.

daines. Les nourrices les calment par un chant doux, monotone, lentement rhythmé ; bercé de mélodie, l'enfant s'apaise et s'endort. Un air joyeux le met de belle humeur. C'est pour cette raison que le père de Montaigne faisait toujours éveiller son fils au son de quelque instrument, afin de le tenir dans une disposition d'esprit sereine et calme. Quoi de plus charmant que d'être réveillé par les douces fanfares d'une bande de musiciens ambulants comme il en vient dans les petites villes d'Allemagne ! La réalité se marie au rêve et l'esprit flotte mollement bercé sur des nuages dorés.

La musique repose ou excite l'esprit, calme ou enflamme les sens, attriste ou égaye le cœur. Elle agit même en quelque sorte sur le physique. Tout le monde sait combien un air fortement accentué aide à la marche : on se fatigue moins en marquant le pas d'une manière régulière. Les ouvriers qui manœuvrent une grue, les matelots qui tirent un cabestan, se donnent de la force en chantant un air dont le rhythme concorde avec celui de leurs mouvements : les airs de danse mettent en branle les jambes : un orgue de barbarie, qui joue une valse bien provoquante, transforme la rue en un bal public, le petit monde qui l'entoure trépigne et se démène comme s'il était sous l'influence de la flûte enchantée de Papageno.

Beaucoup d'animaux sont d'ailleurs sensibles à la musique. Si tout ce qu'on raconte à cet égard n'est pas vrai, il y a cependant un grand nombre d'observations parfaitement authentiques. En première ligne, il faut placer les oiseaux chanteurs, qui forment un orchestre d'exécutants. Ailleurs nous rencontrons encore les simples amateurs. On sait que le cheval apprend aisément à régler ses mouvements sur des airs de musique. Un ancien rapporte que des musiciens spéciaux dressaient les chevaux des Sybarites à danser aux sons de la flûte. L'un d'eux ayant eu à se plaindre de ses hôtes, passa chez les Crotoniates et les excita à faire la guerre aux Sybarites. Il marcha au-devant de l'armée avec un corps de musiciens, et quand il vit de loin la cavalerie ennemie, il fit jouer les airs que les chevaux connaissaient; il s'ensuivit une sarabande qui causa la défaite des Sybarites.

On a cru remarquer aussi que les bestiaux paissent plus longtemps au son d'un flageolet ou d'un autre instrument; les Arabes prétendent que la musique les engraisse. Dans le désert, lorsque les chameaux d'une caravane sont près de succomber de lassitude, les conducteurs mettent plus de vivacité dans leurs chants afin de soutenir les bêtes.

Vigneul-Marville (d'Argonne) rapporte une expérience qu'il fit un jour pour constater l'influence de la musique sur divers animaux. Pendant qu'on jouait d'une trompette marine (c'est une espèce d'instrument à corde inventé par Marino), il observait un chat, un chien, un cheval, un âne, une biche, des vaches, de petits oiseaux, un coq et des poules qui étaient dans la basse-cour, au-dessous de sa fenêtre. « Je ne remarquai point, dit-il, que le chat fût sensible au bruit de la trompette, et je jugeai à sa mine qu'il aurait donné toute la symphonie et tous les instruments du monde pour une souris. Il ne donna aucune marque de joie et s'endormit au soleil. Le cheval s'arrêta tout court devant la fenêtre et leva la tête de temps en temps à mesure qu'il paissait l'herbe. Le chien se mit sur son derrière comme un singe, tenant les yeux attachés sur le joueur d'instrument. Il demeura plus d'une heure en cette posture, et semblait y entendre finesse. L'âne ne fit paraître aucun signe de sensibilité, mangeant ses chardons paisiblement : *asinus ad lyram*. La biche dressa ses grandes et larges oreilles et parut fort attentive. Les vaches s'arrêtèrent un peu et après nous avoir regardés comme si elles nous connaissaient, elles s'en allèrent leur grand chemin. De petits oiseaux qui étaient dans une volière, et ceux qui étaient sur les arbres et les buissons, pensèrent se crever de chanter. Mais le coq ne pensant qu'à ses poules, et ses poules qu'à se gratter, ne nous firent pas connaître tous ensemble qu'ils prissent aucun plaisir à écouter une trompette marine. »

Buffon nous apprend que les chiens sont très-sensibles aux sons musicaux. « J'ai vu, dit-il, quelques chiens qui avaient un goût marqué pour la musique et qui arrivaient de la basse-cour ou de la cuisine au concert, y restaient tout le temps qu'il durait, et s'en retournaient ensuite à leur domicile ordinaire. J'en ai vu d'autres prendre assez exactement l'unisson d'un son aigu qu'on leur faisait entendre de près, en leur criant à l'oreille. » L'organisation canine offre cependant de grandes diversités sous ce rapport. Beaucoup de chiens hurlent lorsqu'on les oblige à entendre tel instrument, ils restent indifférents à d'autres instruments. On voit des caniches manifester leur antipathie pour certains sons en se tordant de la façon la plus risible avec des hurlements plaintifs.

J'ai connu une blanche levrette qui habituellement
se mettait à gémir quand sa maîtresse faisait des gammes. Un jour, après avoir écouté quelque temps en
silence un air qu'on jouait, elle éclata en petits cris :
elle accompagnait le piano en cadence. Surprise de
cette révélation, sa maîtresse se leva, vint l'embrasser,
lui donna des sucreries. Lolette s'en souvint plus tard.
Quand elle avait dansé vainement devant l'armoire au
sucre, elle recourait au grand moyen, elle chantait son
air. Elle savait que cela tirait à effet. Scheitlin, dans
sa *Psychologie animale*, prétend qu'on a réussi à faire
prononcer certains mots à des chiens. Je ne sais jusqu'à
quel point cette assertion mérite créance.

Selon Buffon, l'éléphant aime beaucoup la musique,
et apprend aisément à se remuer en cadence, à joindre
même quelques accents au bruit des tambours et des
trompettes. Pour vérifier cette thèse, on donna un
concert aux deux éléphants du Jardin des Plantes,
le 10 prairial an VI. Un air de violon parut causer un
sensible plaisir à l'un de ces animaux, mais les variations de ce même air le laissèrent indifférent ; un air
de bravoure de Monsigny ne lui produisit aucun effet.
Ce qui parut lui plaire le plus ce fut *Charmante Ga-
brielle*, joué sur le cor ; il l'écoutait en se balançant
sur ses grosses jambes et poussant quelques grogne-
ments à l'unisson ; parfois il allongeait sa trompe dans
le pavillon de l'instrument, et aspirait l'air, de manière à neutraliser le souffle du musicien. Quand ce
dernier eut fini le morceau, il le caressa avec sa
trompe comme pour le remercier. On a cru pouvoir
conclure de cette expérience que l'éléphant préfère les

notes graves aux notes aiguës, la mélodie à l'harmonie, les airs simples aux airs compliqués, et l'adagio aux mouvements rapides. Il a des goûts essentiellement simples.

Plutarque et Pline rapportent une foule d'anecdotes relatives à la sensibilité des animaux pour la musique. On connaît l'histoire du dauphin charmé par les accents d'Arion ; Schiller en a fait le sujet d'une de ses *ballades*. Les auteurs du moyen âge prétendent que chaque animal a son instrument préféré : l'ours le fifre, le cerf la flûte, le cygne la cithare, les oiseaux chanteurs le flageolet, les abeilles les cymbales, etc. L'imagination a eu évidemment une grande part dans ces théories. Une histoire qui semble plus avérée, c'est celle du musicien de village qui, rentrant chez lui d'une noce où il avait fait danser les paysans, tomba dans une fosse qui contenait déjà un loup. Instinctivement il se mit à râcler sur son violon. Le loup se tapit dans le coin opposé, hurlant. L'homme joua jusqu'au matin. Il joua éperdûment ; les cordes sautèrent l'une après l'autre. Il en était à sa dernière corde, quand par bonheur des villageois vinrent à passer. Cette musique étrange qui sortait de terre excita leur curiosité. Ils s'approchèrent et virent Daniel dans la fosse. L'homme fut délivré et on tua le loup.

Un animal inférieur qui paraît être particulièrement soumis au charme des sons, c'est le serpent. Certains nègres — les Psylles des anciens — apprivoisent les serpents, et les font danser au son d'une douce musique. Voici encore ce que Châteaubriand a vu au Canada :

« Au mois de juin 1796, dit-il, nous voyagions dans
le haut Canada avec quelques familles sauvages de la
nation des Onontagués. Un jour que nous étions arrêtés
dans une grande plaine au bord de la rivière de Jénésie,
un serpent à sonnettes entra dans notre camp. Il y avait
parmi nous un Canadien qui jouait de la flûte ; il voulut nous divertir et s'avança contre ce serpent avec son
arme d'une nouvelle espèce. A l'approche de son ennemi, le superbe reptile se forme en spirale, aplatit sa
tête, enfle ses joues, contracte ses lèvres, découvre ses
dents empoisonnées et sa gueule sanglante ; sa double
langue brandit comme deux flammes, ses yeux sont
deux charbons, son corps gonflé de rage s'abaisse et se
soulève comme les soufflets d'une forge, sa peau dilatée
devient terne et écailleuse, et sa queue, dont il sort un
bruit sinistre, oscille avec tant de rapidité qu'elle ressemble à une légère vapeur.

« Alors le Canadien commence à jouer sur sa flûte.
Le serpent fait un mouvement de surprise et retire sa
tête en arrière. A mesure qu'il est frappé de l'effet
magique, ses yeux perdent leur âpreté, les vibrations
de sa queue se ralentissent, et le bruit qu'elle fait entendre s'affaiblit et meurt peu à peu. Moins perpendiculaires sur leur ligne spirale, les orbes du serpent
charmé par degrés s'élargissent et viennent tour à tour
se poser sur la terre en cercles concentriques. Les
nuances d'azur, de vert, de blanc et d'or, reprennent
leur éclat sur sa peau frémissante, et tournant légèrement la tête, il demeure immobile dans l'attitude de
l'attention et du plaisir.

« Dans ce moment, le Canadien marche quelques pas

en tirant de sa flûte des sons doux et monotones ; le reptile baisse son cou nuancé, entr'ouvre avec sa tête les herbes fines, et se met à ramper sur les traces du musicien qui l'entraîne, s'arrêtant lorsqu'il s'arrête, et recommençant à le suivre lorsqu'il recommence à s'éloigner. Il fut ainsi conduit hors de notre camp, au milieu d'une foule de spectateurs tant sauvages qu'européens, qui en croyaient à peine leurs yeux à cette merveille de la mélodie ; il n'y eut qu'une seule voix dans l'assemblée pour qu'on laissât le merveilleux serpent s'échapper. »

Les lézards sont aussi, dit-on, fort sensibles au charme de la musique. Le P. Labat, à la Martinique, alla à la chasse au lézard avec un nègre armé d'une perche au bout de laquelle était un nœud coulant. On aperçut bientôt un lézard étendu au soleil sur une branche d'arbre. Le nègre commença de siffler l'animal, qui avança la tête comme pour découvrir d'où venait le son ; alors le noir s'en approcha lentement, sifflant toujours, et lui chatouilla les côtés et la gorge avec le bout de la gaule. Le lézard y trouva tant de plaisir qu'il tournait et retournait sans cesse sur son dos et sur ses côtés ; à un moment donné, il se trouva si bien avancé hors de la branche, qu'on put lui passer le nœud coulant.

On connaît aussi l'amour de l'araignée pour la musique. Voici une anecdote que M. Michelet raconte à ce sujet : « Le célèbre violoniste Berthome devait ses succès précoces à la réclusion où on le faisait travailler très-jeune encore. Dans sa solitude, il avait, nous dit M. Michelet, un camarade dont on ne se doutait pas, une araignée... Elle était d'abord dans l'angle du mur, mais elle s'était donné licence d'avancer de l'angle au pupitre, du pupitre sur l'enfant, et jusque sur le bras si mobile qui tenait l'archet. Là, elle écoutait de fort près, dilettante émue, palpitante. Elle était tout un auditoire. Il n'en faut pas plus à l'artiste pour lui renvoyer, lui doubler son âme.

« L'enfant malheureusement avait une mère adoptive, qui, un jour, introduisant un amateur au sanctuaire, vit le sensible animal à son poste. Un coup de pantoufle anéantit l'auditoire... L'enfant tomba à la renverse, en fut malade trois mois, et il faillit en mourir. »

D'où vient la puissance que la musique exerce sur les âmes ? Quelle est la secrète affinité par laquelle les sons excitent les passions ?

La musique est l'image du mouvement. Elle emploie des sons échelonnés par intervalles réguliers, entre lesquels la voix monte et descend, selon les caprices du musicien. En faisant varier la durée et l'intensité des notes diverses qui se succèdent, il arrive à prendre toutes les nuances de vitesse, toutes les allures possibles, depuis la lenteur somnolente d'un cours d'eau qui se perd dans les sables, jusqu'à la fougueuse impétuosité du torrent. Or les sons agissent directement sur le système nerveux, par les frémissements qu'ils impriment aux fibres sensitives; ils provoquent ainsi la disposition d'esprit qui correspond au genre de mouvement exprimé par la musique. La gaieté est caractérisée par une allure vive et légère, la gravité par un mouvement d'une lenteur solennelle, la colère par une

précipitation saccadée. Ces différents caractères s'appli-
quent, d'ailleurs, aussi bien aux mouvements du corps
qu'à l'émission de la parole et au mouvement des idées;
tout cela se tient, et c'est justement dans cette solida-
rité d'impression et d'action du corps et de l'âme qu'il
faut chercher l'explication des effets de la musique. La
tristesse paralyse nos membres en même temps qu'elle
ralentit le discours et qu'elle arrête le flux des idées ;
une musique dont les notes gravissent lentement et pé-
niblement la faible pente des demi-tons dispose à de
mélancoliques rêveries; quand au contraire les notes
gambadent de quinte en octave, tout notre être est remué
par une velléité d'action et de trémoussement qui a
son expression symbolique dans la danse et le rire.

Cette explication des effets psychologiques de la musique n'a pas échappé à Aristote. Pourquoi, dit-il, les
rhythmes et les mélodies s'adaptent-ils aux dispositions
de l'esprit, mais non les saveurs, ni les couleurs, ni les
odeurs? Est-ce parce qu'ils sont des mouvements,
comme le sont les actions? Leur énergie intrinsèque
repose sur un ton déterminé et communique aussi ce
ton. Les saveurs et les couleurs n'agissent pas de
même.....

Il est d'ailleurs d'autres mouvements qui produisent
sur nous des effets de tout point semblables à ceux de
la musique. La cascade qui se précipite du haut d'un
rocher, le filet limpide qui ruisselle doucement dans
un lit sableux, les vagues qui, sans cesse renaissantes,
attaquent le rivage de l'Océan, nous impressionnent
comme une musique visible. On peut rester des heures
entières, couché sur la plage, à regarder les ondes qui

se succèdent en se poursuivant. « Le rhythme de ce mouvement qui n'est pas sans offrir un continuel changement dans les détails, éveille un sentiment particulier de repos agréable sans ennui, et fait naître en nous l'idée d'une vie immense, mais régie par un ordre parfait et harmonieux. Quand la mer est calme et sans rides, on peut s'amuser un temps à en contempler les belles couleurs, mais le plaisir ne dure pas autant que lorsque l'eau est agitée. Les ondes plus petites qui se forment à la surface des nappes d'eau limitées, se succèdent avec trop de précipitation, et inquiètent plutôt l'esprit qu'elles ne l'amusent[1]. »

[1] Helmholtz, *Tonempfindungen*.

III

PROPAGATION DU SON DANS LES DIFFÉRENTS MILIEUX

Effet du vide. — Propagation dans les gaz — dans l'eau — par le sol — Expérience de M. Wheatstone. — On entend par les dents.

Comment le son se transmet-il jusqu'à l'oreille qui le perçoit? Quel est l'invisible pont sur lequel il franchit les distances? La réponse est facile. De toutes parts, un fluide élastique et léger nous environne; les vents nous montrent qu'il peut produire les plus puissants effets mécaniques; toute agitation un peu forte s'y propage aussitôt et se fait sentir loin du point d'origine. N'est-il pas dès lors naturel d'admettre que le fluide aérien propage, de la même manière, les mouvements qui donnent lieu à un son? Nous voyons, d'ailleurs, qu'une détonation violente est toujours accompagnée d'un brusque déplacement de l'air, d'un choc fort sensible à distance. Aussi les physiciens n'ont pas tardé à soupçonner que l'air est le véhicule matériel du son, et ils ont songé à démontrer cette vérité en la retournant : sans air, point de son. Voici l'expérience bien simple à l'aide de laquelle on peut s'en assurer. On suspend, par un fil de soie ou de chanvre, une petite clochette dans un

ballon de verre d'où l'air a été chassé par une pompe
pneumatique (*fig.* 22). On fait sonner la clochette en
agitant l'appareil; on n'entend rien. Le battant frappe
toujours contre la pause, mais c'est
du bruit dans le vide : le son ne
parvient pas à se former, à prendre
un corps, pour ainsi dire. Si alors
on ouvre le robinet qui fermait le
ballon et qu'on y laisse rentrer l'air,
le charme est rompu et la clochette
cesse d'être muette. L'expérience se
fait encore avec un réveil-matin que
l'on introduit sous le récipient d'une machine pneumatique. Dans le premier moment, on entend fortement
résonner le timbre de la sonnerie ; mais à mesure que
l'air est raréfié, le son s'affaiblit et semble expirer sous
l'action de la machine, de sorte que les derniers coups
ne s'entendent déjà plus, si le jeu de la pompe a été rapide. On peut même faire partir sous le récipient un petit
pistolet de salon chargé à poudre : vous voyez l'éclair
sans entendre la détonation. Toutefois, ces expériences
ne réussissent qu'à la condition que les corps sonores
(le réveil, le pistolet, etc.,) soient posés sur un coussin
de ouate, qui amortit le choc; sinon, l'ébranlement se
transmet au plateau de la machine, et de là à l'air environnant qui le propage jusqu'à l'oreille. Il est même
difficile pour cette raison d'intercepter complétement
le son qui tend à se produire dans l'intérieur de la cloche
vidée d'air. C'est pour avoir oublié cette cause d'erreur
qui naît des communications solides entre le corps sonore et l'air extérieur, que le P. Kircher crut avoir

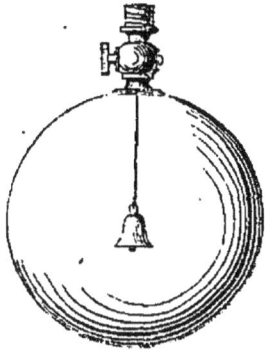

Fig. 22.

trouvé dans la même expérience un argument décisif contre l'existence du vide. Il avait fait le vide barométrique dans un tuyau de plomb de 100 pieds, terminé en haut par une ampoule de verre dans laquelle étaient fixés une clochette et un petit marteau qu'un aimant pouvait soulever du dehors. Quand le martelet retombait sur la cloche, elle rendait un son clair et limpide, et Kircher en conclut que ce « vide fantastique » du baromètre n'est qu'une dangereuse fiction des philosophes.

Il est vrai que, pour lui, des corps épais et massifs, tels que des murs ou des rochers, ne peuvent pas transmettre le son d'une manière directe. Comment se fait-il, dit Kircher, que si on frappe sur une muraille, une autre personne entende immédiatement le bruit en appliquant l'oreille du côté opposé? Cette transmission mystérieuse s'explique par la présence de l'air dans les pores de tous les corps; c'est cet air intérieur qui propage le mouvement sonore. Si un corps est très-dense, il ne laisse passer que très-peu de son, parce qu'il contient très-peu d'air. Le verre est de tous les corps le moins poreux; aussi, un homme enfermé dans une ampoule de verre hermétiquement close, n'entendrait rien dans sa prison, quelque bruit qu'on pût faire au dehors. Kircher ajoute qu'il existe, en Écosse, un rocher appelé la *roche sourde*, parce que ceux qui s'y cachent n'entendent aucun bruit du dehors, pas même la détonation d'un canon; la raison de ce phénomène doit être cherchée, selon lui, dans l'excessive densité de cette roche : elle est, dit-il, opaque pour le son, tout comme d'autres corps le sont pour la lumière.

S'il est vrai que c'est presque toujours par l'intermédiaire de l'air que les sons parviennent à l'oreille, on sait cependant aujourd'hui que la présence d'un fluide gazeux n'est pas une condition nécessaire à leur transmission. Tous les corps élastiques : gaz, liquides et solides, propagent le son. Une montre à réveil que l'on enfonce dans l'eau après l'avoir enfermée sous une cloche de verre, s'entend très-bien au dehors. Les plongeurs entendent sous l'eau les bruits qui se produisent à la surface. Il est vrai que le son leur arrive très-affaibli, mais cela vient d'une perte d'intensité qu'il subit en pénétrant dans un milieu plus dense que l'air. La quantité de mouvement qui a passé dans l'eau s'y propage sans obstacle ; on peut s'en assurer en constatant qu'à la profondeur de quelques mètres on entend aussi bien que tout près de la surface. S'il en était autrement, l'organe de l'ouïe serait un luxe fort inutile chez les poissons. Or il est certain qu'ils entendent ; ainsi, on a remarqué que les poissons apprivoisés répondent à l'appel d'un sifflet.

Les corps solides transmettent le son avec une grande facilité. Le tic-tac d'une montre que l'on applique contre une extrémité d'un tronc d'arbre coupé s'entend parfaitement à l'extrémité opposée, non point parce qu'il y a de l'air dans les pores du bois, mais parce que le bois résonne sous les chocs de la roue d'échappement. Lorsqu'on écoute en appuyant l'oreille par terre, on peut distinguer le bruit du canon à une distance de plus de 40 kilomètres, et le piétinement des chevaux s'entend de très-loin comme une espèce de roulement sourd transmis par le sol.

Scuta sonant, pulsuque pedum tremit excita tellus.

VIRGILE.

On peut rendre cette transmission visible en posant
par terre un tambour chargé de petits cailloux : on les
voit danser lorsqu'il passe de la cavalerie à une grande
distance. Dans les mines de Cornouailles, on pousse les
galeries jusque sous la mer ; on y entend, à travers le
plafond de sable, le bruit des flots et celui des galets
qui s'entre-choquent. Lorsqu'on creuse des galeries opposées, les mineurs de la mine et de la contre-mine
s'entendent à travers le sol, et peuvent ainsi se diriger
l'un sur l'autre. Ces bruits souterrains ont quelquefois
donné lieu à des histoires de revenants.

Il paraît que le bois est de tous les corps solides
celui qui conduit le mieux le son. Le sapin est, sous ce
rapport, préférable au buis, le buis au chêne, etc. Avec
quatre perches de sapin, M. Wheatstone a réussi à conduire, à travers plusieurs étages d'une maison, un concert donné dans la cave. Les perches, d'environ 2 centimètres d'épaisseur, étaient appuyées par leurs
extrémités inférieures, l'une sur la table d'harmonie du
piano, une autre sur le chevalet du violon, la troisième
sur celui du violoncelle, et la quatrième sur la base de
l'anche de la clarinette ; elles traversaient la voûte de
la cave où étaient les instruments et pénétraient jusque
dans l'étage élevé où se tenaient les auditeurs. Chaque
tringle se terminait par une tablette renforçante en
bois mince et élastique. Tout ce système vibrait éner-
giquement lorsqu'on attaquait dans la cave un morceau
de musique, et à l'étage supérieur la chambre se rem-

plissait de sons qui semblaient sortir des planchettes ensorcelées. Cette expérience est d'un effet magique : le bois chante tout à coup comme s'il était animé, on se croirait au milieu d'un orchestre véritable, n'était le témoignage des yeux... M. Koenig a fait la même expérience avec une boîte à musique cachée dans une grande caisse ouatée à l'intérieur. Une longue tringle de bois traverse le dessus de la boîte et se termine par une planchette carrée. Lorsqu'on enlève la planchette, on n'entend rien, mais dès qu'on l'appuie sur l'extrémité libre de la tringle, on entend très-distinctement l'air que joue la boîte à musique.

Les parties osseuses de la tête conduisent le son à l'oreille avec une facilité très-grande. On peut ainsi entendre par le front, les dents, etc. Deux personnes qui parlent très-bas en tenant entre leurs dents les deux extrémités d'une longue tige de bois ou d'un fil tendu, s'entendent à une distance considérable; le résultat est le même si la personne qui parle appuie la tige sur sa gorge ou sur sa poitrine. C'est sur les mêmes principes que repose le *stéthoscope*, inventé par Laennec en 1819; il se compose essentiellement d'un cylindre de bois que le médecin appuie sur la poitrine du malade, afin de mieux entendre les bruits du cœur; cela s'appelle *ausculter*. M. Wheatstone a proposé, de son côté, un instrument auquel il donne le nom de *microphone*, et qui est destiné à faciliter la perception des sons très-faibles. C'est un petit bassin de cuivre qui s'applique sur l'oreille et qui porte en son milieu une longue tige métallique, sorte de tentacule ou de palpe qui doit propager le son. On peut adapter un appareil semblable à chaque oreille et réunir les deux palpes en une tige unique.

Lorsqu'on frappe sur une cuiller d'argent, un timbre de verre ou tout autre corps sonore suspendu à un fil dont on introduit l'extrémité libre dans le conduit auditif (on peut aussi la saisir entre les dents et se boucher les oreilles), on entend un son grave et plein, comme celui d'un bourdon éloigné. Un médecin danois, Herhold, a fait cette expérience avec une cuiller attachée à un fil d'une longueur de 200 mètres, dont une extrémité était fixée à un pieu pendant qu'on tenait l'autre avec les dents.

Les sourds-muets entendent très-bien par les dents quand la surdité ne provient pas d'une paralysie du nerf acoustique. On leur fait saisir avec les dents les bords d'une boîte à musique ou l'extrémité d'une baguette appuyée sur la table d'harmonie d'un piano, et ils entendent alors les sons de ces instruments. Une personne qui a l'oreille dure comprend très-bien ce qu'on lui dit, si l'on parle dans un bassin de cuivre ou dans un verre sur le bord duquel elle appuie l'oreille ou les dents.

Les corps mous, tels que l'étoupe, la ouate, les étoffes en général, la farine, la sciure de bois, ne transmettent pas les sons d'une manière sensible. Un tapis de Smyrne étouffe le bruit de pas; une épaisse portière empêche les paroles de pénétrer du salon dans l'antichambre.

V

Circonstances qui font varier l'intensité des sons. — Intensité nocturne. — Portée des sons. — Le carré inverse de la distance. — Porte-voix. — Tuyaux acoustiques. — Cornet acoustique.

La force ou l'intensité d'un son est primitivement déterminée par la violence du mouvement qui le produit, mais ce qui en parviendra à l'oreille dépend de la nature du milieu où le son se propage. Nous avons déjà vu que sous la cloche d'une machine pneumatique le son d'un timbre s'affaiblit graduellement et semble mourir peu à peu à mesure que l'air y est raréfié. Sur les hautes montagnes, où l'air n'a qu'une faible densité, tous les bruits perdent leur force et semblent plus éloignés qu'ils ne le sont en réalité. Au sommet du mont Blanc, à 4,800 mètres au-dessus de la mer, Saussure a trouvé qu'un coup de pistolet ne produisait pas plus d'effet qu'un petit pétard dans la plaine. Dans les expériences que la Condamine institua à Quito, entre deux stations élevées de 3,000 et de 4,000 mètres, le bruit d'une pièce de canon de neuf, à 20 kilomètres de distance, ressemblait à peine à celui d'une pièce de huit, entendue à 51 kilomètres dans les plaines des environs de Paris. Les aéronautes ont souvent constaté la faiblesse de leur voix dans les régions très-élevées de l'atmosphère. Voici ce que M. Glaisher a observé pendant les ascensions qu'il a faites en 1863 avec M. Coxwell. Une fois, il entendit, à 3,000 mètres de hauteur, l'aboiement d'un chien et la voix du vent qui mugissait au-dessous de lui. Les cris de plusieurs milliers de personnes avaient cessé d'être entendus à la moitié de cette hauteur. Un autre jour, cependant, le sourd murmure de Londres leur arriva encore à 2 kilomètres d'élévation verticale. Le sifflet d'une locomotive fut entendu dans l'une de ces ascensions, à une hauteur de 6 kilomètres et demi ; c'est la plus grande à laquelle une oreille humaine ait perçu des bruits partis de la surface du sol. L'air était ce jour-là exceptionnellement humide.

Lorsqu'on songe à l'affaiblissement que le son éprouve nécessairement dans les régions supérieures de l'atmosphère, on est stupéfait de l'intensité du bruit que produit quelquefois l'explosion d'un bolide. Un météore qui fut observé en 1719 et qui, d'après les calculs de Halley, traversa l'air à une hauteur de plus de 100 kilomètres, donna lieu à une détonation comparable à celle d'une pièce de gros calibre ; elle fit trembler les portes et les fenêtres, et à l'observatoire de Greenwich une lunette tomba de sa niche et se brisa sur le sol. Les bolides éclatent souvent avec un bruit semblable au roulement du tonnerre, et nous savons que l'explosion a généralement lieu à une très-grande hauteur au-dessus de la surface terrestre. Il faut donc que ces détonations se fassent avec une violence inouïe.

Dans l'air comprimé, le son est considérablement renforcé, et l'audition y est exagérée. Dans les tubes où travaillaient les ouvriers employés à la fondation du pont d'Arcueil, tous les sons prenaient un timbre métallique qui ébranlait le cerveau; quand on y parlait, on se sentait la base du crâne vibrer comme une trompette. Un autre effet non moins désagréable de la tension de l'air comprimé était la résistance qu'il opposait au mouvement des lèvres; on y perdait le siffler, on bégayait. John Roebuck a également constaté la grande intensité des sons dans les soufflets d'un haut-fourneau du Devonshire.

Priestley a fait quelques expériences avec des gaz autres que l'air. Ayant rempli d'hydrogène une cloche sous laquelle était une sonnerie, il constata que le bruit du timbre cessait presque d'être entendu. On sait que la densité de l'hydrogène est 14 fois moindre que celle de l'air. Pilâtre de Rozier ayant aspiré de grandes quantités de ce gaz trouva que sa voix était faible et nasillarde. Maunoir et Paul ont fait la même expérience à Genève; ils disent que leurs voix sont devenues grêles et flûtées d'une manière effrayante.

Dans l'eau, les sons se propagent avec beaucoup de force. D'après les expériences qu'il avait faites sur le lac de Genève, Colladon estima qu'on pourrait communiquer en mer, par le moyen d'une cloche submergée, à des distances de quelque cent kilomètres. Franklin rapporte qu'il a entendu le choc de deux cailloux dans l'eau à plus d'un demi-mille anglais (800 mètres).

Quand le son passe d'un milieu dans un autre d'une

densité différente, il éprouve une perte d'intensité plus ou moins sensible. J'ai déjà dit que les plongeurs n'entendent que faiblement les bruits qui viennent de la surface, tandis qu'on entend très-bien au dehors les bruits qui sortent de l'eau : un coup frappé sur la cloche à une profondeur de 10 mètres est parfaitement perçu à la surface. On en conclut que l'eau transmet plus facilement les vibrations à l'air que l'air ne les transmet à l'eau. Si les vibrations d'un corps solide, au lieu de se propager directement dans l'air, y arrivent par l'intermédiaire d'un liquide, elles conservent une plus grande énergie. Pérolle a fait, à ce sujet, une série d'expériences. Il prit une montre de poche, et l'ayant calfatée avec de la cire, la plongea, suspendue à un fil, dans un vase qu'il remplit successivement de divers liquides. Dans l'air, le tic-tac de la montre cessait d'être perceptible à une distances de 5 mètres. Les liquides renforcèrent le son ; plongée dans l'esprit-de-vin, la montre s'entendait encore à 4 mètres, dans l'huile à 5, dans l'eau à 7 mètres. On voit que la portée du son augmentait avec la densité du liquide par l'intermédiaire duquel il ébranlait l'air.

Les vibrations d'un corps solide se transmettent difficilement à un milieu gazeux ; il faut lui donner une grande surface pour en augmenter le son. Un diapason résonne plus fortement s'il est appuyé sur une tablette de bois qu'il ébranle et qui, à son tour, fouette une masse considérable d'air. C'est pour la même raison que dans l'expérience de M. Wheatstone, que nous avons rapportée plus haut, les tringles de bois étaient munies de planchettes offrant une certaine surface.

Quand le son se propage dans l'air de haut en bas ou de bas en haut, il traverse aussi des couches d'inégale densité. Saussure et Schultes ont constaté que le son parvient plus facilement de la base au sommet d'une montagne élevée que du sommet à la base. Les aéronautes ont fait une remarque analogue. Pour l'explication de ces faits, il est essentiel de remarquer que la voix et tout autre son ont déjà, au moment de leur production, moins de force dans l'air raréfié des hautes régions de l'atmosphère que dans l'air plus dense de la plaine.

Quand l'air inégalement échauffé par le soleil et par le rayonnement du sol cesse d'être homogène, le son doit y perdre beaucoup de sa force et se propager moins loin [1]. C'est par cette circonstance que Humboldt veut expliquer la différence d'intensité des sons pendant le jour et pendant la nuit. Nicholson cherche l'explication de ce fait dans l'absence, pendant la nuit, des mille bruits confus qui, pendant le jour, agitent l'atmosphère autour de nous. Le silence de la nuit, dit-il, repose nos organes et les rend plus sensibles à de faibles impressions; le silence exalte l'ouïe comme l'obscurité aiguise la vue. Humboldt oppose à cette opinion ce qu'il a observé en Amérique. Dans les pays tropicaux, les animaux font plus de vacarme pendant la nuit que pendant le jour, et le vent ne s'élève qu'après le coucher du soleil. Néanmoins, le bruit des cataractes de l'Orénoque s'entend à Aturès (à plus d'une lieūe) avec trois

---

[1] Lorsqu'on a établi la ventilation des deux palais du parlement de Londres, on a constaté que le courant d'air qui montait du milieu des salles au plafond rendait inintelligible la voix d'un orateur placé du côté opposé.

fois plus de force la nuit que le jour. Humboldt a remarqué, en outre, que l'accroissement nocturne de l'intensité du son est plus sensible dans les plaines basses que sur les plateaux, et sur la terre ferme que sur la mer.

Il serait peut-être plus vrai d'attribuer ces faits à la réunion des différentes causes qui ont été signalées, et auxquelles on peut ajouter le froid de la nuit. L'accroissement d'intensité du son s'observe aussi bien dans une maison fermée qu'en rase campagne. Les coups de dent d'une souris qui grignote du bois, résonnent la nuit autrement que le jour; on ne saurait dans ce cas invoquer l'homogénéité plus grande de l'air, et il faut bien chercher la raison de l'intensité des sons dans le contraste du silence qui nous environne. L'obscurité y est peut-être aussi pour quelque chose; on sait que pour mieux entendre, beaucoup de personnes ferment les yeux, et que le sens de l'ouïe est généralement très-développé chez les aveugles.

Nous venons de dire que le froid semble augmenter la portée des sons. C'est un fait constaté par beaucoup d'observateurs. Dans les régions polaires, le capitaine Parry entendit souvent à la distance d'un mille (1600^m) une conversation à voix ordinaire. Foster, l'un des compagnons de Parry, rapporte qu'à Port-Bowen il a pu converser avec un homme de l'équipage à 2040 mètres de distance, par un froid de 28 degrés au-dessous de zéro. On pourrait croire que ce phénomène est dû à la condensation de l'air; mais les expériences de MM. Bravais et Martins ne confirment pas cette opinion. Ces deux observateurs ont d'abord constaté, à Saint-Chéron

(Seine-et-Oise), qu'un diapason monté sur une caisse de résonnance s'entendait à 254 mètres à une heure de l'après-midi, et jusqu'à 579 mètres à minuit. Sur le Faulhorn, le son parvenait à 550 mètres à minuit, sur le mont Blanc encore à 337 mètres, et pourtant l'air est bien moins dense sur ces hauteurs que dans la plaine.

Ce résultat imprévu montre que ce n'est pas la *condensation* due au froid qui produit l'accroissement d'intensité du son ; le phénomène est évidemment plus complexe, et il est probable qu'il doit se ramener, en partie du moins, à l'influence du calme qui règne sur les hauteurs et dans les déserts polaires.

On s'est enfin occupé de l'action du vent sur l'intensité du son. Il est certain que l'on entend toujours mieux dans la direction du vent que dans la direction opposée. De Haldat a fait quelques expériences dans les environs de Nancy avec un petit timbre ; il a trouvé que le son était entendu deux ou trois fois plus loin au-dessus du vent que sous le vent. Plus tard, en 1813, Delaroche et Dunal ont fait des mesures plus précises dans la plaine d'Arcueil. Ils se plaçaient entre deux timbres égaux qui étaient frappés avec la même force, et cherchaient la distance où les deux sons paraissaient de même intensité, quand la ligne droite menée d'un timbre à l'autre faisait avec la direction du vent tel ou tel angle. Alors le son le plus affaibli était évidemment celui qui émanait du timbre le plus rapproché. On trouva de cette façon que, pour des distances au-dessous de 6 mètres, l'influence du vent était insensible, qu'elle devenait appréciable pour des distances plus grandes et qu'elle croissait avec ces distances. Elle était plus marquée pour les sons fai-

bles. Un vent contraire affaiblissait le son, mais, et c'é-
tait là le résultat le plus important de ces expériences,
tout autre vent l'affaiblissait aussi, quoiqu'à un moindre
degré. Par un air calme, ou dans une direction perpendiculaire à la ligne du vent, le son s'entendait toujours
plus loin. L'agitation de l'air est donc toujours nuisible
à la propagation du son, et cela se comprend si l'on
veut admettre que les coups de vent donnent lieu à des
mouvements ondulatoires de l'air, susceptibles d'occasionner dans la marche du son une perturbation
semblable à celle qui s'appelle *interférence*. Derham
avait déjà fait une observation analogue à Porto Fer-
rajo (île d'Elbe); il avait remarqué que le canon de
Livourne s'entendait mieux quand l'air était calme que
lorsqu'il faisait du vent, même quand le vent venait de
Livourne; la distance est de 25 lieues.

On peut encore citer à ce propos une remarque du
baron de Zach. Cet astronome dit qu'à l'observatoire de
Seeberg, qui a une position élevée et fort isolée, le son
des cloches des églises voisines, le bruit des moulins,
l'aboiement des chiens et les voix des hommes montaient
jusqu'à lui d'une manière très-distincte pendant les
nuits où les images des astres se montraient bien tranquilles, tandis qu'il n'entendait presque rien quand les
étoiles tremblotaient dans le champ de la lunette; la
force du son peut donc, jusqu'à un certain point, indiquer l'état de l'atmosphère.

Ce qui rend ces sortes d'observations très-difficiles
et fort incertaines, c'est qu'on n'a aucun instrument
pour mesurer l'intensité du son, et qu'on est obligé de
se fier au jugement de l'oreille. Or, la sensibilité de

l'ouïe peut varier d'un jour à l'autre, elle n'est pas la même chez deux personnes différentes ; souvent même personne entend mieux d'une oreille que de l'autre. Enfin, ce qui est surtout fâcheux, l'organe de l'ouïe est plus fortement impressionné par les notes aiguës que par les notes graves. On aurait pu croire que l'intensité apparente d'un son devait être proportionnelle au travail mécanique employé à le produire ; il n'en est rien. Lorsqu'on fait tourner une sirène sous une pression d'air constante, les sons graves qu'elle émet au commencement, sont beaucoup plus faibles que les notes aiguës qui se produisent quand le disque tourne de plus en plus vite.

La sensibilité de l'oreille augmente avec la hauteur des notes ; on a, en outre, constaté que les notes très-aiguës comprises de mi_6 à sol_6, résonnent dans l'oreille avec une force tout exceptionnelle. Il est donc certain que l'on ne saurait comparer à l'aide de l'oreille que des sons de même hauteur. Si on voulait essayer de créer une mesure absolue de l'intensité des sons, voici comment on pourrait s'y prendre. Le *phonomètre* serait un instrument donnant des sons d'une force toujours la même au moyen d'une soufflerie à pression constante. On chercherait la distance à laquelle un son du phonomètre paraîtrait aussi fort que celui dont on aurait à déterminer l'intensité. Alors cette intensité serait à celle du son type dans le rapport inverse du carré des distances du phonomètre et de la source sonore.

Tout mouvement qui rayonne librement en tous sens : lumière, électricité, chaleur ou son, se répand à partir du point d'origine sur des sphères concentriques. Or, la surface de ces sphères croissant toujours comme le carré du rayon, il s'ensuit que l'intensité de la force émanée du centre, doit diminuer dans le même rapport à mesure qu'elle se distribue sur les sphères successives. Donc, l'intensité d'un rayonnement décroît sans cesse à partir du centre ; elle est, en un point quelconque, en raison inverse du carré de la distance.

C'est la loi qui régit aussi la gravitation ; toutes les forces attractives ou répulsives lui sont soumises. La théorie nous dit qu'elle doit également s'appliquer au son. Delaroche et Dunal l'ont vérifiée de la manière suivante. S'étant procuré cinq timbres parfaitement identiques, ils en placèrent un à une extrémité d'une ligne droite mesurée sur le terrain, et les quatre autres à l'extrémité opposée. Ils cherchèrent alors le point où le son qui arrivait du timbre isolé, offrait la même intensité que celui que rendaient les quatre timbres frappés simultanément. Ce dernier son devait être, à distance égale, quatre fois plus fort que le premier. On trouva qu'il devenait égal à celui-ci lorsque l'observateur se trouvait au tiers de la distance qui séparait les deux sonneries, c'est-à-dire deux fois plus loin du groupe de quatre timbres que du timbre isolé. La loi se trouvait donc exacte. En effet, le carré de 2 étant 4 et le carré inverse 1/4, la loi en question exige qu'à une distance 2 le son n'ait plus que le quart de l'intensité qu'il offrait à la distance 1. Ainsi le son des quatre timbres réunis étant égal à 4 à la distance 1, il ne devait plus être que le quart de 4, c'est-à-dire 1, à la distance 2. Or c'est ce que l'expérience avait montré, puisqu'à cette distance les quatre timbres donnaient autant de son que le timbre isolé, placé à la distance 1.

La portée des sons, ou la distance à laquelle l'oreille peut encore les distinguer, représente en quelque sorte la mesure de leur intensité. La voix humaine s'entend quelquefois très-loin. Nous avons déjà rapporté que, dans les régions polaires, Foster a pu tenir une conversation avec une autre personne à 2040 mètres de distance. Nicholson rapporte que sur le pont de Westminster, à Londres, on entend très-bien, pendant la nuit, les voix des ouvriers qui travaillent dans les fabriques de Battersea, éloignées de 5 kilomètres. Le même auteur nous apprend que les cris des sentinelles de Portsmouth sont entendus, pendant la nuit, à Ride, dans l'île de Wight; la distance est de 7 ou 8 kilomètres. Le rire des matelots d'un navire de guerre anglais, stationné à Spithead, parvint jusqu'à Portsmouth, c'est-à-dire à 4 kilomètres. On a peine à croire ce que Derham a dit avoir constaté à Gibraltar, où la voix humaine aurait été entendue à plus de 10 milles anglais (16 kilomètres).

D'après Hinrichs, les instruments de cuivre d'un orchestre russe s'entendaient à plus de 7 kilomètres. Le tambour battant la retraite au château d'Édimbourg fut entendu un jour à plus de 30 kilomètres.

Le bruit du canon se propage très-loin parce qu'il fait trembler le sol. La canonnade de Florence fut entendue au delà de Livourne, c'est-à-dire à une distance d'environ 90 kilomètres, et celle de Gênes en mer à 165 kilomètres. En 1792, le canon de Mayence fut entendu à Timbeck, petite ville éloignée de 245 kilo-

mètres. En 1809, les coups de canon tirés à Heligoland
étaient entendus à Hanovre (260 kilomètres), enfin,
le 4 décembre 1832, le canon d'Anvers fut entendu en
Saxe, dans les montagnes de l'Erzgebirg, dont la distance est de près de 600 kilomètres! L'éruption du
volcan Saint-Vincent qui eut lieu en 1815, se fit entendre jusqu'à Demerary, sur une distance de 300
milles marins (550 kilomètres).

Pour augmenter la portée de la voix, on fait usage
d'un instrument nommé *porte-voix* (en anglais *speaking
trumpet*, en latin *tuba stentorea*). C'est le plus ordinairement un tube conique (*fig.* 23), muni d'une embou

Fig. 23. Porte-voix.

chure qui s'applique sur la bouche, sans gêner le
mouvement des lèvres, et terminé par un pavillon
évasé. On s'en sert beaucoup en mer pour se faire entendre à une grande distance malgré le vent et les flots;
le guet avait jadis un porte-voix pour annoncer les in-
cendies du haut de sa tour ; à la campagne on l'emploie pour appeler les ouvriers qui travaillent dans les
champs, etc.

Le porte-voix a été inventé vers 1670 par le chevalier Samuel Morland, qui fit exécuter plusieurs modèles d'abord en verre, puis en cuivre, et qui rendit le
roi Charles II et le prince Robert témoins des effets

surprenants qu'il obtenait avec sa trompette d'un nouveau genre. Dans une expérience qui fut faite à Deal, avec un cône de 1^m,68 de longueur, dont les deux ouvertures avaient respectivement 5 et 55 centimètres de diamètre, on put se faire entendre à une distance de 5 kilomètres.

Quand l'invention de Morland fut publiée, le P. Athanase Kircher la revendiqua aussitôt, sous prétexte qu'il avait déjà employé des tubes de forme conique ; mais il est facile de voir que, dans ses écrits antérieurs, le savant jésuite n'a voulu parler que de tubes acoustiques. Kircher donne aussi à cette occasion une description du *Cor d'Alexandre le Grand*, d'après un vieux manuscrit intitulé *Secreta Aristotelis ad Alexandrum magnum*, qui existe à la bibliothèque du Vatican. Ce cor, dont nous reproduisons la figure, permettait à Alexandre, toujours d'après l'auteur inconnu du manuscrit, de rappeler ses soldats lorsqu'ils s'étaient éloignés de cent stades (18 kilomètres). Le diamètre de l'anneau aurait été de cinq coudées (2^m,40). Le P. Kircher conjecture que pour en faire usage on le soutenait par trois perches. Vers la fin du siècle dernier, un physicien allemand, le professeur Huth, a voulu se rendre compte des effets d'un pareil instrument. Il a fait construire un modèle en tôle, de dimensions un peu moindres que celles qui sont indiquées par Kircher ; et il a trouvé qu'un cor de cette forme représente un portevoix d'un effet considérable, surtout lorsqu'il est muni d'un pavillon évasé. Le moine Salar, de l'ordre des Augustins, avait fait construire le cor d'Alexandre à Paris, dès 1654, mais nous ne connaissons pas le résultat qu'il obtint. Dans tous les cas, cette expérience n'eut pas de suite.

Peu de temps après la publication de l'invention de

Fig. 24. Cor d'Alexandre le Grand.

Morland, Cassegrain proposa de donner au porte-voix une forme hyperbolique; Conyers le transforma en paraboloïde, et Jean-Matthieu Hase le composa d'un ellipsoïde comme embouchure et d'un paraboloïde employé comme pavillon. Tous ces projets, que l'expérience n'a pas justifiés, supposent que le renforcement des sons dans le porte-voix est dû à la réflexion intérieure des ondes sonores. Cette idée a été développée par Lambert dans sa théorie du porte-voix, publiée en 1765, qui a passé dans presque tous les traités de physique. On pose en principe que le but de l'instrument est de rendre les rayons sonores parallèles à l'axe du tube, et l'on cherche la forme la plus propre à réaliser ce parallélisme. Rien n'est moins conforme aux faits observés.

D'après la théorie des réflexions, un tube cylindrique serait sans effet. Or, Hassenfratz a constaté qu'il n'en est pas ainsi. Le tic-tac d'une montre qui, dans les circonstances ordinaires cessait d'être entendu à 1^m,1 de distance, se distinguait encore à 2^m,25 lorsqu'on plaçait la montre à une extrémité d'un tube cylindrique de 0^m,60 de longueur et de 0^m,04 de diamètre. Un tube cylindrique, muni d'un pavillon évasé, peut très-bien servir comme porte-voix.

Lambert avait trouvé que le pavillon était un accessoire inutile. L'expérience prouve le contraire : le pavillon contribue d'une manière évidente au renforcement du son.

Enfin, Hassenfratz a constaté qu'en doublant d'une étoffe de laine l'intérieur d'un porte-voix en cuivre, il n'en diminuait l'effet que d'une manière à peine sensible. Or le revêtement de laine devait empêcher toute réflexion sur les parois intérieures du tube.

Il résulte de ces faits, que le renforcement de son dépend uniquement de la forme géométrique de la colonne d'air d'où part la première impulsion. Comment cette influence s'exerce-t-elle? c'est ce que la théorie ne nous a pas encore révélé. On peut seulement dire que le tube du porte-voix contient les ondes sonores, les empêche de se disperser trop tôt en tous sens, leur permet de se consolider ; c'est cette idée qui nous guide instinctivement quand nous nous faisons un porte-voix de nos deux mains. Les anciens adaptaient aussi aux masques des acteurs une espèce de pavillon formant porte-voix.

Le porte-voix, d'ailleurs, ne renforce pas le son dans la direction de son axe seulement ; l'effet s'observe dans tous les sens à la fois. Ainsi, lorsqu'on parle dans un porte-voix, à une certaine distance d'un mur élevé, on obtient un écho presque aussi fort quand le pavillon est tourné du côté du mur, que lorsqu'il est tourné du côté opposé.

Les tubes qui sont en usage à bord des navires ont rarement une longueur qui dépasse 2 mètres, avec $0^m,50$ d'ouverture. En Angleterre, on en a fait d'une longueur de plus de 7 mètres, qui portèrent la parole à une distance de près de 4 kilomètres ; lorsqu'il s'agit seulement de faire entendre un cri inarticulé, un bon porte-voix s'entend jusqu'à 5 ou 6 kilomètres. Il serait intéressant de faire sur ce sujet des expériences plus complètes.

En Angleterre et en Amérique, on s'est beaucoup occupé des moyens d'avertir les navires qui passent au large, par les temps de brouillard, où les feux des phares cessent d'être visibles. Le plus souvent on se sert à cet effet d'une cloche. La cloche de l'île Copeland, dans la mer d'Irlande, est mise en branle par une machine ; on dit qu'elle se fait entendre jusqu'à 24 kilomètres de distance. A Boulogne on a une cloche installée au foyer d'un réflecteur parabolique ; trois marteaux, mus par un poids qui descend, la frappent alternativement. A bord de quelques-uns des phares flottants, on emploie des tam-tams ou des canons. A l'île des Perdrix (Nouveau-Brunswick), on a fait usage d'un sifflet à vapeur. Aux Skerries, près Holyhead, on protége, autant que possible, les oiseaux de mer dont les cris peuvent avertir les bâtiments ; malheureusement, des rats échappés du *Régulus*, qui fit naufrage dans cette partie du canal Saint-Georges vers 1856, se sont multipliés dans l'île et travaillent à la destruction des oiseaux. On a essayé d'un chat, mais l'on s'aperçut bientôt qu'il faisait cause commune avec les rats, et qu'il leur préférait les oiseaux.

La principale difficulté que soulève ce genre de signaux est que le brouillard fait obstacle à la propagation du son. C'est du moins ce qui semble résulter des observations de M. A. Cunningham ; on manque cependant de données décisives à cet égard. Pour faire distinguer les signaux des différentes stations, on peut employer des sons intermittents, ou une succession de notes différentes. M. Cowper et M. Holmes ont proposé pour cet usage des trompettes à vapeur ; le capitaine Ryder veut combiner un canon avec un sifflet. Peut-être serait-il possible de propager un son très-intense à travers l'eau même ; pour l'entendre, les marins plongeraient dans l'eau un long cornet acoustique comme celui que Colladon employa sur le lac de Genève : ils pêcheraient en quelque sorte le son. Prætorius a inventé un instrument analogue pour la terre ferme : c'est une espèce de pelle qu'on enfonce dans le sol ; on applique l'oreille au manche, dont le frémissement trahit l'approche de l'ennemi. L'inconvénient de ces moyens c'est qu'ils n'indiquent nullement la direction d'où vient le bruit.

Quand le son se propage dans une masse d'air limitée, il ne perd que très-peu de sa force. Les tubes acoustiques nous en offrent un exemple frappant. Ce sont de longs tuyaux de métal ou de caoutchouc à l'aide desquels on peut tenir une conversation à distance. On s'en sert dans beaucoup de maisons pour communiquer à travers plusieurs étages, à bord des navires pour parler au gabier quand il est dans sa hune, etc. Quelqu'un a même proposé de tirer parti des tubes acoustiques, combinés avec des sonnettes électriques, pour remplacer les portiers par une communication directe avec tous les étages des maisons.

Dans les expériences que Biot a faites sur la propagation du son dans les tuyaux des aqueducs de Paris, il s'est trouvé que les sons les plus faibles se transmettaient parfaitement à travers une colonne d'air de 950 mètres de longueur; « de sorte, dit-il, que pour ne pas s'entendre, il n'y aurait eu qu'un moyen, celui de ne pas parler du tout. » Lorsqu'on tirait un coup de pistolet à une extrémité du conduit, l'air était chassé du dernier tuyau avec assez de force pour produire sur la main un vent impétueux, pour lancer à plus d'un demi-mètre des corps légers et pour éteindre des bougies allumées.

Dans les foires on était toujours sûr autrefois de rencontrer l'*oracle de Delphes*, simple tête de Turc qui répondait très-bien aux demandes qu'on lui adressait en lui parlant à l'oreille. Ces effets étaient obtenus par l'emploi d'un tube acoustique caché dans le piédestal de l'appareil et communiquant avec une pièce où se tenait un compère. Ce qu'on a vu de plus ingénieux dans ce genre, c'est la *femme parlante* du gendre de

M. de Kempelen. Une femme à tête de cire était assise
sur une chaise que l'on plaçait tour à tour dans deux
endroits différents dé la salle où l'on recevait les
curieux. On lui parlait à l'oreille, la réponse semblait
sortir de la bouche. Voici comment s'obtenait ce résultat. Un tuyau acoustique qui débouchait dans le creux
de la tête de cire traversait l'un des piéds de la chaise.
Deux autres tubes qui partaient d'une pièce voisine.
débouchaient sous le plancher de la salle, en deux points
marqués chacun par un petit clou. Dans le voisinage de
ces points, le plancher avait été usé en dessous, de manière à ne plus former qu'une très-mince cloison, et
percé d'un très-petit trou. On avait soin de placer la
chaise de telle sorte que le pied qui était creux vînt se
poser près de l'un des deux clous.

La *femme invisible* qui excita, au commencement de
ce siècle, une si grande sensation dans les principales
villes du continent, s'explique d'une manière toute aussi
simple. L'organe le plus apparent de cette machine
(*fig.* 25) était une sphère creuse, munie de quatre ap-
pendices en forme de trompettes, et suspendue librement
à un support en fil de fer, ou bien au plafond de la chambre, par quatre rubans de soie. Cette sphère était entourée
d'une cage en treillis soutenue par quatre piliers, dont
l'un était creux et communiquait avec le sol. Le tube
acoustique qui le traversait débouchait au milieu de
l'une des traverses horizontales supérieures, où il y
avait une fente très-étroite, à peine perceptible à l'œil,
faisant face à l'orifice de l'une des quatre trompes. La
voix semblait alors sortir de la sphère. Il est probable
que la personne qui se tenait dans la pièce voisine et

qui donnait les réponses, pouvait voir par une fente dans le mur ce qui se passait dans la salle. Les deman-

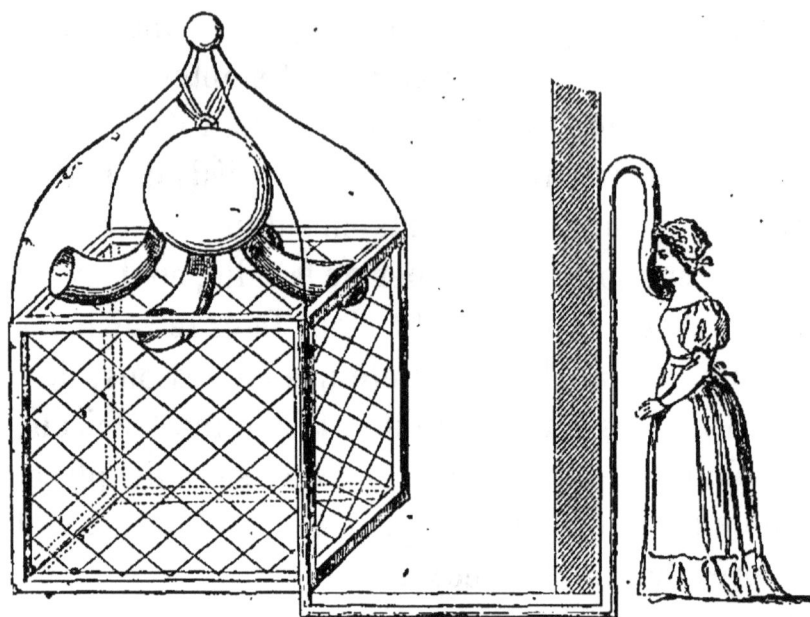

Fig. 25. La femme invisible.

des se faisaient en parlant dans l'orifice de l'une des trompes.

Les cheminées, les conduites de gaz, les calorifères propagent le son d'une manière remarquable. Lorsqu'on applique l'oreille au foyer de certaines cheminées, on entend distinctement tous les bruits du dehors. Dans les prisons et dans les maisons de fous on évite d'établir des tuyaux de conduite le long des murs, parce qu'ils pourraient permettre aux prisonniers de communiquer les uns avec les autres, et troubler les malades dont la folie est douce, en faisant arriver jusqu'à eux le bruit que font les fous furieux.

A Carisbrook-Castle, près Newport, il existe un puits remarquable par ses propriétés acoustiques. Lorsqu'on

y laisse tomber une épingle, on entend distinctement
le choc qu'elle produit en frappant la surface de l'eau.
Le diamètre de ce puits est de 5 mètres et demi, sa
profondeur de 64 mètres.

Dans les faits de ce genre, il est quelquefois difficile
de décider quelle est la part pour laquelle la matière des
parois contribue à la propagation du son qui marche
dans un canal fermé.

La même remarque peut s'appliquer à la transmission du son le long d'une surface unie. Hutton a constaté qu'une personne qui lisait à haute voix était
entendue sur la Tamise à une distance de 56 mètres, et
à terre seulement jusqu'à 25 mètres. Dans le théâtre
Argentino, à Rome, on a remarqué que la voix des
acteurs s'entendait beaucoup plus loin depuis qu'on
avait construit une conduite d'eau sous le plancher de
la salle. Dans ces cas, il est probable que l'eau n'était
point sans influence sur la propagation du son.

Sous les coupoles sphériques des églises on observe
souvent des effets d'acoustique vraiment extraordinaires
et qui ne s'expliquent pas plus que l'effet du porte-
voix par la réflexion des ondes sonores. Ces voûtes
semblent guider le son. Ainsi, le P. Kircher affirme
que deux personnes placées en deux points opposés de
la large galerie qui fait à l'intérieur le tour de la coupole de Saint-Pierre, à Rome, s'entendent parfaitement
en parlant à voix basse et sans qu'on puisse les entendre
ailleurs. On peut encore citer, à ce sujet, la coupole
de Saint-Paul, à Londres : une montre, placée près du
mur, sur la galerie qui règne à la naissance de la voûte
circulaire, s'entend distinctement du côté opposé.

Dans l'église de Glocester, deux personnes qui se parlent bas sur la galerie à l'est du chœur, s'entendent à une distance de 50 mètres. D'après Brydone, l'église cathédrale de Girgenti offre un phénomène analogue: Quand la grande porte est fermée, tout ce qui se dit à voix basse près de cette porte parvient à l'autre extrémité de la nef, mais l'on n'entend rien au milieu.

Ces effets ne s'expliquent que d'une manière très-imparfaite par la réflexion des rayons sonores à l'aide de laquelle on rend compte des phénomènes des voûtes elliptiques, ainsi que nous le montrerons dans le chapitre suivant. Les surfaces agissent comme si elles guidaient le son. Hutton raconte que le long du mur d'un jardin de Kingston, deux personnes qui parlaient très-bas s'entendaient fort bien à 60 mètres de distance. Ces effets sont encore plus saisissants quand le son est guidé par une gouttière demi-cylindrique ou par un autre canal ouvert. Hassenfratz plaça une montre à l'extrémité d'une rigole formée par deux planches assemblées en toit ; il put alors entendre le tictac du balancier à une distance de vingt-cinq pas, tandis que, dans l'air libre, il cessait de l'entendre à plus de deux pas. Quelques édifices offrent cette disposition d'une manière accidentelle. A l'Observatoire de Paris, il existe une salle hexagone dont les angles opposés sont réunis par une sorte de gouttière qui parcourt la voûte; deux personnes, placées à deux angles opposés, peuvent y causer à voix basse sans être entendues par les assistants. Un vestibule voûté, au bas du grand escalier du Conservatoire des arts et métiers, à Paris, offre la même particularité. Les sons s'y

propagent suivant l'arête d'une voûte en arc de cloître
et descendent ensuite dans l'angle des murs.

Les effets des *cabinets parlants* reposent sur l'application habile de principes analogues ; très-souvent ils
résultent d'une disposition accidentelle des murs.
L'exemple le plus curieux de ces phénomènes d'acoustique nous est offert par l'*oreille de Denys*, dans les
carrières de Syracuse, en Sicile. C'est une caverne au
fond de laquelle le tyran de Syracuse avait fait construire un cachot pour ses prisonniers, et dans laquelle
le son se propage de telle façon que le moindre bruit,
la moindre parole s'entendent distinctement à l'entrée
du conduit souterrain, où se tenait un gardien. Voici,

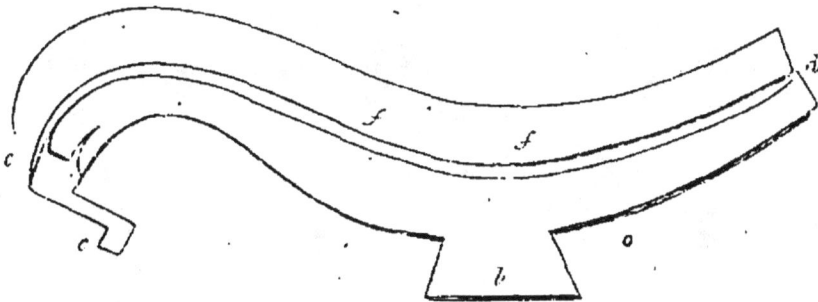

Fig. 26. Plan de l'oreille de Denys.

d'après Kircher, le plan de la caverne. L'entrée est
en *c*, le cachot se trouvait en *d* ; *ff* est la projection
d'une gouttière large de $0^m,75$, creusée au milieu du
plafond de la caverne, à 50 mètres au-dessus du pavé ;
elle se termine en *e*, à la demeure du gardien. *b* est
une cavité pratiquée dans la paroi latérale. Le canal
ff agit comme une sorte de conduit auditif. Il y a
longtemps que l'orifice *e* a été muré, et il en résulte
que l'antre du roi Denis produit aujourd'hui des effets

Fig. 27. Oreille de Denys.

d'écho très-bizarres. Le peuple lui a donné le nom de *grotta della Favella* (grotte de la causerie). Kircher a visité cette caverne. Il rapporte que le moindre son y est renforcé d'une manière prodigieuse : un mot prononcé à voix basse devient une clameur, et si on frappe avec la main sur un vêtement, on dirait un coup de canon. Un chant à deux voix est répété de telle façon qu'il vous semble entendre un quatuor. La longueur totale de la caverne est de 15 mètres.

Kircher a imaginé une foule de constructions destinées à imiter l'oreille de Denys. Ce sont de grands tubes recoquillés dont le pavillon est tourné vers l'endroit où se produisent les sons, et qui débouchent par l'autre extrémité dans l'intérieur de l'appartement où ces sons doivent arriver.

Cela nous amène à parler du *cornet acoustique*, instrument destiné à renforcer les sons en les condensant dans l'oreille. On lui donne une infinité de formes, dont la plus simple et la moins efficace est le cône. L'essentiel c'est que le pavillon extérieur soit plus large que l'orifice que l'on introduit dans l'oreille. On comprend qu'alors le mouvement contenu dans la tranche d'air qui remplit le pavillon, se concentre dans des tranches de plus en plus petites, et devient, par conséquent, plus intense en chaque point de l'orifice qu'il ne l'était dans le pavillon.

Vers la fin du dix-septième siècle, on employait des cornets acoustiques qui avaient la forme des cors de chasse. Un des modèles les plus généralement usités est celui que représente le numéro 1 de la figure 28. Une autre forme très-employée est celle du numéro 2. Curtis a fait construire des cornets qui pouvaient s'étirer comme les lunettes d'approche (n° 5). Ittard a indiqué une série d'autres 'systèmes. Le

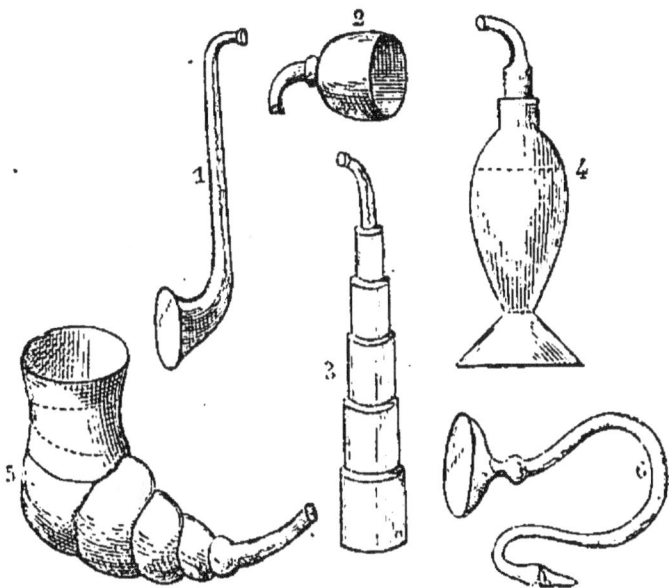

Fig. 28. Cornets acoustiques.

premier (n° 4) est une espèce d'ellipsoïde, muni d'un pavillon et d'un tube recourbé qui s'enfonce dans l'oreille; les lignes pointillées sont deux membranes en baudruche qui, sans renforcer le son, le rendent moins confus. Un autre système est représenté par le n° 5; pour le réaliser, Ittard conseille de prendre une coquille de vis, de fuseau ou de strombe, et d'y ajouter un pavillon et un petit tube pour l'oreille; on peut encore, si l'on veut, introduire dans le pavillon une ou deux membranes en baudruche, comme l'indiquent dans la figure les lignes ponctuées.

Tout récemment, M. Kœnig a construit un cornet acoustique qui est en même temps un stéthoscope (n° 6). Une capsule fermée par une membrane communique avec l'oreille au moyen d'un tube de caoutchouc, terminé par un bout en ivoire. Lorsqu'on parle devant la membrane, celle-ci s'agite et pousse la colonne d'air qui est dans le tube contre le tympan de l'oreille. S'il s'agit d'employer cet appareil comme stéthoscope, on remplace la membrane simple par une lentille formée de deux membranes que l'on gonfle par insufflation au moyen d'un robinet latéral. La membrane antérieure s'applique sur la poitrine du malade, elle se moule sur la peau et en transmet fidèlement les frémissements à l'air emprisonné dans la lentille, qui les transmet jusqu'à l'oreille du médecin. Avec cet appareil, on peut s'ausculter soi-même en pressant la capsule contre la poitrine et en introduisant le bout du tube de caoutchouc dans l'oreille. La même capsule peut recevoir jusqu'à cinq tubes, de sorte que, dans une clinique, plusieurs élèves peuvent ausculter simultanément le même malade. La longueur des tubes peut aller à 4 mètres et plus sans que le son paraisse affaibli. Avec ce stéthoscope, un médecin pourrait donc, sans sortir de son cabinet, entendre les battements du cœur d'un malade qui se trouverait à plusieurs étages au-dessous.

V

VITESSE DU SON

Mersenne. — Le bureau des longitudes. — Le capitaine Parry. — M. Regnault.
— Beudant. — Colladon et Sturm. — Biot. — Wertheim. — Distances par le
son. — Profondeur d'un lac par l'écho du fond.

Le son ne se propage point instantanément ; c'est ce
qu'ont remarqué les premiers observateurs qui se sont
occupés des phénomènes sonores. Le bruit du tonnerre
ne s'entend ordinairement que longtemps après l'éclair,
et l'intervalle est d'autant plus grand que le nuage ora-
geux est plus éloigné. Mais quel est le temps exact que
le son met à franchir une distance donnée, en d'autres
termes, quelle est sa vitesse de propagation ? Cette question a déjà préoccupé Mersenne et Kircher. « La lumière,
dit Mersenne, s'étend dans toute la sphère de son activité dans un instant, ou si elle a besoin de quelque
temps, il est si court que nous ne pouvons le remarquer : mais le son ne peut remplir la sphère de son activité que dans un espace de temps qui est d'autant plus
long que le lieu où se fait le son est plus éloigné de l'o-
reille, comme l'on expérimente en plusieurs manières, et

particulièrement lorsque l'on voit que la hache ou le maillet du bucheron [1] et des autres qui frappent sur quelque corps, a déjà frappé deux coups lorsque l'on oyt le premier coup ; ce qui arrive quand on est éloigné de cinq ou six cents pas, ou davantage. Or il faudrait faire plusieurs expériences pour savoir si la tardiveté du son suit la grandeur des espaces...» Le P. Mersenne décrit alors les expériences par lesquelles on pourrait connaître la vitesse du son ; elles consistent à compter les battements du pouls depuis le moment où l'on aperçoit le feu d'un mousquet ou d'une pièce d'artillerie jusqu'à celui où l'on entend la détonation. Il rapporte les observations de ce genre qui ont été faites au siége de la Rochelle, par l'un des capitaines ; mais les résultats sont très-discordants, et Mersenne en conclut que la vitesse de propagation du son varie beaucoup suivant les circonstances atmosphériques ou locales. Toutefois, il croit pouvoir admettre que le son va moins vite que la balle d'une arquebuse ; en effet, dit-il, « on voit les oiseaux qui tombent morts de dessus les branches des arbres avant qu'on oye le bruit ou le son du coup, quoique l'oreille soit proche de ladite arquebuse. » En 1675, Kircher déclare que rien de certain n'est encore connu sur la vitesse du son, mais que l'Académie florentine s'occupe d'instituer des expériences destinées à éclaircir ce sujet délicat. Ces expériences paraissent avoir eu lieu dès 1660. On avait observé le temps qui s'écoulait entre l'éclair d'un coup de canon et l'arrivée du bruit. La vitesse trouvée était de 350 à 360 mètres.

---

[1] Lucrèce fait la même remarque.

Un moyen direct d'acquérir une notion approchée de la vitesse du son est fourni par l'écho. Le P. Mersenne avait constaté, à l'aide d'un pendule qui battait la seconde, que l'on peut prononcer sept syllabes dans cet espace de temps. Or, un écho éloigné de 81 toises répond sept syllabes ; il faut une seconde pour les prononcer et on les entend qui reviennent pendant la seconde suivante. Le son parcourt donc 81 toises en allant et autant en retournant, c'est-à-dire 162 toises en tout dans l'espace d'une seconde ; « de manière, dit Mersenne, qu'on peut choisir ce nombre de toises pour la vitesse des sons réfléchis, laquelle j'ai toujours trouvée égale, soit que l'on use du bruit des trompettes et des arquebuses, ou de celui des pierres, et de la voix grave ou aiguë...» Ces expériences, d'après lesquelles la vitesse du son serait d'environ 316 mètres par seconde (nous verrons tout à l'heure que ce nombre est déjà très-rapproché de la vérité), furent plus tard discutées par le P. Kircher, qui élève une foule d'objections contre la prétendue constance de la vitesse du son. Il dit, par exemple, qu'un son très-fort doit se réfléchir plus vite, comme une balle poussée contre un mur revient d'autant plus vite que le choc est plus violent. La comparaison est très-fausse, car le son n'est pas répercuté comme une balle, puisque la masse d'air dans laquelle se propage le son ne change pas de place ; l'air reste immobile, il ne se précipite pas vers l'obstacle et n'en revient pas vers l'oreille, on ne peut donc pas juger du mouvement sonore d'après l'analogie du mouvement d'une balle élastique. Kircher prétend aussi que l'écho voyage plus vite pendant le silence de la nuit qu'à travers les mille bruits confus du jour, et que les vents exercent une grande influence sur la propagation du son.

Les premières expériences exactes sur la vitesse du son dans l'air furent instituées en 1738 par une commission de l'Académie des sciences, composée de Lacaille, Maraldi et Cassini de Thury, qui s'adjoignirent plusieurs aides. Ils avaient choisi pour stations l'observatoire de Paris, la pyramide de Montmartre, le moulin de Fontenay-aux-Roses et le château de Lay, à Montlhéry. Des pièces de canon placées sur les hauteurs de Montlhéry et de Montmartre, dont la distance est de 29 kilomètres, tiraient alternativement, et les observateurs installés aux quatre stations mesuraient à l'aide d'un pendule à secondes, le temps qui s'écoulait entre l'arrivée du bruit et l'arrivée de la lumière. On trouva que le son mettait en moyenne 1 minute 24 secondes à franchir la distance de 29,000 mètres, ce qui donne 337 mètres par seconde à la température d'environ 6°. Plus tard quand on eut reconnu l'influence de la température sur la vitesse de propagation du son (elle l'augmente de $0^m,60$ par degré centigrade), on déduisit de ce nombre une vitesse de 333 mètres pour 0°. Les observations faites aux stations intermédiaires avaient montré que la vitesse du son est uniforme en ce sens qu'elle ne se ralentit pas quand la distance à parcourir devient plus grande. On reconnut, en outre, qu'elle est la même par le beau temps et par la pluie, de jour et de nuit, et quelle que soit la direction de la bouche à feu dont on fait usage; mais qu'elle est influencée par le vent, selon la force avec laquelle il souffle et suivant l'angle qu'il fait avec la direction du son. Un vent contraire retarde le son; il est accéléré quand il marche avec le vent.

Ces expériences furent répétées, avec quelques modifications, par Kaestner, Benzenberg, Goldingham et d'autres physiciens, mais leurs résultats n'inspirèrent qu'une médiocre confiance. Une nouvelle mesure fut donc entreprise en 1822, à la demande de Laplace, par les membres du Bureau des longitudes. On fit porter deux pièces de canon, l'une sur la butte de Montlhéry, l'autre sur celle de Villejuif; la distance est de 18,613 mètres. A Villejuif se trouvaient de Prony, Arago et M. Mathieu; à Montlhéry, Alexandre de Humboldt, Gay-Lussac et Bouvard. Chaque observateur était muni d'un chronomètre à arrêt qui marquait au moins les dixièmes de seconde. Les coups de canon tirés de Villejuif furent tous entendus à Montlhéry, mais les coups inverses étaient tellement affaiblis, qu'on n'en entendit qu'un petit nombre; cette circonstance singulière ne permit pas de tenir compte de l'influence du vent aussi exactement qu'on l'aurait voulu. On trouva la vitesse du son égale à 331 mètres à la température de zéro; pour chaque degré de chaleur il faut ajouter environ $0^m,60$, de sorte qu'à 15° cette vitesse devient égale à 340 mètres.

Depuis ces mémorables expériences, on en a fait de nouvelles en Allemagne, en Hollande, dans l'Amérique du Nord, etc. Pendant le voyage de Franklin aux régions polaires en 1825, le lieutenant Kendall fit tirer quarante coups de canon sur les bords du grand lac des Ours, à des températures comprises entre 2° et 40° au-dessous de zéro. Le capitaine Parry fit également quelques observations sur la propagation du son à des températures très-basses : au Winter-Island il eut 41°, au port Bowen 38° au-dessous de zéro.

Les résultats de toutes ces mesures montrent que la vitesse du son dans un air calme ne doit pas beaucoup s'éloigner de 331 ou 332 mètres par seconde.

Biot a imaginé une expérience ingénieuse pour s'assurer si les sons de hauteur différente se propagent également vite. Si les notes n'avaient pas toutes la même vitesse, il est clair qu'un air musical, entendu de fort loin, ne se ressemblerait plus ; la mesure serait troublée parce que certaines notes seraient entendues trop tôt ou trop tard. Dans les circonstances ordinaires, on ne s'apercevrait pas d'une petite inégalité dans la propagation des notes, quand même elle existerait, parce que la distance où le son des instruments de musique s'entend encore distinctement n'est pas suffisante pour faire apprécier une pareille inégalité. Voici comment s'y prit Biot pour augmenter la distance. Il fit jouer un air de flûte à l'une des extrémités de l'aqueduc d'Arcueil, composé de tuyaux d'une longueur totale de 951 mètres, d'où l'eau avait été retirée. Se plaçant lui-même à l'autre bout, il écoutait. La mélodie arriva nette et parfaitement rhythmée ; les notes se propageaient donc avec une vitesse uniforme.

Depuis quatre ans, M. Victor Regnault a repris ces déterminations avec toutes les ressources de la physique moderne. Environ 400 coups de canon ont été tirés dans la plaine de Vincennes. L'arrivée du bruit était constatée par des membranes tendues qui, en repoussant un petit pendule, interrompaient un circuit électrique. L'instant du coup de feu et l'arrivée du son sur la membrane étaient enregistrés par un télégraphe Morse sur une bande de papier recouverte de noir de fumée. Sur la même bande, une pendule électrique marquait la seconde à côté d'une pointe fixée à un diapason vibrant, qui traçait les centièmes de seconde. Ces expériences furent terminées l'année dernière dans le nouvel égout construit sous le boulevard Saint-Michel, sur une série de larges tubes de fonte qui formaient une longueur de plus d'un kilomètre et demi. On observait les retours successifs du bruit d'un pistolet ou d'une trompette, en fermant une trappe aussitôt que le son avait été lancé dans le tube ; il allait et revenait alors jusqu'à dix fois, ébranlant les pendules disposés le long de sa route. M. Regnault a étudié également la transmission d'un simple choc communiqué à la colonne d'air, sans effet sonore. J'ai assisté à quelques-unes de ces expériences, qui ont donné des résultats curieux ; mais, comme rien n'a encore été publié, on comprendra que je n'en dise pas davantage.

La vitesse du son dans les gaz autres que l'air n'a pu être mesurée que par des moyens indirects. Il s'est trouvé que, dans l'oxygène, l'oxyde de carbone, le gaz oléfiant, l'azote, le sulfure d'hydrogène, le son va à peu près aussi vite que dans l'air ; mais dans l'hydrogène il a une vitesse quatre fois plus grande : 1,270 mètres par seconde.

On s'est ensuite occupé de mesurer la vitesse avec laquelle le son se propage dans les liquides. Beudant y a songé le premier. Il fit amarrer deux bateaux dans le port de Marseille en deux points dont la distance était connue. Dans le premier était un aide chargé de frapper sur une cloche immergée à côté du bateau ; à chaque coup, il donnait un signal qu'on pouvait apercevoir de l'autre bateau. L'observateur installé dans celui-ci marquait le moment où il voyait le signal, et celui où un autre aide qui plongeait, lui annonçait l'arrivée du son dans l'eau. La différence de ces moments devait être le temps employé par le son pour franchir la distance des deux bateaux. Beudant trouva de cette manière que la vitesse du son dans l'eau de mer était d'environ 1,500 mètres par seconde ; mais il attacha si peu d'importance à ce résultat, vu l'imperfection des moyens employés, qu'il ne jugea pas à propos de le publier. Ses expériences sont rapportées dans le Mémoire de Colladon et Sturm.

Ces deux physiciens ont mesuré en 1826 la vitesse du son dans l'eau du lac de Genève. La profondeur considérable du lac (elle est en moyenne de 140 mètres), et la limpidité de son eau, qui ne contient que très-peu de substances étrangères, le recommandaient d'une manière toute spéciale pour des expériences de ce genre. La plus grande distance que l'on pût se procurer en eau profonde fut trouvée entre Rolle et Thonon : elle est de 13^{kil},500. Près de Rolle, on amarra une barque portant une cloche du poids de 65 kilogrammes, qui plongeait dans l'eau. Tout était réglé de telle sorte qu'au moment où un marteau touchait la cloche, une mèche enflammée tombait sur un tas de poudre disposé sur le pont. Une autre barque était amarrée du côté de Thonon. Les observateurs qui s'y trouvaient, épiaient l'arrivée du son dans l'eau avec un cornet acoustique d'une construction spéciale, représenté *fig.* 29.

Il se composait d'un long tube en forme de cône évasé
et recourbé, dont l'orifice était fermé par une membrane. L'observateur tournait la surface de cette membrane du côté d'où le son devait
arriver, et collait l'oreille à l'extrémité supérieure du cône, en
regardant attentivement du côté
de la barque qui portait la cloche.
Au moment où il apercevait l'é-
clair, il lâchait la détente d'un
compteur à pointage, sorte de
montre dont l'aiguille peut être
arrêtée ou remise en liberté par
une simple pression sur un bouton. On l'arrêtait
au moment où le son de la cloche était perçu : ce fut
toujours environ 9 secondes après l'éclair. En divisant
la distance des deux bateaux par l'intervalle observé,
on obtenait la vitesse du son dans l'eau ; elle fut trouvée égale à 1,435 mètres ; c'est plus de quatre fois la
vitesse que le son a dans l'air.

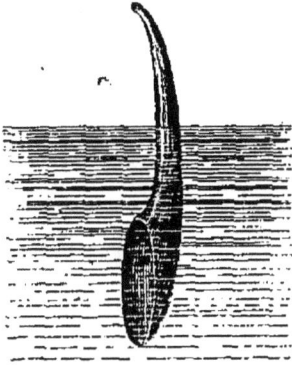

Fig. 29.

Ces expériences ont permis de faire plusieurs remarques intéressantes sur la manière dont le son se
propage dans l'eau.

Loin d'être vibrant et prolongé comme lorsqu'il est
transmis par l'atmosphère, le son de la cloche était
sec, comme le choc de deux lames de couteau. L'eau,
qui est très-peu compressible, le dépouillait complète-
ment de son timbre accoutumé. Le dernier jour, le lac
était très-agité, on avait toutes les peines du monde à
tenir les barques en place, mais le mouvement de l'eau
se montra sans influence sur le résultat des observations.

Wertheim a, plus tard, déterminé la vitesse du son dans plusieurs liquides par une méthode indirecte, en les faisant vibrer et résonner comme des gaz. Dans l'éther et dans l'alcool absolu, cette vitesse a été trouvée égale à 1,160 mètres, dans une dissolution de chlorure de calcium elle était de 1,980 mètres; ce sont les deux extrèmes.

Dans les corps solides, le son marche beaucoup plus vite que dans les gaz ou dans les liquides. Les premiers expérimentateurs qui ont voulu en mesurer la vitesse dans des lattes de bois, dans une corde, etc., l'ont trouvée trop grande pour être appréciée. Lassenfratz essaya en vain de la déterminer dans les parois des carrières de Paris. Les premières mesures un peu sérieuses sont dues à Biot et Martin, qui se servaient des tuyaux de fonte destinés à porter les eaux de la Seine de la machine de Marly à l'aqueduc de Luciennes. Le son d'un petit timbre suspendu à une extrémité du conduit arrivait à l'autre extrémité de deux manières : d'abord par la fonte, puis, $2^s,50$ plus tard, à travers la colonne d'air intérieure. La longueur totale des tuyaux était de 951 mètres. Dans l'air, le son franchit cette longueur en $2^s,85$; en retranchant de ce nombre l'avance de $2^s,50$ qu'il avait sur le son transmis par la fonte, on trouve que ce dernier employait $0^s,35$ à parcourir les tuyaux. Il en résulte une vitesse d'environ 2,700 mètres.

Cette détermination n'est pas exacte; le nombre trouvé est trop faible. Cela s'explique par la résistance que les rondelles de plomb intercalées entre les tuyaux devaient opposer à la transmission du son. Plus tard,

MM. Breguet et Wertheim ont mesuré la vitesse de
propagation du son dans les fils télégraphiques du chemin de fer de Versailles (rive droite). L'un d'eux frappait, à un moment donné, un coup de marteau sur un
poteau tendeur; l'autre notait l'instant où il entendait
le son. Ces observations ont donné 5,485 mètres pour
la vitesse du son dans le fil de fer.

Par la méthode des vibrations qui est une méthode
indirecte, Wertheim a trouvé la vitesse du son dans
quelques autres métaux. Dans le plomb, elle est égale
à quatre fois celle qui a lieu dans l'air, ou à environ
1,300 mètres; dans l'argent et dans le platine, elle est
d'environ 2,700 mètres ; dans le zinc et le cuivre, elle
atteint 3,700 mètres; dans le fer et l'acier, elle devient égale à 5,000 mètres, et dans le verre à glaces
elle est de 5,200 mètres. La plus grande vitesse du son
est celle que Chladni a constatée dans le bois de sapin,
par une méthode analogue; 18 fois la vitesse qui
s'observe dans l'air, ou près de 6,000 mètres.

Pour comparer ces divers résultats, imaginons que
le tunnel en maçonnerie que M. Thomé de Gamond
propose de construire sous la Manche ait été réalisé.
La distance du cap Grinez à la pointe Eastware, stations projetées de la voie sous-marine, est d'environ
33 kilomètres. Un coup de canon tiré au cap Grinez
serait donc entendu à la station anglaise au bout d'environ 97 secondes, à travers l'atmosphère ou par la
colonne d'air enfermée dans le tunnel. L'eau de mer
transmettrait la secousse en 23 secondes. Par les rails
de la voie ferrée, elle arriverait en 6^s,50, par les fils du
télégraphe probablement un peu moins vite. Enfin,

s'il y avait une latte de sapin assez longue pour joindre les deux rives opposées, elle transmettrait le son en $5^s,50$, le temps de prononcer rapidement trois alexandrins.

La vitesse du son dans l'air étant connue, on peut s'en servir pour mesurer approximativement une distance ; on observe l'intervalle qui s'écoule entre l'éclair d'un coup de feu et l'arrivée du bruit ; chaque seconde de retard représente 340 mètres. Cette idée se rencontre déjà chez Mersenne. M. d'Abbadie en a tiré parti en Éthiopie ; il y a mesuré plusieurs bases par le moyen du son. Ainsi, dans l'île de Moçawa, pendant le ramadan ou mois de demi-jeûne des musulmans, on tire tous les soirs, au coucher du soleil, un coup de canon qui annonce la rupture du jeûne. M. Antoine d'Abbadie en profita pour observer le temps qui se passait entre l'éclair et l'arrivée du son au rivage opposé. Il prit station sur une colline près du village d'Omkullu, sur la terre ferme, et y attendit le coup de canon du fort Mudir. Le son lui arriva 18 secondes après la perception de l'éclair ; la distance était donc de 6,440 mètres. Une autre fois, M. d'Abbadie mesura, par le même procédé, la distance de la ville d'Adoua au mont Saloda. Son frère Arnauld s'installa sur la montagne avec un fusil à mèche ; lui-même était sur le toit d'une maison de la ville, armé d'une espingole. On tirait alternativement, et chacun notait les secondes à la montre. La distance fut trouvée égale à 5 kilomètres ; mais l'on avait fait apparemment trop de bruit, car les deux frères furent exilés du Tigré.

Newton donne une formule qui sert à calculer la profondeur d'un puits par le temps qui s'écoule entre le moment où une pierre quitte la margelle et celui où l'on entend le bruit qu'elle produit en frappant l'eau. 10 secondes donneraient une profondeur d'environ 580 mètres.

On pourrait enfin, afin de connaître la profondeur d'un lac ou celle de la mer, observer la réflexion d'un son assez fort pour revenir du fond. Arago avait proposé cette expérience à Colladon dès 1826, mais elle ne fut tentée qu'en 1858, par Ch. Bonny-Castle, sur les côtes de la Virginie, et à la demande de l'amirauté des États-Unis. Le professeur américain trouva que le son était mieux perçu dans l'air que dans l'eau, et que la plus grande distance à laquelle il pouvait encore entendre une cloche sous l'eau était de 5 kilomètres. Ces conclusions furent vivement combattues par Colladon, qui reprit aussitôt ses expériences sur le lac de Genève. En 1826, il avait parfaitement entendu une cloche de 65 kilogrammes à 15 kilomètres; en 1841, une cloche de 500 kilogrammes, prêtée par une des églises du canton de Genève, fut très-bien entendue sur une distance de 55 kilomètres (entre Promenthoux et Grandvaux, près Cully); elle était suspendue à 15 mètres sous l'eau, et le marteau qui la frappait pesait 10 kilogrammes. Colladon en conclut que, dans des circonstances favorables, le son se propagerait sous l'eau jusqu'à une distance de quelque cent mille mètres. Les palettes d'un bateau à vapeur ne produisent qu'une sorte de bourdonnement qui cesse d'être entendue sous l'eau à 1,000 mètres. Mais le bruit d'une chaîne, agitée à une certaine profondeur, se distingue si bien, que l'on reconnaît lorsqu'une barque éloignée de 3 ou 4 kilomètres lève son ancre. Il est bien entendu qu'il faut toujours, dans ces expériences, se servir du cornet hydro-acoustique. Pendant celles qui étaient faites avec la grosse cloche, chaque coup frappé put être compté dans une maison bâtie sur un remblai, à une distance de 3 kilomètres, quoique cette maison fût séparée de la cloche par un promontoire ; le son paraissait sortir des fondations et des piliers des murailles. Colladon ne se prononce pas sur la possibilité de mesurer la profondeur de l'eau par un écho du fond.

VI

RÉFLEXION DU SON

Lois de la réflexion.— Écho.— Écho polysyllabique.— Écho polyphone.— Écho hétérophone. — Réflexion et résonnance. — Echos célèbres. — Légendes. — Réfraction du son.

La réflexion constitue une étroite analogie entre le son et la lumière. Comme les rayons lumineux, les sons se réfléchissent sur les obstacles qu'ils rencontrent, et de même que la surface unie d'un miroir renvoie plus de lumière qu'une surface dépolie, les différents corps ne sont pas tous également propres à répercuter les ondes sonores. Les corps durs et résistants les réfléchissent beaucoup mieux que les corps mous et flexibles, qui ne se redressent pas sous le choc qu'ils reçoivent.

Les lois de la réflexion du son ne paraissent point être aussi simples que celles qui régissent les mouvements des rayons lumineux, car les ondes sonores peuvent se propager suivant des lignes courbes ; elles tournent les obstacles. Néanmoins il sera permis, pour simplifier les explications, de parler de *rayons sonores*, comme on parle de rayons lumineux ; ce seront pour

nous les directions dans lesquelles un son arrive avec
le plus de force lorsqu'il se propage à travers l'atmosphère. Dès lors, nous dirons, pour le son comme pour
la lumière, que le *rayon incident et le rayon réfléchi
font avec la surface réfléchissante des angles égaux* et
qu'ils sont compris dans un même plan perpendiculaire à cette surface. La même loi s'observe aussi dans
le choc des corps élastiques. Les personnes qui con-
naissent le jeu de billard savent que la bille que l'on
chasse contre la bande est repoussée dans une direction
symétrique avec celle qui lui avait été imprimée par le
joueur. C'est ainsi que la voix qui rencontre un mur M

Fig. 30. Réflexion du son.

dans une direction AM (*fig.* 30), est renvoyée dans
une direction MB symétrique à la première par rapport
à la surface du mur, ou ce qui revient au même, par
rapport à la normale MN. L'angle que cette normale fait
avec AM se nomme *l'angle d'incidence;* celui qu'elle
fait avec MB est *l'angle de réflexion.* Ces deux angles

sont toujours égaux ; de plus, le rayon réfléchi MB est toujours dans le même plan que AM et la normale MN.

Quand le point A d'où émane le son se rapproche de la ligne MN, le point B, vers lequel le son est réfléchi, s'en rapproche aussi, et ces deux points coïncident lorsque le son marche dans la direction de la normale même. La voix qui part de N et qui rencontre le mur dans la direction perpendiculaire NM, revient par le même chemin, de M en N, vers son origine.

Ces principes nous aideront à comprendre comment se produit le phénomène des *échos*. On appelle ainsi la répétition d'un son réfléchi par un obstacle éloigné. Supposons d'abord qu'il n'y ait qu'une seule surface réfléchissante. Si l'observateur veut entendre l'écho de sa propre voix, il faut qu'il se place sur la normale MN qui est perpendiculaire à la surface réfléchissante ; s'il veut entendre l'écho d'un bruit produit en un point A, il faut qu'il se place en un point B, symétrique par rapport à la normale MN. Avant d'entendre le son réfléchi qui parcourt la ligne brisée AMB, il entendra nécessairement le son qui arrive directement de A en B, puisque ce dernier fait moins de chemin que le son réfléchi. Nous supposons, bien entendu, qu'il n'existe entre A et B aucun obstacle qui empêche la transmission directe du son.

L'observateur entendra donc, en général, deux sons successifs qu'il pourra distinguer l'un de l'autre, si le premier a cessé de se faire entendre au moment où arrive le second. Cette condition qui doit être remplie pour que l'écho soit distinct, dépend évidemment de la distance de l'obstacle qui réfléchit le son.

Considérons d'abord le cas où le son revient au point même d'où il est parti. L'observateur est alors en N; il entend sa propre voix d'abord au moment même où il l'émet, puis de nouveau après que le son a parcouru deux fois la distance MN. Or il faut au moins 1 dixième de seconde pour prononcer une syllabe, et encore faudrait-il parler très-vite; en moyenne, on ne prononce pas plus de cinq syllabes en une seconde. Si donc l'obstacle est trop rapproché de l'observateur, la première syllabe reviendra avant qu'il ait pu prononcer la dernière, il y aura confusion, l'écho ne répétera que les dernières syllabes ou même ne se produira pas du tout.

Nous avons vu que le son fait en moyenne 340 mètres par seconde; en 1 dixième de seconde, il fera donc 34 mètres, et 68 dans 1 cinquième ou 2 dixièmes de seconde. Un obstacle, éloigné de 34 mètres en ligne droite, nous renverra donc le son après 1 cinquième de seconde, car le son mettra 1 dixième de seconde pour aller et 1 dixième pour revenir. Cette distance suffira pour obtenir un écho *monosyllabique*, c'est-à-dire la répétition d'une seule syllabe. Pour la prononcer, il fallait 1 cinquième de seconde; au moment où je prononce la fin de ma syllabe, le commencement a déjà eu le temps de revenir, puisque le son met 1 cinquième de seconde à franchir deux fois la distance de 34 mètres; le reste revient ensuite dans l'ordre où il a été prononcé, et au bout d'un nouveau cinquième de seconde, le retour de la syllabe est accompli. Si l'obstacle est plus près que 34 mètres, le son réfléchi empiète déjà sur le son articulé, ils se mêlent et se confondent; si

l'obstacle est à une distance plus grande, il s'écoulera
un temps plus ou moins long entre la fin de la syllabe
articulée et l'écho qui la répète.

Ce que nous avons dit de l'écho monosyllabique,
s'applique immédiatement aux échos *polysyllabiques*,
ou de plusieurs syllabes ; nous n'aurons qu'à. multi-
plier la distance en proportion du nombre de syllabes
qui doivent être répétées. Pour deux syllabes, il faudra
68 mètres, pour trois, 102 mètres, etc. On comprend
d'ailleurs que ces distances pourront être prises plus
petites, lorsqu'on prononce plus de cinq syllabes par
seconde, et qu'il faudra les prendre plus grandes pour
quelqu'un qui prononce moins de cinq syllabes par seconde. Le principe est toujours le même ; il faut que la
distance soit suffisante pour permettre au son d'aller et
de revenir pendant le temps employé à prononcer la
phrase que l'écho doit répéter. Cependant, on peut
admettre que lorsqu'on prononce plusieurs syllabes de
suite, l'émission est un peu plus précipitée que lorsqu'on ne profère qu'une seule syllabe ; c'est ce qui
explique pourquoi Kircher a trouvé des distances décroissantes pour les échos polysyllabiques. Tandis qu'il
donne 100 pieds pour une syllabe isolée, il n'a trouvé
que 190 pieds au lieu de 200 pour deux syllabes, et que
600 au lieu de 700 pour les sept syllabes. :

Arma virumque cano.

Il constate d'ailleurs que ces distances comportent
une grande latitude ; ainsi, l'écho d'un son de trompette est distinct entre 90 et 110 pieds, et la distance
d'un écho de sept syllabes peut être réduite jusqu'à

400 pieds; d'autres fois, 600 pieds ne suffisent pas pour entendre la répétition de sept syllabes. Quand on prononce plus de syllabes que l'écho n'en peut répéter distinctement, les premières qui reviennent sont couvertes par les dernières émises, et l'on n'entend qu'une répétition tronquée de la phrase qui a été prononcée. On peut se servir de cette circonstance pour établir avec l'écho une conversation par demandes et réponses; il suffit que la fin de la phrase interrogative constitue une réplique.

Cardan rapporte qu'un homme voulant passer une rivière ne trouva pas le gué. Désappointé, il pousse un soupir : *oh!* l'écho répond : *oh!* Il croit alors qu'il n'est pas seul, et il s'établit le dialogue suivant.

— Onde devo passar?

— Passa!

— Qui?

— Qui!

Cependant, voyant qu'il a devant lui un tourbillon dangereux, l'homme demande encore une fois :

— Devo passar qui?

— Passa qui!

L'homme eut peur; il se crut le jouet d'un démon et s'en retourna chez lui sans avoir osé passer l'eau. Il vint conter son aventure à Cardan, qui n'eut pas de peine à la lui expliquer.

Nous avons toujours supposé jusqu'ici que l'observateur entend l'écho d'un son qu'il produit lui-même, et qui revient par la réflexion à son point de départ. Le même raisonnement s'applique encore au cas où le son prend sa source à une certaine distance de l'observateur, comme lorsque ce dernier se place en B (*fig. 30*), et que le son vient du point A. On n'aura qu'à considérer, la différence du chemin direct AB et du chemin indirect AMB; cette différence représente le détour que fait le son réfléchi, ou bien l'avance du son transmis directement; il faut qu'elle soit égale à deux fois 34 ou à 68 mètres pour un écho monosyllabique, au double pour un écho de deux syllabes, et ainsi de suite.

Il nous reste à parler des échos *multiples* ou *polyphones*. Ce sont les échos qui reproduisent plusieurs fois de suite le même son ou la même phrase. Il se forment quand il y a plusieurs obstacles, placés à des distances différentes et qui agissent soit isolément, soit ensemble, en se renvoyant le son par des réflexions successives. La figure suivante, empruntée à Kircher,

Fig. 51. Écho heptaphone.

représente un écho heptaphone ou à sept voix. Les pans de mur qui réfléchissent la voix sont à peu près également espacés; elle revient d'abord du premier, qui est le moins éloigné, puis du second, puis des autres qui suivent. Si l'écho doit répéter sept fois une syllabe isolée, il faut que les distances successives diffèrent toujours d'au moins 34 mètres, pour deux syllabes ; les intervalles doivent être de 68 mètres, et ainsi de suite. A mesure que l'écho revient de plus loin, il devient plus faible, parce que le son s'éparpille en route ; la voix expire peu à peu et finit par s'éteindre.

Quand les obstacles qui produisent les échos successifs, au lieu d'être également espacés, se rapprochen et se resserrent à mesure qu'ils sont placés plus loin de l'observateur, les échos se confondent en partie, le deuxième arrivant avant la fin du premier, le troisième avant la fin du deuxième, etc. Kircher montre le parti qu'on peut tirer de cette circonstance pour ob-

Fig. 32. Écho à variations.

tenir une phrase avec un mot. Supposons un écho à cinq voix (*fig.* 32) disposé de telle sorte que le premier obstacle répète distinctement le mot *Clamore*. Si le

deuxième obstacle était à une distance double, le troisième à une distance triple, et ainsi de suite, on aurait un
écho trisyllabique et pentaphone. Mais rapprochons le
deuxième obstacle jusqu'à ce que le son des consonnes
cl se confonde avec la fin du premier écho *Clamore*,
nous n'entendrons la seconde fois que le mot *Amore*.
En rapprochant convenablement les obstacles suivants,
nous réduirons le troisième écho à *More*, le quatrième à
Ore, le dernier à *Re*. Dès lors, si quelqu'un demande
à haute voix [1] :

> *Tibi vero gratias agam, quo clamore?*

l'écho répond :

> *Clamore.—Amore.—More.—Ore.—Re* [2].

Le mot *constabis* se décomposerait, de cette façon, en
stabis, abis, bis, is; mais la phrase ne présente pas
comme la première, un sens intelligible.

Kircher se pose encore le problème de construire un
écho *hétérophone*, un écho qui réponde autre chose
que ce qu'on lui chante [3]. Voici comment il se tire
d'affaire. Devant l'angle saillant que forment deux
murs (*fig.* 33) on dispose un obstacle de telle sorte
qu'au lieu de renvoyer la voix au point d'où elle est
partie, il la jette de l'autre côté du bâtiment, où se
trouve caché un compère ; celui-ci entend la demande
et s'empresse de répondre ce qui lui plaît ; sa voix

---

[1] Par quels accents dois-je te remercier?

[2] Par la voix, l'amour, la conduite, les lèvres et l'action.

[3] En Irlande, on dit que le meilleur écho du monde est celui du lac de
Killarney; lorsqu'on lui crie : *How do you do?* il répond : *Thank you,
very well.*

prend le chemin qu'à suivi la demande, et la réponse arrive ainsi à l'auditeur mystifié. Dans la figure, on demande : *Quod tibi nomen?* (comment vous appelez-

Fig. 55. Écho hétérophone.

vous?) et l'écho fallacieux répond : *Constantinus*. Kircher raconte qu'avec cette innocente mystification, il s'est beaucoup amusé aux dépens de ses amis, dans la campagne de Rome. Pour que l'illusion soit complète, il faut que les deux compères aient à peu près la même voix.

Il serait possible d'utiliser les échos d'une église comme ornements du chant, en disposant habilement des pauses qui seraient remplies par les résonnances. Kircher donne plusieurs exemples de phrases musicales ainsi composées; il ajoute que les églises de Saint-Pierre et de Saint-Jacques des Incurables à Rome offrent des dispositions très-favorables pour mettre en œuvre cet artifice.

En hébreu, l'écho s'appelle *bat kol*, fille de la voix; pour les anciens poëtes, c'est une nymphe qui aima le beau Narcisse; dédaignée, elle se fondit en larmes, et il n'en resta que la voix qui obéit à la passion d'un autre...

> Nec prior ipsa loqui didicit resonabilis Echo.

Les échos qui animent un paysage établissent en quelque sorte un lien de sympathie entre l'homme et la nature, qui semble répondre à ses appels. La forêt n'est pas insensible à nos joies : elle répète les cris des chasseurs et les fanfares du cor.

> Non canimus surdis, respondent omnia silvæ.
> VIRGILE.

Voilà, dit le P. Mersenne, comme le Créateur a donné un langage aux bois, aux rivières et aux montagnes.

Les échos que l'on rencontre dans les villes et dans toutes les contrées un peu accidentées offrent des qualités très-variées. Tantôt la voix qui répond à l'appel est sourde et comme enrouée, tantôt elle est claire, vibrante et parfaitement accentuée. Ces différences qualitatives, qui dépendent évidemment de la nature des surfaces réfléchissantes, nous obligent à admettre qu'il y a dans l'écho encore autre chose qu'une simple réflexion. Il est hors de doute que les phénomènes de résonnance, dont nous nous occuperons plus loin, y jouent aussi un certain rôle. Tous les faits observés démontrent d'ailleurs que la réflexion du son peut se faire d'une manière remarquablement nette et distincte sur une surface très-irrégulière : un vieux rempart, une tour en ruines, un arbre, une colline, une gorge boisée, voilà les obstacles qui forment les meilleurs échos. L'image lumineuse est d'autant plus pure que la surface qui la forme est plus unie ; l'image sonore n'est pas assujettie à cette condition. Il faut donc croire que, dans la plupart des cas, le mode d'action des surfaces qui forment un écho a quelque analogie avec les effets des miroirs courbes. Peut-être aussi que la résonnance des obstacles mêmes et celle des masses d'air qu'ils emprisonnent contribuent pour une large part à la production du phénomène.

Ce qui est certain, c'est que les circonstances dont le concours doit être considéré comme utile ou nécessaire à la formation d'un écho sont loin d'être connues. La théorie et l'expérience sont ici également en défaut. Dans quelques cas, il est vrai, les dispositions locales qui, d'après la théorie des réflexions, doivent donner un écho d'une certaine nature, le donnent en effet ; mais souvent notre attente est trompée sans qu'il soit possible d'en découvrir la raison.

Les échos des forêts dépendent peut-être beaucoup du mode de groupement des arbres. Voici quelques faits qui viennent à l'appui de cette opinion.

Dans sa jeunesse, Gay-Vernon s'était souvent amusé

à évoquer un écho formé par les bâtiments d'un moulin. Après avoir passé quelques années à Paris, il revint à son village. Quel ne fut pas son étonnement lorsqu'il s'aperçut que son écho n'existait plus. Rien n'était changé au moulin ! On avait seulement abattu un groupe d'arbres qui l'ombrageaient.

Dans la plaine de Montrouge, près de Paris, il y avait autrefois un écho remarquable formé par un mur au devant duquel étaient plusieurs rangées d'arbres. Hassenfratz essaya de se rendre compte des circonstances dont le phénomène pouvait dépendre. Il plaça à une certaine distance un aide chargé de produire le son dont il voulait observer la réflexion, puis il s'approcha lentement du mur, écoutant toujours. Il constata que l'écho s'évanouissait à mesure qu'il s'en rapprochait ; cependant il restait encore une résonnance sourde qui venait, non pas du mur, mais des arbres ; en collant l'oreille à leurs troncs, on les sentait en effet frémir, tandis que le mur ne paraissait pas vibrer du tout.

Hassenfratz a observé que les murs de certaines maisons donnaient un écho quand les fenêtres étaient fermées ou bien lorsqu'elles étaient ouvertes, mais que l'on fermait les portes. Dans quelques souterrains, les échos ne se produisent que sous l'influence de certaines notes déterminées. L'écho de l'ancien collège d'Harcourt offrait une autre particularité curieuse. Il répétait la voix d'un homme placé au milieu de la cour, mais les notes graves s'entendaient dans la direction de la rue de la Harpe, les notes aiguës dans une direction qui était de 50 degrés plus rapprochée du nord.

Tous ces faits montrent bien que l'écho est une personne exigeante dont il n'est pas toujours facile de deviner les caprices. Voici, à ce propos, une histoire que j'ai entendu raconter à M. d'A..., un soir que nous étions assis devant un bon feu dans un caravansérail.

Un Anglais qui voyageait en Italie, rencontra sur sa route un écho tellement beau, qu'il voulut l'acheter. L'écho était produit par une maison isolée. L'Anglais la fit démolir, numérota toutes les pierres et les emporta avec lui en Angleterre, dans une de ses propriétés, où il fit rebâtir la maison exactement comme elle avait été. Il choisit pour emplacement un endroit de son parc qui était à une distance du château égale à celle ou l'écho avait été distinct en Italie. Quand tout fut prêt, l'heureux propriétaire résolut de pendre la crémaillère de son écho d'une manière solennelle. Il invita tous ses amis à un grand dîner et leur promit l'écho pour le dessert. On mangea bien, l'histoire ne dit pas si on ne but pas mieux... Quand on fut arrivé au dessert, l'amphitryon annonça qu'il allait inaugurer son phénomène, et se fit apporter sa boîte aux pistolets. Après avoir chargé lentement les deux armes, il s'approcha de la fenêtre ouverte et tira un coup. Pas l'ombre d'un écho ! Alors il prit le second pistolet et se brûla la cervelle. On n'a jamais su quel défaut de construction avait été la cause de cet échec.

Les nuages répercutent aussi les bruits terrestres. Les membres du Bureau des longitudes, pendant les expériences qu'ils firent pour mesurer la vitesse du son, constatèrent que le bruit du canon était accompagné d'échos toutes les fois qu'un nuage passait sur leurs têtes. Le roulement du tonnerre s'explique en grande partie par les réflexions multiples que le son éprouve entre le sol et la nuée orageuse. Les aéronautes entendent l'écho de leur voix que le sol leur renvoie : ce serait le dernier lien qui les attacherait à la terre, si la pesanteur et les fuites de gaz ne se chargeaient de les ramener au bercail.

Les voiles des navires et les vagues très-hautes forment écho également. Les paroles que l'on crie dans un porte-voix reviennent si elles rencontrent les surfaces convexes des voiles d'une escadre.

C'est surtout dans le silence de la nuit que les échos sont distincts ; les bruits du jour les empêchent d'être nettement perçus. Mersenne rapporte que l'écho d'Ormesson, dans la vallée de Montmorency, répond quatorze syllabes la nuit, et seulement sept le jour.

On peut observer des échos multiples sous les arches des grands ponts suspendus dont les piles sont suffisamment espacées. Les réflexions successives sur les piles opposées multiplient le son à l'infini s'il a une certaine intensité. Dans les vallées profondes, les échos se forment aussi très-facilement. Les berges creusées par les flots d'une rivière donnent souvent des échos très-remarquables.

Un écho bien connu est celui qui existe entre Coblentz et Bingen, là où les eaux de la Nahe se jettent dans le Rhin. Il répète dix-sept fois, et la voix semble alternativement s'éloigner et se rapprocher. On aime à l'évoquer par des coups de feu pour amuser les touristes.

Une fois le bateau à vapeur qui dessert cette partie du Rhin n'a point d'arme à feu à bord. On demande à grands cris un pistolet. À ce moment, un Polonais, qui ne comprend pas bien, se précipite sur le pont : « Un pistolet? crie-t-il, je n'en ai pas; mais voici un poignard!! »

Ebell rapporte qu'un écho qui existe à Derenbourg (près d'Halberstadt) répète distinctement les vingt-sept syllabes de la phrase suivante :

Conturbabantur Constantinopolitani innumerabilibus sollicitudinibus.

On pourrait trouver plus étonnante la mâchoire capable de prononcer cela couramment, que l'écho qui ne fait que le répéter. Mais Ebell ajoute que la distance de l'écho n'était que de 254 pas, ce qui ferait environ 200 mètres. Ce n'est pas assez pour un écho de 27 syllabes; il y a probablement eu erreur sur le point où l'écho se formait, ou bien il résultait de réflexions multiples, ou bien la chose n'est peut-être pas vraie.

On dit qu'il y a dans les environs de Bruxelles un écho qui répète jusqu'à quinze fois. A Rosneath, près Glascow, les rives de la Clyde répètent un air de musique trois fois, et chaque fois dans un ton plus grave : ce qui ne paraît pas croyable.

L'écho de Woodstock, dans la province d'Oxford, répète dix-sept fois pendant le jour et vingt fois pendant la nuit; il faut se placer à une distance de 700 mètres.

A Genetay, à deux lieues de Rouen, il existe un écho remarquable dans une grande cour semi-circulaire. Quand on la traverse en chantant, on n'entend que sa propre voix, et les auditeurs placés en d'autres points n'en entendent que l'écho, qui est simple ou multiple, selon leur position.

A trois lieues de Verdun, deux tours distantes d'environ 50 mètres et isolées du bâtiment principal dont elles dépendent, produisent un écho qui répète 12 ou 13 fois, avec une intensité toujours décroissante, un son proféré au milieu de l'espace qui les sépare. Lorsqu'on s'écarte de la ligne droite qui joint les deux tours, l'écho cesse de se manifester, mais entre le bâtiment et l'une des tours on retrouve un écho simple.

Dans les environs d'Heidelberg, on rencontre un écho qui imite le bruit du tonnerre. Pour l'évoquer, on tire un coup de pistolet à la base du Heiligenberg ; une gorge boisée qui s'ouvre en face réfléchit le son de telle sorte, que des personnes qui, placées en arrière et au-dessus du tireur, ne distinguent pas le coup de feu primitif, en entendent l'écho sous la forme d'un roulement prolongé.

En Bohême on trouve, près d'Aderbach, une espèce de cirque de six lieues de diamètre, hérissé de rochers nus et pointus. Au milieu de ce chaos il existe un endroit où l'écho répète trois fois une phrase de sept syllabes, sans la moindre confusion. A quelques pas de là, on n'entend plus rien.

Dans les murs d'Avignon, Kircher a trouvé que la voix était répétée jusqu'à huit fois. Dans la ville de Rome, les échos répètent un cri de deux à sept fois. Boissard, dans sa *Topographia romana*, donne la description du tombeau de Cœcilia Metella, célèbre par les échos qu'il produit. C'est une tour ronde, dont les murs sont épais de 24 pieds et ornés de deux cents têtes de bœufs en marbre, en souvenir des deux hécatombes immolées aux funérailles de la fille de Metellus Crassus. Ce monument est situé près de Saint-

Fig. 54. La villa Simonetta, près de Milan.

Sébastien ; le peuple l'appelle *Capo di bove*. Lorsqu'on prononce à voix haute une phrase quelconque au pied de la colline qui porte la tour, il se produit un écho multiple. Boissard dit qu'ayant chanté à cet écho le premier vers de l'*Énéide*, il l'a entendu répéter d'abord huit fois distinctement, puis encore plusieurs fois d'une manière plus confuse. Le P. Mersenne, qui parle aussi de cet écho célèbre, fait à ce propos les réflexions suivantes : « L'on voit encore, dit-il, la place dans laquelle on immolait des hécatombes, dont le retentissement faisait croire le sacrifice plus grand qu'il n'était. A savoir si le lieu s'est ainsi trouvé ou s'il a été choisi pour une plus grande vénération et célébration de sacrifices, ou s'il a été destiné pour la sépulture de ceux de la maison de Crassus et pour les immortaliser en quelque façon, afin que leur nom se multipliât à la postérité ; j'en laisse le jugement à part. Il est vrai qu'au logis d'un particulier, l'écho n'est guère agréable, car il fait entendre bien loin tout ce qui se dit et ce qui se fait ; il n'y a qu'aux degrés et aux grandes salles et lieux de plaisance où l'on doive le souhaiter. Quant aux églises, s'il sert pour faire entendre un prédicateur, il l'interrompt aussi et l'importune beaucoup entrecoupant sa parole par son retentissement. »

L'un des échos les plus célèbres est celui qui existe à la villa Simonetta, près Milan, dont nous reproduisons le dessin donné par Kircher. La longueur du corps de logis principal est de 62 aunes milanaises (37 mètres), mesurées à l'intérieur de la cour ; les deux ailes latérales ont 33 aunes (20 mètres). La hauteur de l'étage supérieur, mesurée entre la galerie et le toit, est de

16 aunes (10 mètres) ; la galerie a une largeur d'environ 5 mètres. Lorsqu'on tire un coup de pistolet de la grande fenêtre percée dans le mur de l'étage supérieur de l'aile gauche (à droite dans le dessin), l'écho le répète quarante à cinquante fois ; le bruit de la voix est répété de 24 à 30 fois. Addison et Monge ont eu l'occasion de vérifier le fait. Bernoulli prétend même qu'il a compté un jour jusqu'à 60 répétitions.

Dans les édifices voûtés on observe souvent de singuliers effets d'échos qui s'expliquent d'une manière plus ou moins complète par les propriétés des courbes géométriques. L'ellipse est une courbe allongée, semblable à un cercle aplati ; à l'intérieur du contour sont deux points f, f (fig. 35) qu'on appelle les *foyers* parce que

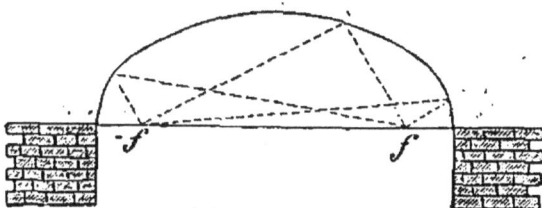

Fig. 35.

chacun d'eux reçoit la totalité des rayons lumineux ou sonores qui, partis de l'autre, se sont réfléchis sur le contour intérieur de la courbe. Une personne postée à l'un des foyers d'une voûte elliptique entend parfaitement les paroles prononcées à voix sourde au foyer opposé. Deux personnes qui se placent aux deux extrémités d'un mur bâti en hémicycle allongé peuvent ainsi converser à voix basse sans être entendues en aucun autre point. Un mur de ce genre existe à Muyden, près d'Amsterdam.

Les surfaces paraboliques ont un seul foyer, où viennent converger les rayons qui arrivent parallèles. Au contraire, les rayons qui partent du foyer deviennent parallèles après la réflexion. Dès lors, si on installe vis-à-vis l'un de l'autre deux miroirs paraboliques, on entend au foyer de l'un le plus léger bruit qui se produit au foyer de l'autre, ainsi que cela se voit dans la figure 36. C'est cette propriété des surfaces paraboli-

Fig. 36.

ques qui les fait choisir pour les réflecteurs installés sur les phares et destinés à envoyer au loin la lumière des feux ou les sons d'une cloche ; elles transforment en faisceau parallèle les rayons divergents partis du foyer. On les choisit aussi, avec moins de raison assurément, pour les cornets acoustiques. Dans ce cas, on suppose qu'elles condensent à leur foyer, où se place l'oreille, les rayons sonores qui arrivent d'une certaine distance, absolument comme un miroir parabolique concentre à son foyer les rayons solaires. Les voiles des navires produisent quelquefois cet effet lorsqu'elles sont gonflées par le vent. Arnott raconte que sur un bâtiment qui côtoyait le Brésil, il suffisait de se placer en un point déterminé en avant de la grande voile pour entendre les cloches de San Salvador, éloignées alors de 180 kilomètres.

Les murs d'enceinte, les voûtes d'églises, les caves, etc., offrent quelquefois accidentellement une de ces dispositions, qui explique alors les effets d'acoustique dont nous avons déjà parlé dans un précédent chapitre. Dans une voûte elliptique, le son parti d'un point déterminé peut se concentrer tout entier en un autre point déterminé, après une réflexion simple sur les murs. Entre deux voûtes paraboliques opposées, le même effet s'obtient, d'une manière moins complète il est vrai, par une double réflexion[1]. On peut maintenant concevoir d'autres systèmes de courbes qui donneraient le même résultat par un plus grand nombre de réflexions successives ; ainsi, deux paraboles combinées avec un mur droit le réaliseraient par trois réflexions (*fig.* 37). Il est donc possible que le jeu des réflexions multiples explique dans beaucoup de cas les effets en question. Dans d'autres cas, comme dans celui des coupoles circulaires, on ne voit pas comment la réflexion pourrait rendre compte des phénomènes observés. Ce qui en rend l'explication si difficile, c'est que les conditions dans lesquelles ces phénomènes se produisent sont rarement indiquées par les auteurs avec une précision suffisante, de sorte qu'on flotte entre

---

[1] Les rayons qui, du foyer de la première parabole, tombent droit sur le contour de la seconde, ne sont point réfléchis vers le foyer de celle-ci ; ils se perdent évidemment.

une foule d'hypothèses que ces descriptions incomplètes autorisent plus ou moins.

Une des salles du musée des antiques, au Louvre,

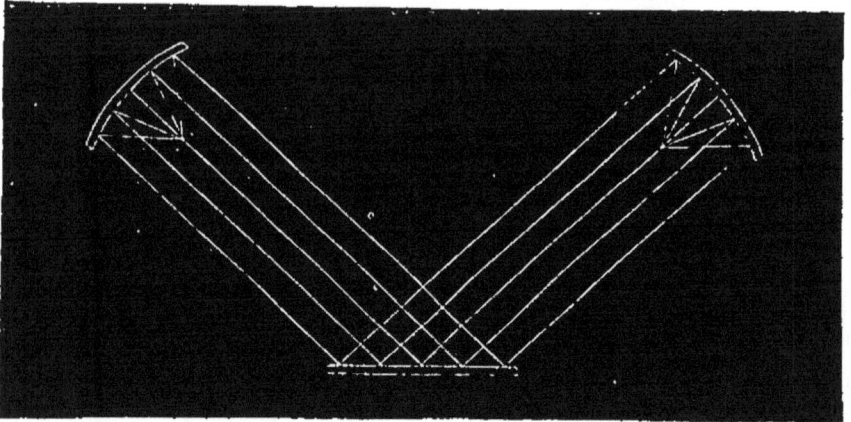

Fig. 57.

forme un écho particulier qui s'explique par la disposition du plafond.

Dans les voûtes fermées, les échos multiples produisent quelquefois un renforcement extraordinaire du son. On sait que, dans un des caveaux du Panthéon, le gardien qui les fait visiter n'a qu'à donner un coup sec sur le pan de sa redingote pour faire éclater, sous ces voûtes retentissantes, un bruit comparable à un coup de canon. Le même phénomène s'observe dans l'*Oreille de Denys* et dans la célèbre *grotte de Mammouth*, que l'on a découverte dans le Kentucky, au sud de Louisville.

Olaus Magnus rapporte qu'il existe, près de Viborg en Finlande, une caverne miraculeuse dans laquelle il suffit de jeter un animal vivant pour qu'il en sorte une immense et épouvantable clameur. C'est la caverne de

Smellen. Les habitants du pays ont quelquefois tiré
parti de ce phénomène pour se débarrasser de leurs
ennemis. Lorsqu'ils les voyaient approcher, ils se bou-
chaient les oreilles et se cachaient dans les caves pendant que le plus hardi prenait une bête quelconque et
la précipitait dans la terrible caverne. Les mugissements qui en sortaient aussitôt *renversaient les ennemis
comme des bœufs à l'abattoir ;* alors les Finlandais
quittaient leurs cachettes pour dépouiller les vaincus.
Pline raconta quelque chose d'analogue d'une caverne
située en Dalmatie, dans laquelle on n'a qu'à jeter une
pierre pour exciter un ouragan.

La grotte de Fingal, dans l'îlot de Staffa, présente
un autre phénomène remarquable. Le fond de cette
caverne est fermé et obscur comme un chœur d'église ;
des piliers de basalte y figurent des buffets d'orgue
noircis par le temps. Lorsqu'on pénètre jusqu'à l'extrémité de la grotte, on aperçoit presque à fleur d'eau
une espèce d'antre d'où sortent des sons harmonieux
chaque fois qu'une vague en dépasse le bord et que
l'eau vient s'y engouffrer. C'est pour cette raison que,
dans le pays de Galles, on donne à la grotte le nom de
Llaimh-binn, qui signifie *cave à musique.*

Saint Clément d'Alexandrie raconte que chez les
Persans il y a trois montagnes dans une campagne rase,
qui sont tellement situées, qu'en s'approchant de la
première l'on n'entend que des voix confuses qui
crient et qui chamaillent ; à la seconde, le bruit et le
tintamarre est encore plus fort et plus violent ; et à la
troisième, l'on n'entend que chants d'allégresse et de
réjouissance comme après une victoire.

La *terreur panique* qui s'empara des Gaulois, près
du temple de Delphes, dont le dieu Pan avait pris la
défense, est attribuée à l'effet des échos. Mersenne
rapporte à ce sujet une autre histoire. « Les Persans,
dit-il, ravageant la Grèce et le pays des Mégaréens,
s'étant adressés à un écho durant la nuit sombre, crurent
que c'était l'ennemi qui répondait en cris dolents, et
attaquèrent rudement une roche résonnante, sur laquelle ayant lancé toute la furie de leur courage et
de leurs dards, ils furent pris le lendemain et emmenés
captifs. »

Une autre analogie remarquable du son et de la lumière consiste dans la *réfraction* que les rayons sonores subissent comme les rayons lumineux lorsqu'ils
passent d'un milieu dans un autre. Une cuiller que
l'on trempe dans un verre d'eau semble se déformer ;
on dirait qu'elle se brise au niveau du liquide ; c'est
un effet de réfraction. Les rayons qui sortent de l'eau
dans une direction inclinée se réfractent, c'est-à-dire
changent de direction au moment où ils pénètrent
dans l'air ; la déviation est d'autant plus grande que
l'incidence est plus oblique. Les effets des prismes et
des lentilles reposent sur les réfractions successives
que la lumière éprouve en passant d'abord de l'air
dans le verre, puis du verre dans l'air ; on travaille
les surfaces du verre de manière à obtenir toutes
les déviations voulues.

Les rayons sonores éprouvent des déviations semblables au moment où ils changent de milieu. M. Ha-
jech l'a constaté de la manière suivante. Il a fait faire
un trou dans le mur de séparation de deux chambres

et y a fixé un tube fermé par deux membranes. Ce tube était successivement rempli d'eau, d'acide carbonique, d'hydrogène, de gaz ammoniac, etc. A l'une de ses extrémités s'ajustait un autre tube rempli d'air et terminé par une boîte où se trouvait une montre à réveil. La boîte était ouatée à l'intérieur pour empêcher le son de pénétrer au dehors ; il parcourait donc les tubes en traversant le gaz et le liquide qui remplissait l'espace compris entre les deux membranes, et l'observateur placé dans la chambre opposée cherchait la direction dans laquelle le son transmis paraissait avoir le plus de force. Quand les deux membranes étaient tendues en travers de l'axe des tubes, cette direction était celle de l'axe même : dans ce cas, la déviation n'existait donc pas. Mais dès que la membrane antérieure était inclinée par rapport à l'axe, on observait une déviation sensible que l'on mesurait en suivant un arc de cercle tracé sur le plancher et en tenant l'extrémité d'un fil à plomb au-dessous de l'oreille. Ces mesures ont montré que la réfraction des rayons sonores est assujettie aux mêmes lois que celle des rayons lumineux : elle dépend de l'angle sous lequel les rayons rencontrent la surface réfringente, et du rapport des vitesses respectives avec lesquelles le son se propage dans les deux milieux. Elle est la même pour les sons qui entrent dans l'air après avoir traversé l'eau que pour ceux qui ont traversé l'hydrogène, parce que la vitesse est la même dans l'hydrogène et dans l'eau ; elle est très-différente pour les sons qui émergent de l'acide carbonique.

M. Sondhauss a observé la réfraction du son au

moyen d'une lentille en collodion, gonflée avec de l'acide carbonique. En plaçant une montre sur l'axe de cette lentille, on constatait facilement que le son était concentré dans un autre point de l'axe, du côté opposé : là était le foyer, et le bruit de la montre s'y distinguait nettement ; on cessait de l'entendre dès qu'on enlevait la lentille. L'observation se fait plus commodément à l'aide d'un globe résonnant d'Helmholtz, qu'on promène devant la lentille en enfonçant dans l'oreille le bout d'un tube de caoutchouc attaché à ce globe.

Le P. Mersenne n'avait pas oublié de se poser la question « si les sons se rompent, c'est-à-dire s'ils endurent de la réfraction comme la lumière quand ils passent par des milieux différents. » Mais il se borne à expliquer comment la réfraction a lieu pour la lumière et comment elle conduit à tailler des lentilles qui grossissent les objets ; puis il ajoute : « Je ne croy pas que les rayons des sons soient susceptibles de ces figures par l'industrie des hommes ; car quant aux anges, s'ils disposent des tremblements de l'air comme il leur plaist, je ne doute pas qu'ils ne pussent faire la même chose des sons que de la lumière. »

VII

Résonnance. — Vases de Vitruve. — Tables d'harmonie. — Globes résonnants. — La corde sensible. — Verres brisés par la voix. — Acoustique des églises et des salles de spectacle.

Si nous avons dit que le son tourne les obstacles, il ne faut pas prendre cela d'une manière trop absolue. Les corps très-massifs l'arrêtent plus ou moins complétement, comme un écran opaque arrête la lumière: Deux personnes séparées par une élévation de terrain et qui ne peuvent pas se voir, s'entendent néanmoins, parce que le son passe au-dessus de l'obstacle que la lumière ne peut franchir ; mais elles s'entendraient beaucoup plus facilement si cet obstacle n'existait pas, car il a pour effet d'affaiblir le son. Ce n'est que dans le cas où le son est guidé par un tuyau ou par quelque autre canal fermé qu'il se propage sans diminution sensible suivant une ligne courbe quelconque ; dans l'air libre, il s'amoindrit en quittant la direction dans laquelle il a été émis. C'est un fait que vient confirmer l'expérience de tous les jours: Chacun sait, par exemple, que pour bien entendre un orateur, il faut se placer autant que possible en face de la tribune. De même, pour mieux distinguer un bruit très-faible, on tourne instinctivement l'oreille du côté d'où il vient.

Quand le flux sonore rencontre un obstacle qui l'oblige de s'écarter de la ligne droite, il peut donc encore pénétrer du côté opposé, comme un courant qui se referme derrière une île, mais il en résulte toujours une diminution d'intensité. C'est ainsi que les *digues criblantes*, que l'on construit en éparpillant des blocs de rochers dans le lit d'un fleuve, ont pour effet d'en ralentir le cours.

Un obstacle très-large et très-massif amortit le son au point de le rendre imperceptible, et produit ce qu'on appelle une *ombre sonore*. Sous les arches des grands ponts, vous trouvez facilement à vous placer de manière que les bruits du dehors ne vous atteignent pas. Derrière la masse d'eau verticale de la chute du Rhin à Schaffhouse, on se trouve dans un silence complet. Dans les rues, près des maisons, on entend souvent le son d'une cloche, dans une direction tout autre que celle où se trouve le clocher : c'est que les maisons font ombre au son direct et qu'on n'entend que celui qui est réfléchi par les murs placés du côté opposé. La *Roche sourde*, dont parle le P. Kircher, mérite d'être citée comme exemple d'une ombre sonore très-complète.

Les corps élastiques, surtout ceux qui n'offrent qu'une faible masse, ne forment guère obstacle à la propagation du son dans l'air. Il les traverse tambour battant. Ces sortes de corps ne sauraient donc être d'un grand secours pour obtenir de l'ombre sonore ; ce serait

comme si on voulait opposer à la lumière des écrans
de verre. Une cloison de planches, une muraille de peu
d'épaisseur, laissent passer toute espèce de bruit; c'est
ce qui rend les chambres d'hôtel si désagréables.

La transmission du son par les corps élastiques est
accompagnée de phénomènes de résonnance. La matière élastique devient elle-même sonore et on la sent
frémir sous la main. La même chose s'observe lorsqu'une surface élastique réfléchit le son. Il y prend appui
comme sur un tremplin pour s'élancer avec plus de
force. C'est ce qui explique pourquoi les échos ont quelquefois une si grande intensité. En même temps,
d'autres sons, dont l'origine est dans la surface réfléchissante, viennent parfois se mêler faiblement au son
primitif : il est renvoyé avec une escorte d'indigènes.
On dit alors que la surface *résonne*. C'est ainsi qu'un
corps sur lequel se réfléchissent les rayons solaires,
finit par s'échauffer lui-même et par rayonner de la
chaleur dans tous les sens.

Ce qu'on appelle ordinairement la *résonnance des
voûtes* est un phénomène complexe, dû autant à la réflexion qu'à la résonnance proprement dite. Le son, répercuté par les murs d'une voûte élevée, revient trop vite
pour qu'il y ait un écho sensible, et cependant pas assez
vite pour qu'il se confonde avec le son direct, ainsi que
cela aurait lieu dans une chambre de dimensions modé-
rées. Il empiète donc sur ce dernier et le rend confus en
s'y mêlant d'une manière irrégulière. En même temps,
les vibrations des murs qui frémissent et résonnent
sous l'influence de la voix qui les frappe, apportent un
nouvel élément de trouble dans le phénomène général. A

chaque appel de la voix répondent mille bruits confus, dont le mélange chaotique produit ces effets si remarquables dont nous avons parlé à propos des échos. On les observe souvent quand on passe, par exemple, à bord d'un bateau à vapeur, sous un pont dont les piles et les arches renvoient le clapotage des roues en le renforçant. Lorsqu'une locomotive lancée à grande vitesse passe au-dessous d'un pont, la réflexion du bruit sur les culées produit une sorte d'explosion violente. Le vacarme devient assourdissant dans un tunnel d'une longueur un peu considérable.

Les nappes d'eau favorisent beaucoup ces effets par la facilité avec laquelle elles réfléchissent le son. Ainsi, Cagniard-Latour a constaté que de deux silos dont l'un était à sec tandis que l'autre contenait un peu d'eau, le dernier était beaucoup plus sonore que le premier. Sous les arches des ponts, la résonnance devient sensiblement moins forte lorsqu'il n'y a pas d'eau. Les canotiers de la Seine savent aussi que leur voix retentit avec plus de force lorsqu'ils sont en bateau.

On dit qu'un espace est *sonore* quand il favorise la résonnance; on dit qu'il est *sourd*, quand il l'empêche. Les draperies, les tapis, toutes les étoffes molles produisent cet effet : elles rendent un espace sourd, comme une tenture noire l'assombrit. C'est pour cela que le meilleur piano a peu de son dans une chambre remplie de tapis et de meubles capitonnés; c'est quelquefois très-heureux pour les voisins. Les appartements vides sont toujours remarquablement sonores.

Dans les églises, dans les salles de séances des assemblées, une résonnance trop forte nuit beaucoup à la perception distincte de la parole ; elle couvre la voix de l'orateur et la rend inintelligible. Dans une salle de concert, on ne s'en plaint pas ; là, on cherche au contraire à augmenter la sonorité des murs par un révête-ment en boiserie mince.

A l'époque de Rousseau, les orchestres les mieux construits étaient, disait-on, ceux des théâtres d'Italie. On avait soin d'en faire la caisse d'un bois léger et réson-nant comme le sapin, de les établir sur un vide avec des arcs-boutants, et d'en écarter les spectateurs par un râteau placé dans le parterre à un pied ou deux de distance. Grâce à cette disposition, le corps même de l'orchestre portant pour ainsi dire en l'air et ne touchant presque à rien, vibre et résonne sans obstacle et forme comme une grande table d'harmonie qui soutient les sons des instruments. A l'Opéra de Paris, l'orchestre était, au contraire, très-mal disposé sous ce rapport : enfoncé dans la terre et clos d'une enceinte de bois lourde, massive et chargée de fer, qui étouffait toute résonnance.

Aujourd'hui ces fosses sonores, vantées par Rousseau, sont adoptées dans la plupart des théâtres spécialement consacrés à la musique. Il est vrai que des architectes compétents les considèrent comme inutiles ou même nuisibles.

Vitruve nous apprend que les Grecs employaient, pour donner plus de sonorité à leurs immenses théâtres, de grandes cloches d'airain, renversées sur des sup-ports coniques et placées dans des niches fermées, sous les gradins[1]. On s'en servait surtout à Corinthe, d'où

---

[1] Les Grecs appelaient ces vases échéia ($\tilde{\eta}\chi\epsilon\iota\alpha$).

Fig. 38. Théâtre de Vitruve.

Mummius les importa à Rome. Quelquefois on se contentait de vases en terre cuite, dont le prix était moins élevé. D'après Vitruve, ces cloches étaient accordées pour certaines notes de la gamme ; il explique longuement la manière de les fabriquer et de les distribuer ensuite le long des murs. La figure 38 représente le plan du théâtre de Vitruve, tel que le P. Kircher l'a dessiné d'après les indications de l'architecte romain. Ce dernier conseille d'accorder les différentes cloches de manière qu'elles donnent la quarte, la quinte, l'octave, la onzième, la douzième et la double octave, ou la série des notes

$$sol\ ut\ ré\ sol_2\ ut_2\ ré_2\ sol_3.$$

Le P. Kircher trouve cet arrangement contraire aux règles de l'harmonie et le remplace par la série suivante :

$$sol\ si\ ré\ sol_2\ si_2\ ré_2\ sol_3,$$

où la tierce est substituée à la quarte, ce qui nous ramène dans l'accord parfait. Il est fort probable que les vases d'airain ne résonnaient pas du tout, mais que l'effet était dû aux masses d'air qu'ils contenaient et à celles qui étaient emprisonnées dans les niches.

Les *tables d'harmonie* des instruments de musique sont des plaques de bois destinées à renforcer les sons trop grêles des cordes par une vigoureuse résonnance. Les cordes offrent trop peu de surface pour ébranler directement une grande masse d'air ; elles la coupent sans la repousser ; il faut donc les tendre sur un tablier de bois qui reçoit les vibrations et les propage d'une manière plus efficace. De même, une fourchette d'acier a incomparablement plus de son lorsqu'elle est appuyée sur une surface de bois ; c'est pour cette raison que l'on fixe les diapasons sur une caisse de bois pour en augmenter la sonorité. Mais il y a encore autre chose : le tablier de la caisse fait résonner la masse d'air qu'elle renferme, et c'est cette résonnance qui donne tant de volume au son du diapason. Il faut pour cela que la boîte soit d'une dimension en rapport avec la note qu'elle doit renforcer, autrement elle serait sans effet.

Les corps élastiques d'une forme déterminée : tiges, cordes, plaques, membranes, masses d'air limitées, etc., ont des sons propres, qu'ils rendent lorsqu'on les ébranle, et qu'ils renforcent aussi de préférence par résonnement. C'est ce que nous expliquerons plus clairement dans la suite. Le volume d'air contenu dans la caisse d'un diapason a donc sa note spécifique, et il faut que cette note soit exactement d'accord avec celle du diapason pour qu'il y ait résonnance et renforcement du son.

M. Helmholtz a tiré parti de cette remarque pour créer un instrument qui permet d'analyser un mélange confus de sons. C'est le *globe résonnant*, appareil fort simple qui se compose d'une sphère creuse en verre ou en métal, percée de deux ouvertures d'ont l'une est surmontée d'une espèce de pavillon, l'autre d'un appendice pointu que l'on introduit dans l'oreille. L'instrument se manie plus facilement si on prolonge l'appendice postérieur par un tube de caoutchouc à bout d'ivoire que l'on enfonce dans le conduit auditif ; en même temps, il est bon de se boucher l'autre oreille avec un tampon de cire-rouge. Le volume intérieur de cette espèce de poire et les dimensions de l'orifice libre déterminent la

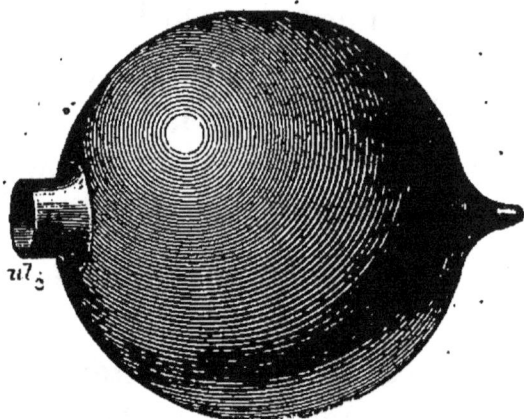

Fig. 59. Globe résonnant.

note sous l'influence de laquelle il résonne ; pour connaître cette note on n'a qu'à souffler contre le bord de l'orifice, elle se produit alors d'elle-même. Si cette note existe dans un bruit quelconque, on l'entend fortement résonner dans le globe ; toute autre note est sans effet. On a donc ainsi le moyen de découvrir l'existence de cette note au milieu d'autres sons qui la couvriraient complétement pour l'oreille nue. Une série de résonnateurs de dimensions diverses permet de faire une véritable analyse des bruits, surtout si on leur donne une forme cylindrique afin de pouvoir en faire varier les dimensions par des tubes de raccord. Nous verrons plus loin l'importance de ce moyen d'analyse pour les recherches d'acoustique.

Avec deux diapasons accordés pour la même note, on peut observer un autre phénomène de résonnance qui est très-frappant. On les installe aux deux extrémités

d'une salle, les ouvertures de leurs caisses braquées
l'une sur l'autre. On fait vibrer l'un pendant quelques
secondes par des coups d'archet répétés, puis on l'arrête
brusquement en posant la main dessus. Le son néanmoins ne s'éteint pas, il vient seulement de plus loin :
c'est l'autre diapason qui est entré de lui-même en vibration et qui survit au premier :

et sese lampada tradunt.

La communication des vibrations sonores se fait ici
par l'intermédiaire des caisses et de la colonne d'air
qui les sépare : le premier diapason fait résonner sa
caisse et le volume d'air qu'elle contient, l'atmosphère
transmet le mouvement à l'air contenu dans la caisse
de l'autre diapason, cette caisse commence à vibrer
elle-même et le diapason qu'elle porte suit tous ses
mouvements.

Un violon ou un instrument à cordes quelconque
résonne aussitôt qu'on produit à quelque distance une
des notes pour lesquelles ces cordes ont été accordées ;
il demeure muet lorsque les notes que l'on produit sont
en désaccord avec celles qu'il peut rendre. De là le
dicton de la *corde sensible*.

La *résonnance élective,* s'il est permis d'employer ce
mot, s'observe souvent sous la forme d'une simple vibration, parce qu'on ne distingue pas le son de résonnance du son primitif.

Kircher parle d'une grande pierre qui frémissait toujours au son d'un certain tuyau d'orgue ; Mersenne
rapporte une observation toute semblable. Boyle dit que
les stalles tremblent souvent au son des orgues, qu'il les

a senties frémir sous sa main au son de l'orgue ou de la voix, mais que celles qui étaient bien fortes trem- blaient toutes à quelque ton déterminé. On a souvent cité ce fameux pilier d'une église de Reims qui s'é- branle sensiblement au son d'une certaine cloche tandis que les autres piliers restent immobiles ; « mais ce qui ravit au son l'honneur du merveilleux, ajoute Rousseau en commentant cette histoire, est que ce même pilier s'ébranle également quand on a ôté le battant de la cloche. » Il serait alors difficile de comprendre ce qui mettait le pilier en mouvement; le fait tel qu'il est rap- porté par les auteurs n'a en lui-même rien qui puisse nous paraître extraordinaire.

C'est ici le lieu de parler d'une expérience ou d'un tour célèbre qui consiste à briser un verre avec la voix. On sait que chaque verre a sa note spécifique ; il la fait entendre lorsqu'on le frappe avec une cuiller, lorsqu'on le rapproche d'un autre verre pour trinquer, et aussi lorsqu'il se casse. Eh bien, il paraît que si un homme qui a la voix forte et très-juste, entonne cette note en se penchant sur l'orifice du verre, il peut le faire éclater au bout de quelques instants. D'après Bartoli[1] et Mor- hof[2], il suffirait quelquefois de donner l'octave de la note en question ; les verres minces et bombés seraient les plus propres à faire réussir l'expérience ; le son d'un violon produirait le même effet, tandis qu'on ne l'obtiendrait pas avec une trompette. Un physicien alle- mand raconte que, dans sa jeunesse, il a vu exécuter

---

[1] *Trattato del suono.* Bologna, 1680.
[2] *Stentor hyaloclastes.* Kil., 1683.

ce tour dans un cabaret, par un homme qui en faisait son métier : il rangeait plusieurs verres devant lui sur la table, les frappait l'un après l'autre avec une petite clef afin de connaître leur note, puis se penchait dessus et donnait cette même note d'une voix brève et forte : le verre éclatait toujours. Rien ne prouve, il est vrai, que les verres n'aient pas été préparés ; on faciliterait singulièrement le tour en les entamant par un imperceptible trait au diamant.

Ce qui est très-curieux, c'est que la première mention de faits de ce genre se trouve dans le Talmud. Voici la traduction du passage en question (*Baba Kama*, fol. 18, c. ii) : « Il a été dit par Ramé, fils de Jécheskel : Lorsqu'un coq aura tendu son cou dans le creux d'un vase de verre et aura chanté dedans de manière à le briser, on payera le dommage entier. Et Raf Joseph a dit : Voici les paroles de l'école du Maître : Un cheval qui hennit ou un âne qui brait et casse un vase, paye la moitié du dommage. » Si les écrivains du Talmud ont simplement inventé ces points litigieux, on doit dire qu'ils avaient l'imagination féconde.

Les phénomènes de résonnance, nous venons de le voir, sont toujours accompagnés de mouvements vibratoires très-sensibles des corps élastiques qui produisent ces phénomènes. Nous ne tarderons pas à généraliser cette remarque et à reconnaître que tous les sons résultent de vibrations d'une matière élastique quelconque, de sorte qu'il est permis de définir le son un *mouvement vibratoire perceptible à l'oreille*. Mais avant d'y arriver, nous devons nous arrêter un instant à un sujet qui se rattache intimement aux phénomènes qui

viennent d'être exposés : nous voulons parler de l'acoustique des salles de spectacle, amphithéâtres, églises, etc.,
problème épineux et qui n'a été encore étudié que d'une
manière très-insuffisante. Comment faut-il construire
une salle pour que le son qui émane d'un point déterminé s'y transmette distinctement dans toutes les directions?

Les anciens avaient des *amphithéâtres* circulaires ou
elliptiques dont les gradins entouraient l'arène, et des
théâtres en hémicycle, avec une scène sans profondeur,
enclose dans des murs épais et solides. Les gradins se
développaient à partir de la scène suivant la loi d'un
cône évasé; tout cela représentait en quelque sorte un
immense porte-voix qu'embouchaient les acteurs. Mais
ces monuments étaient ouverts au ciel, sauf le cas où on
les recouvrait des *velaria*, immenses toiles destinées à
abriter les spectateurs et la scène contre les ardeurs du
soleil. Ces tentures ne pouvaient manquer de réfléchir
le son, mais ce n'est point là-dessus que comptaient les
architectes. Ils se contentaient de disposer les gradins
de manière que la voix des acteurs pût monter sans
obstacle à tous les auditeurs, dont le nombre était
quelquefois de plusieurs milliers. Il est très-probable que
ce but se trouvait généralement atteint, à en juger
d'après ce qu'on peut encore constater aujourd'hui dans
les ruines d'anciens cirques ou théâtres. On y entend
très-bien sur les gradins les plus éloignés la moindre
parole prononcée dans l'arène. Le théâtre de la ville
d'Adrien, à Tivoli, le cirque de Murviedro et l'amphithéâtre de Nîmes sont, dit-on, très-remarquables sous
ce rapport.

La seule chose que les anciens architectes se soient permise dans le but d'augmenter la sonorité de leurs

Fig. 40. Arènes de Nîmes.

théâtres, c'est l'emploi des vases renforçants dont nous avons déjà parlé plus haut.

Les affaires publiques se traitaient aussi en plein air, dans l'enceinte appelée *forum*. On se divertissait, on tenait conseil, on se haranguait sous la voûte du ciel bleu. Aujourd'hui que la civilisation a quitté son berceau pour se nationaliser sous des climats plus rudes, il a fallu remplacer cette architecture naïve par des salles de spectacles ou de concerts, des cirques, des amphithéâtres, des salles d'assemblées politiques, sans compter les églises. Les plafonds, les piliers, les stalles et les loges apportent dans la propagation du son un trouble profond par les réflexions et les résonnances qui résultent de la présence de ces obstacles. Il faut donc entrer dans des considérations d'un ordre complétement nouveau pour découvrir les principes d'acoustique applicables aux constructions modernes.

Les voûtes circulaires sont en général d'un mauvais effet : elles donnent lieu à une résonnance trop forte et trop prolongée. Sous la coupole de Saint-Paul, à Londres, ils vous semble entendre les sons courir le long des murailles. Dans la rotonde, à Rome, cet effet est, dit-on, si bizarre, que beaucoup de gens n'assistent au prêche dans cette église que pour entendre le jeu des résonnances. Toutefois cet inconvénient n'existe pas dans la salle de concert circulaire de l'Académie des beaux-arts de Berlin ; il est vrai que les murs y sont percés d'un grand nombre d'embrasures très-profondes. La coupole de l'église de Marie, à Dresde, est également remarquable par l'absence de toute résonnance.

Les voûtes ou salles elliptiques n'ont aucune raison d'être, puisque l'ellipse n'est propre qu'à concentrer en un seul point les rayons partis d'un autre point. La parabole, qui rend parallèles les rayons divergents, se recommande davantage ; la chaire ou la tribune de l'orateur se placerait au foyer de la courbe. Chladni propose d'arrondir en parabole le fond d'une salle rectangulaire (*fig.* 41) ; cette combinaison se rencontre dans

Fig. 41.

quelques anciennes basiliques. On pourrait compléter l'effet en donnant une courbure parabolique à la voûte du plafond. Des abat-voix ou dais de cette forme sont

employés au-dessus de la chaire dans quelques églises;
leur mode d'action est le même que celui des réflecteurs en usage dans les phares.

Dans une salle de concert ou de conférences, il y
aurait avantage à construire au-dessus de la tribune
une portion de voûte sphérique dont l'axe serait
incliné vers le centre de la salle. Une autre idée de
Chladni est d'établir la tribune sous une espèce de
cornet maçonné, en forme de demi-cône (*fig.* 42);
mais il reconnaît lui-même que cette construction
serait laide et peu praticable. L'orateur s'y trouverait
comme au fond d'un antre et risquerait toujours de se
cogner la tête contre les parois de son porte-voix.

Fig. 42.

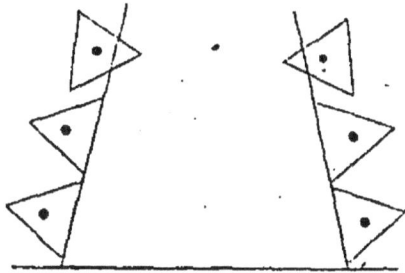
Fig. 43.

Dans les théâtres, il faudrait naturellement renoncer
à toute espèce de réflecteur disposé derrière la scène.
Là seule chose qui mériterait peut-être quelque attention, c'est l'emploi des colonnes triangulaires des anciens, que l'on faisait tourner autour de leurs centres
et qui laissaient perdre moins de son que nos coulisses
en paravent (*fig.* 43). Quant à la disposition à donner
aux stalles ou banquettes où se placent les auditeurs,
l'hémicycle n'est point compatible avec l'exiguïté de
nos scènes modernes. Une forme avantageuse serait

celle que représente la figure 44; c'est celle d'un ancien théâtre d'Athènes. Le théâtre de Parme, qui est célèbre par ses propriétés acoustiques, a la forme représentée figure 45. Les loges d'avant-scène consti-

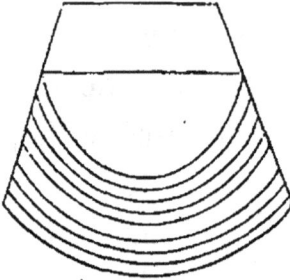 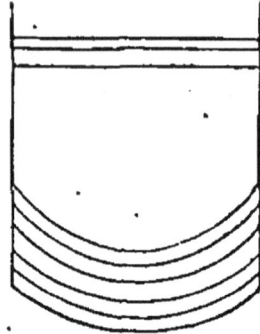

Fig. 44.   Fig. 45.

tuent le défaut le plus saillant de nos salles modernes ; Zamminer les compare à des souricières où les sons viennent s'étrangler. Malheureusement, l'architecte d'un théâtre est obligé de compter avec les gens qui n'y vont pas pour écouter, mais pour se faire voir.

Dans la construction de nos amphithéâtres et dans celle des églises, on néglige trop souvent les plus simples principes d'acoustique, et on obtient conséquemment des effets détestables.

Le défaut le plus ordinaire est une trop grande sonorité qui empêche les paroles d'être distinctement perçues. L'hémicycle de l'École des beaux-arts, à Paris, est, pour cette raison, une des salles les plus désavantageuses pour s'y faire entendre, quoique assurément une des mieux décorées qui existent. Le grand amphithéâtre de physique et de chimie du Jardin des Plantes et l'amphithéâtre de physique du Collége de

France sont également d'une sonorité fâcheuse. On a
essayé d'y remédier par des draperies destinées à rendre les murs plus sourds et par des morceaux de bois
disposés pour atténuer les vibrations des banquettes
et des jardins ; mais ce ravaudage tardif n'a pas produit grand effet. Dans l'église de Saint-Paul, à Boston,
qui offre les mêmes défauts, la voix du prédicateur n'est
intelligible qu'une fois par an, à la fête de Noël ; ce
jour-là, l'église est parée d'une manière exceptionnelle
et les voûtes sont moins sonores qu'à l'ordinaire.

La salle principale de l'université de Munich, en Bavière, jouit, dit-on, d'un écho quintuple : quelle sa-
tisfaction pour les orateurs qui aiment à entendre le
son de leur voix !

La forme semi-circulaire que l'on donne si souvent
aux amphithéâtres laisse subsister une grande inégalité
entre les places situées au centre de l'hémicycle et celles
qui sont aux deux extrémités ; cette remarque s'applique dans toute sa force à l'amphithéâtre de physique
de la Sorbonne ; dans celui du Conservatoire des arts
et métiers, l'inconvénient se trouve atténué par la
disposition de la chaire. La forme la plus avantageuse
sera toujours celle qui se rapproche du quart de cercle, parce que les murs guident alors beaucoup mieux
le son vers les auditeurs.

Quant à l'élévation successive des gradins, on
les échelonne ordinairement dans les amphithéâtres
suivant une ligne droite qui va du plancher à la naissance du plafond. Une ligne à courbure concave serait
plus avantageuse, parce qu'elle permettrait de dégager
les derniers rangs, en les élevant suffisamment au-

dessus de ceux qui sont plus rapprochés du centre.
M. Scott Russell, M. Lachèze et d'autres ont proposé
diverses courbes pour cet usage.

Le projet le plus original qui ait été imaginé pour
améliorer l'acoustique des salles de spectacle est certainement celui que le conseiller intime Langhans, de
Berlin, communiqua à Chladni; ce projet consiste à
diriger de la scène sur les spectateurs un petit courant
d'air qui leur apporterait les paroles des acteurs... On
le produirait par une habile ventilation...

VIII

LE SON EST UNE VIBRATION

Instrument de Trevelyan. — Flammes chantantes. — Pendule. — Ondulations de l'eau. — Ondes progressives et ondes fixes. — Vibrations des cordes, des tiges, des plaques. — Figures de Chladni. — Vibrations des tuyaux. — Méthode graphique.

Jusqu'ici nous n'avons encore considéré que les phénomènes sonores qui, pour ainsi dire, tombent sous les sens, en faisant toujours abstraction de la nature intime du mouvement qui les produit. Il est, temps d'éclaircir ce point important et de dire que le son ne peut avoir d'autre origine que les vibrations d'un corps pondérable.

Les phénomènes de la résonnance nous conduisent déjà à cette conclusion.

En effet, comment expliquer les frémissements des stalles et des piliers des églises aux sons de l'orgue, les trépidations de la table d'harmonie d'un instrument de musique, et tant d'autres faits du même genre, à moins d'admettre que le son résulte de certaines vibrations des corps sonores, transmises à distance par l'air ou par un autre milieu quelconque?

L'expérience vulgaire nous montre qu'un son un peu fort est toujours accompagné de vibrations sensibles au toucher.. Les tambours qui passent dans la rue ébranlent les vitres de nos croisées. Un coup de canon fait trembler le sol; tous ceux qui se trouvent à peu de distance de la pièce, éprouvent une forte secousse à la poitrine. Dans un concert, on n'a qu'à tourner l'ouverture d'un chapeau du côté de l'orchestre en touchant légèrement le fond du bout des doigts, pour y sentir aussitôt les frémissements de l'air.

Dans beaucoup de cas, il est très-facile de s'assurer directement que le son ne peut pas se produire sans un mouvement vibratoire concomitant. Une corde tendue que l'on fait résonner exécute des oscillations qui deviennent visibles grâce à la persistance des impressions lumineuses : elle prend la forme d'un fuseau (*fig.* 46) parce que l'œil en voit à la fois les positions extrêmes. C'est pour la même raison que les contours d'un diapason un peu grand deviennent confus dès qu'il entre en vibration sonore. Pour constater les oscillations d'une corde horizontale, on peut aussi la garnir de chevalets de papier, que l'on voit entrer en danse aussitôt qu'elle résonne.

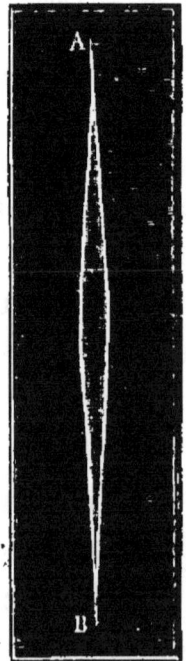

Fig. 46.

Une cloche de verre qu'on ébranle au moyen d'un archet ou d'un marteau de bois, communique des soubresauts très-vifs à une petite bille d'ivoire que l'on en approche avec précaution, suspendue à un fil; chaque

fois qu'elle vient à toucher la cloche, la bille est lancée
au loin, et en retombant elle semble s'acharner sur le
verre à coups précipités. Si on touche le bord de la
cloche avec la pointe d'un crayon, on l'entend crisser
contre le verre frémissant. En frottant avec le pouce et
l'index enduits de colophane, dans le sens de sa longueur, une tige d'acier horizontale, on lui fait rendre
un son très-aigu ; si alors on approche le petit pendule
de l'une des deux extrémités, la bille est encore repoussée avec une très-grande violence.

Une plaque de cuivre, de verre ou de bois, que l'on
fait vibrer au moyen d'un archet, rend des sons différents, selon le point où on l'attaque ; si alors on la
poudroie de sable, on le voit sauter et finalement se ras-
sembler en courbes régulières qui marquent des lignes
de repos. On peut aussi rendre visibles les oscillations
d'une plaque de verre en n'éclairant qu'une série de
points isolés de la surface vibrante par une lumière que
l'on place derrière un écran percé de petits trous.
Si l'on introduit dans un tuyau d'orgue, pendant qu'il
parle, une petite membrane tendue sur un cadre de
carton, suspendue à trois fils et couverte d'une poudre
bien sèche, cette poudre est projetée au loin et la membrane balayée. Pour mieux constater ce résultat, on fait
construire des tuyaux vitrés (*fig.* 47).

Il est toujours facile d'obtenir des sons par des actions mécaniques répétées à de très-petits intervalles.
Le bruissement des ailes d'une mouche, la stridulation
d'une cigale ou d'une sauterelle sont des exemples de
bruits produits de cette manière. Une carte flexible que
l'on appuie sur le contour d'une roue dentée en mou-

vement, et qui se plie ou se relève quand une dent la
rencontre ou la quitte, donne naissance à un son d'autant plus aigu que la rotation
est plus rapide; c'est le mécanisme de la crécelle. Dans la sirène, appareil que nous décri-
rons plus loin, un courant de
gaz ou de liquide est dirigé
contre un disque tournant percé
de trous : il passe ou est intercepté alternativement, et ces intermittences font naître un son
dans l'air ambiant. Dans les
tuyaux à anche, le son est déterminé par les vibrations d'une
languette élastique. Les lèvres
frémissent lorsqu'on fait parler
une flûte ou un cor.

Il semble quelquefois que
l'on puisse produire des sons
par des mouvements continus ;
c'est ainsi que les tuyaux à embouchure de flûte, et le sifflet
ordinaire, semblent parler sous
l'influence d'un jet d'air non in-
terrompu. Mais dans ces cas, le jet se brise contre un
biseau et se partage en deux branches, l'une qui pénètre dans l'embouchure, l'autre qui s'échappe dans
l'air ambiant. Le courant qui entre comprime la tranche
d'air voisine du biseau ; celle-ci réagissant par son
élasticité repousse le courant, puis cède de nouveau,

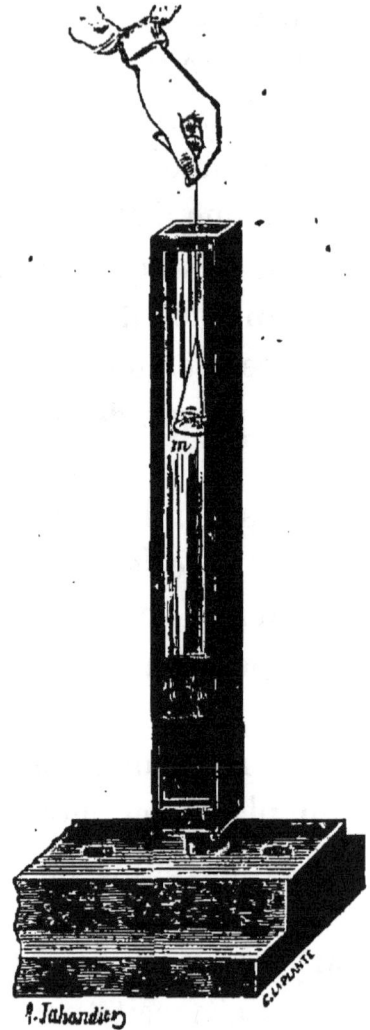

Fig. 47.

et ainsi de suite, de sorte qu'il y a là en réalité un va-et-
vient continuel. Wertheim a réussi à faire vibrer de la
même manière des tuyaux plongés dans un liquide, en
y injectant un courant du même liquide. Les sons qu'il
obtenait avaient le même caractère musical que lorsque
les tuyaux parlaient dans l'air. Cagniard de la Tour
avait déjà fait vibrer de l'eau dans des tubes de verre
en frottant ces tubes dans le sens de la longueur, et
l'eau était devenue sonore.

C'est ici le moment de parler du *trembleur de Trevelyan*, instrument dans lequel le son résulte du contact de deux métaux inégalement chauffés.

Dès 1805, M. Schwartz, inspecteur d'une des fonde-
ries de la Saxe, ayant posé sur une enclume froide une
coupe d'argent qui était encore chaude, entendit avec
stupéfaction des sons musicaux s'échapper de ces
masses métalliques. Un savant de Berlin qui visita les
travaux de la fonderie, répéta l'expérience et constata
que la coupe tremblait d'une manière sensible tant
que le son persistait et qu'elle cessait de trembler
lorsqu'il s'éteignait par suite du refroidissement de
l'argent. Le professeur Golbert, c'est le nom du savant, se contenta d'enregistrer ces faits, renonçant à
les expliquer.

Vers 1829, M. Arthur Trevelyan, voulant étendre de
la résine avec un fer à souder, s'aperçut que son fer
était encore trop chaud et l'appuya contre un bloc de
plomb pour attendre qu'il eût pris la température convenable. A peine le fer touchait-il le plomb, que M. Trevelyan entendit sortir de son instrument une note aiguë,
semblable, dit-il, à celle d'un galoubet de Northum-

berland. En même temps, il vit le fer se tourner et se retourner dans une vibration rapide.

M. Trevelyan se mit alors à étudier ces faits d'une manière approfondie, et il en donna une explication qui paraît être la vraie. Les vibrations observées sont dues à l'expansion brusque de la masse froide au contact de la masse chaude. Au moment où le fer chaud touche le plomb en un point donné, le plomb s'y boursoufle et repousse le fer ; ce dernier le touche alors par quelque autre point, où le même effet se renouvelle pendant que le point qui avait été touché en premier lieu, se refroidit et se dégonfle. C'est grâce à ce jeu de dilatations et de contractions alternatives, que le trembleur (*fig* 48)

Fig. 48,

exécute sa musique. On le fait ordinairement en cuivre ; c'est une barre prismatique dont l'angle inférieur est évidé par une rainure, et que l'on fixe au bout d'un manche bien arrondi. On chauffe cet appareil à la température de l'eau bouillante, ou un peu au delà, et on le pose sur un morceau de plomb. M. Tyndall fait la même expérience avec une pelle qu'il chauffe au feu et qu'il pose ensuite en équilibre sur deux lames de plomb fixées dans un étau (*fig.* 49); on la voit alors

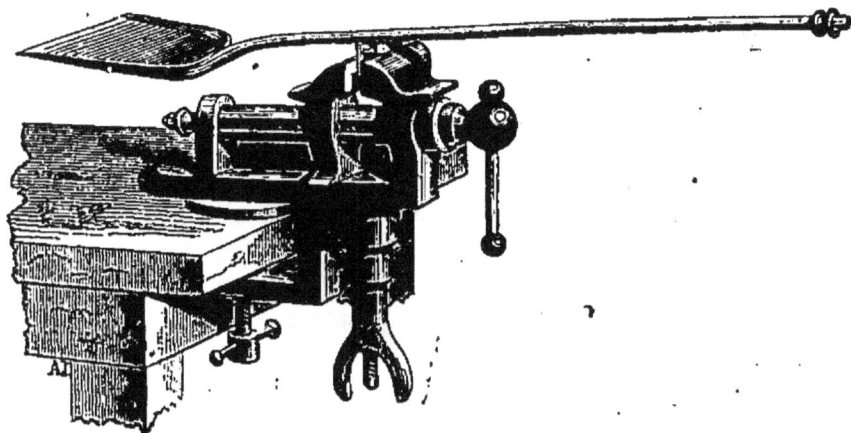

Fig. 49.

prendre un mouvement de tangage qui est accompagné d'un son plus ou moins agréable; on peut modifier le

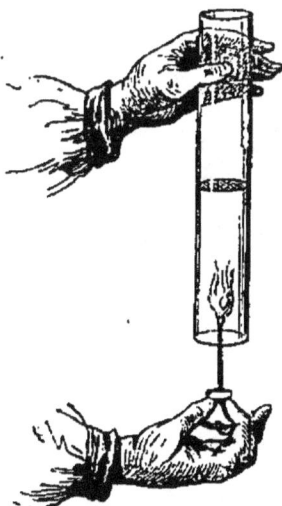

Fig. 50.

son en soutenant légèrement la pelle par le manche. Quelquefois, on réussit même à faire vibrer et chanter une simple bague ou une pièce de monnaie, que l'on pose de champ sur un morceau de plomb, après l'avoir suffisamment chauffée.

Lorsqu'un courant d'air s'échauffe et se refroidit périodiquement en un de ses points, il en résulte une suite de dilatations et de contractions alternatives qui peuvent devenir une source de vibrations sonores. C'est ce qu'on peut constater avec l'appareil de Rijke. Il se compose d'un tube de verre dans lequel est fixée (au tiers de la longueur) une petite toile métallique que l'on chauffe par une flamme d'alcool. (*fig.* 50). Quand le fil a été porté au rouge, on retire la flamme. Au bout de quelques instants d'attente, le phénomène se manifeste : un

Fig. 51. Statue de Memnon.

son plaintif, sorte de vagissement timide, semble errer autour du tube ; peu à peu, il s'enfle, s'accroît, devient très-fort ; puis, à mesure que la toile se refroidit, le son s'évanouit et le tube redevient muet. On s'assure facilement que le son est dû aux vibrations du courant d'air ascendant qui s'échauffe en passant par les mailles de la toile et se refroidit en la quittant ; en effet, il suffit d'incliner le tube dans une position horizontale pour faire cesser momentanément le son par l'interruption du courant. Il est très-probable que les sons mystérieux que la statue de Memnon rendait le matin, au lever du soleil, étaient dus à des courants d'air qui montaient dans les fentes de la pierre quand celle-ci s'échauffait aux rayons de l'aurore.

On entend quelquefois chanter une flamme de gaz quand le bec est bouché par un obstacle qui gêne l'émission du courant. Le jet, au lieu d'être continu, devient alors intermittent, et le gaz s'écoule par pulsations. Un courant d'hydrogène qui brûle dans un tube de verre peut également produire un son. Cette remarque a été le point de départ d'une série de belles expériences, dues au comte Schaffgotsch et à quelques autres physiciens. On introduit dans un tube de verre (*fig.* 52) un bec de cuivre effilé sur lequel brûle une petite flamme de gaz. Si maintenant on donne à distance la note propre au tube de verre, l'air qu'il contient se met à vibrer, communique ses pulsations à la flamme, celle-ci s'allonge, tremble et se met à son tour à chanter toute seule. On la fait taire en appliquant le doigt sur l'orifice du tube ; pour la faire résonner de nouveau, il suffit d'un autre appel de la voix ; mais il faut rencontrer la note juste, sans quoi la flamme ne répond point. Avec quatre flammes et quatre tubes, on peut composer un petit buffet d'orgue qui tient l'accord parfait *do mi sol*

Fig. 52.

do aussi longtemps qu'on le veut, une fois qu'on lui a donné le ton. Quelquefois il arrive aussi que la flamme se mette à chanter spontanément, si sa pointe est placée en un point déterminé du tube.

Il est facile de s'assurer que le son des *flammes chantantes* est produit par une pulsation du gaz qui brûle dans le tube. La flamme passe alternativement du jaune au bleu suivant l'abondance plus ou moins grande du gaz qui vient alimenter la combustion. Il suffit de remuer la tête à droite et à gauche pour voir la flamme sonore se dissoudre en une série d'images bleues et blanches qui, étant reçues en différents points de la rétine, ne se confondent plus pour l'œil. On obtient le même résultat en promenant rapidement devant les yeux une lorgnette de spectacle. Le meilleur moyen de séparer les apparences successives de la flamme est cependant fourni par le miroir tournant. C'est un miroir à deux, trois ou quatre faces, auquel on donne un mouvement de rotation autour d'un axe vertical. Il fait paraître à chaque instant la flamme dans une autre direction, et il en résulte qu'elle dessine un ruban lumineux, continu tant qu'elle reste calme, mais qui se résout en un chapelet de perles brillantes aussitôt que la flamme commence à vibrer. C'est une succession de petites étoiles, suivies de taches lumineuses d'un bleu riche comme celui des becs de gaz sur lesquels souffle le vent; les taches se terminent par des espaces complétement noirs, ce qui semble indiquer que la flamme s'éteint momentanément pour se rallumer aussitôt après.

On peut encore étudier les flammes sonores à l'aide d'un disque tournant, percé d'une série circulaire de trous. Un corps vibrant que l'on regarde à travers un appareil de ce genre (nommé *stroboscope*) semble ralentir ses mouvements ; c'est comme si l'on avait un microscope pour grossir le temps.

Le mouvement vibratoire est un mouvement de va-et-vient qui se reproduit à des intervalles égaux, dans un rhythme uniforme. Nous en connaissons un exemple très-remarquable : les oscillations du pendule. Écarté de sa position de repos, le pendule tend aussitôt à y revenir ; la pesanteur l'entraîne. Il tombe ; mais en tombant, il acquiert une certaine vitesse et il dépasse le but. On le voit remonter du côté opposé aussi haut que le point d'où il est parti. Il ne peut pas aller plus loin, car la pesanteur le tire en arrière pendant qu'il monte, et détruit ainsi peu à peu sa vitesse, qui finit par être nulle comme au moment où on l'avait lâché. Alors le pendule se trouve exactement dans les mêmes conditions qu'au premier moment; le même jeu recommence en sens inverse, il redescend, repasse par la position d'équilibre avec la vitesse maximum, et remonte à son point de départ, où il arrive avec une vitesse nulle.

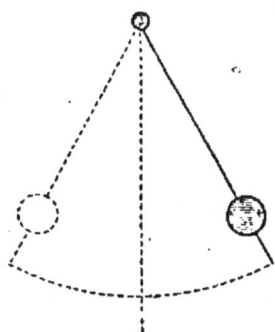

Fig. 55. Pendule.

Alors il a exécuté une *oscillation complète*, aller et retour, ou deux oscillations simples de sens contraires. Si rien ne l'arrête, il continue indéfiniment de se promener ainsi des deux côtés de la verticale, comme une sentinelle devant sa guérite ; mais la résistance de l'air, le frottement du fil au point de suspension et d'autres causes encore diminuent peu à peu l'amplitude des oscillations et ramènent finalement le pendule au repos. Toutefois, on constate que toutes les oscillations s'achèvent dans un temps constant. Un pendule long d'un mètre fait une oscillation simple en une seconde [1].

La force qui entretient le mouvement du pendule est la gravité. Les vibrations des corps sonores sont en général entretenues par une autre force, l'élasticité. Comme celles du pendule, elles finissent par s'éteindre sous l'action des résistances diverses qu'elles rencontrent ; comme celles du pendule, elles se reproduisent après des intervalles de temps constants : elles sont *isochrones*. Les durées de vibration des sons perceptibles varient entre un dixième et un trente-millième de seconde.

Quant à la nature particulière de ces mouvements vibratoires qui donnent naissance à des sons, ils peuvent être de différentes sortes. Dans l'air, ce sont des condensations et des dilatations alternatives. Une tige prismatique peut se contracter et se dilater dans le sens de sa longueur, ou bien se ployer et se reployer transversalement, ou enfin exécuter des vibrations tournantes. Dans les liquides, les vibrations forment des ondes.

Quand le son se propage, les molécules vibrantes ne changent pas sensiblement de place, elles se bornent à osciller autour de leurs positions d'équilibre, et le

---

[1] D'après un célèbre professeur allemand, la marche est aussi un mouvement pendulaire. Son frère veut que ce soit une contraction musculaire. En conséquence, les deux professeurs ont adopté chacun un système de marche particulier : l'un pose le pied, l'autre le laisse tomber ; on les reconnaît de loin à leur démarche doctrinaire.

mouvement seul se transmet à distance. C'est ainsi que
l'eau se déplace à peine pendant qu'une onde ordinaire
en parcourt la surface. Pour nous en convaincre, jetons
une pierre dans une nappe d'eau tranquille. Autour
du point d'ébranlement, nous verrons naître des bourrelets concentriques qui iront se propager jusqu'au rivage en décrivant des cercles de plus en plus larges.
Sur leur route, ils rencontrent une foule de corps flottants : morceaux de bois, feuilles tombées, brins de
paille. Ces corps, tout légers qu'ils soient, ne sont point
entraînés ; on les voit se soulever à l'approche d'une
onde et descendre un instant après, quand elle s'éloigne,
mais ils ne changent pas de situation d'une manière
perceptible. Ce n'est donc pas une onde matérielle qui
est transportée à la surface de l'eau : ce qui se transmet de proche en proche, c'est la secousse et la défor-
mation qui en résulte. Le bourrelet mobile se dissout
à chaque instant et, à chaque instant, se reforme un
peu plus loin avec des molécules nouvelles qui à leur
tour ne tardent pas à rentrer au repos. Imaginons maintenant, au lieu d'une seule pierre qui s'enfonce, une
suite de pierres qui tombent l'une après l'autre au
même point, à intervalles réguliers ; les ondes qu'elles
excitent iront frapper le rivage dans une succession
tout aussi régulière, mais toujours sans entraîner bien
loin les molécules d'eau qu'elles font monter et descendre dans un va-et-vient continuel, et qui se transmettent de proche en proche l'impulsion reçue. Cela
se passe comme dans une file d'ouvriers qui vont en relais
avec des brouettes alternativement vides et pleines.

D'après les belles expériences des frères Ernest-Henri

et Guillaume Weber, les molécules liquides décrivent ordinairement des cercles pendant qu'une onde se propage dans la masse. Supposons, pour fixer les idées, que chaque molécule fasse un tour entier dans le temps que l'onde emploie pour aller du point 0 jusqu'au point marqué 12 dans la figure 54 ; elle fera un douzième de

Fig. 54. Ondulations de l'eau.

tour toutes les fois que l'onde franchira un des douze intervalles compris entre les points 0 et 12.

Au moment où l'onde sera arrivée au point 3 (*fig.* 55),

Fig. 55. Quart d'ondulation.

la molécule 0 aura déjà eu le temps d'accomplir 3/12 ou 1/4 de tour, la suivante 2/12 ou 1/6 de tour ; la troisième, qui porte le numéro 2, aura fait 1/12 de tour, et la quatrième (3) ne fera que commencer sa danse. A ce moment, la molécule 0 sera arrivée au point le plus bas de sa course et devra remonter du côté opposé.

La figure 56 représente la situation des molécules au

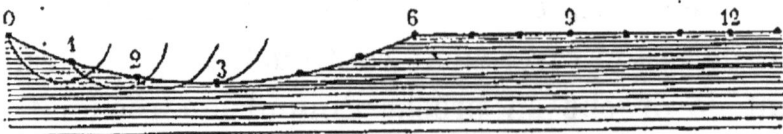

Fig. 56. Demi-ondulation.

moment où l'onde est arrivée au point 6, la molécule 0

ayant exécuté un demi-tour, la molécule 3 un quart de tour, etc. C'est maintenant 3 qui est au point le plus bas de son orbite, pendant que 0 est remontée au niveau de la surface générale. Entre 0 et 6 est un *val*.

Dans la figure 57, la première molécule a décrit les

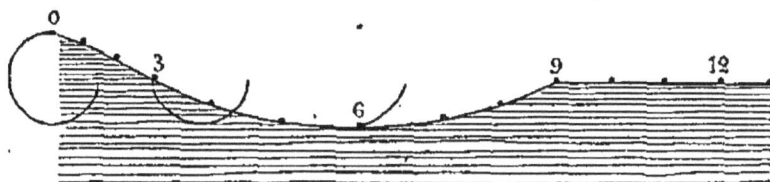

Fig. 57. Trois quarts d'ondulation.

3/4 d'une circonférence, et se trouve au point culminant de sa course, la molécule 3 a fait un demi-tour et est remontée au niveau moyen, toute la file depuis 3 jusqu'à 9 forme un val d'ondulation comme précédemment la file comprise entre 0 et 6.

Enfin, dans la figure 58, le val s'est encore déplacé

Fig. 58. Ondulation complète.

de trois points, il se trouve entre 6 et 12 ; le point 3 est maintenant au sommet de sa course, pendant que le point 0, ayant décrit une circonférence entière, est revenu à sa position primitive. Entre 0 et 6, il y a un *mont* ou une crête. L'ensemble de cette élévation et de la dépression qui s'étend de 6 à 12, forme une onde entière, et l'intervalle qu'elle remplit se nomme une *longueur d'onde.* On remarquera que dans le fond du val les molécules se sont écartées les unes des autres, tandis que vers le sommet du mont elles se resserrent.

Les mêmes alternatives se renouvellent ensuite à intervalles de temps égaux. Quand la molécule 0 a exécuté pour la seconde fois un tour entier, la molécule 12 en a exécuté un pour la première fois, il y a une onde complète entre 0 et 12 et une autre entre 12 et 24 (*fig.* 59). Quand la molécule 0 a fait trois tours, les ondes se sont propagées jusqu'au point 56, lorsqu'elle

Fig. 59. Ondulations de l'eau.

a fait quatre tours, les ondes sont arrivées au point 48, et ainsi de suite. Pendant chaque oscillation complète, la tête avance d'une longueur d'onde.

Au lieu de décrire des cercles, les molécules peuvent aussi parcourir des ellipses, et ces ellipses peuvent s'allonger jusqu'à se transformer en lignes droites. Les particules liquides ne font plus alors que monter et descendre dans leur verticale, elles exécutent de simples *vibrations transversales*, comme on les observe dans les cordes, dans les plaqués, les membranes, etc. La forme générale de l'onde reste la même, seulement le *val* et le *mont* deviennent symétriques, l'un est toujours l'inverse de l'autre, comme le montrent les courbes suivantes (*fig.* 60), qui représentent la progression d'une vibration transversale. Telles sont aussi les ondulations de l'éther qui produisent la lumière.

Si les orbites des molécules, au lieu de devenir des

lignes droites verticales, se transformaient en lignes droites horizontales (la propagation de l'onde étant toujours supposée horizontale), on aurait des *vibrations*

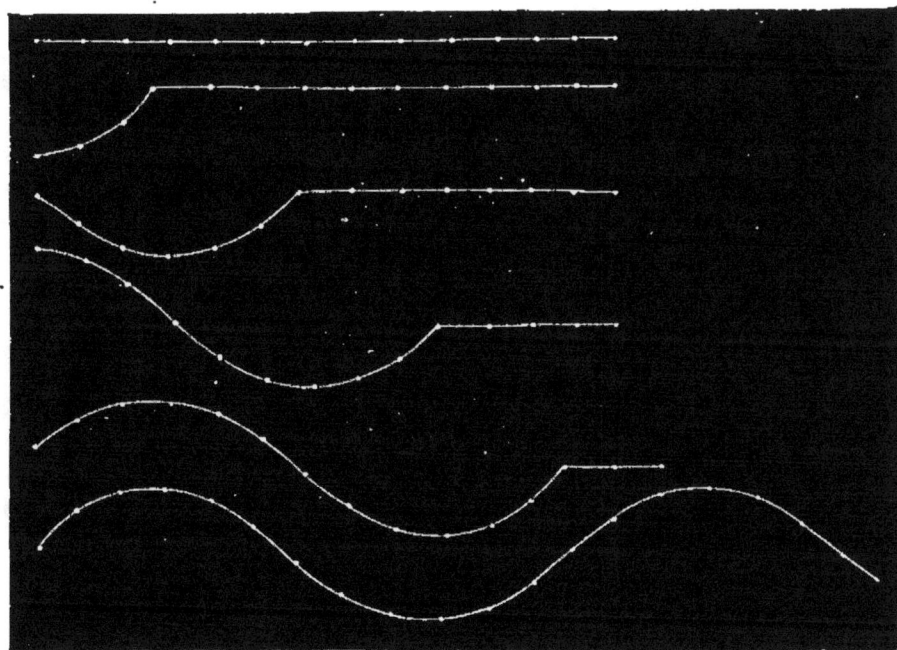

Fig. 60. Progression d'une vibration transversale.

longitudinales analogues à celles des corps gazeux. Les molécules ne font alors que s'écarter et se rapprocher tour à tour, d'où il résulte des dilatations et des compressions alternatives, comme on peut le voir dans les courbes de la figure 61, qui représentent la progression d'une onde longitudinale.

Dans les corps de forme cylindrique, on peut encore observer une autre classe de vibrations : les vibrations de torsion ou *vibrations tournantes*. Les molécules oscillent alors circulairement autour de l'axe du cylindre, et le mouvement se propage de la même manière que dans les autres cas : chaque molécule commence son excursion

un peu plus tard que celle qui la précède immédiatement, et il en résulte qu'elle reste constamment en retard sur cette dernière pendant toutes les phases des

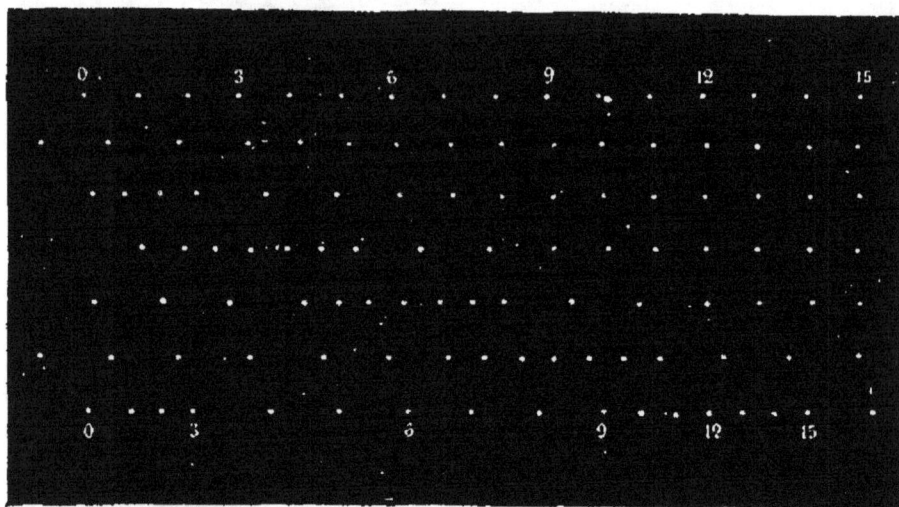

Fig. 61. Progression d'une vibration longitudinale.

oscillations qu'elles accompliront l'une et l'autre. C'est
comme si chaque phase du mouvement de la première
molécule se transmettait successivement à toute la
file. Dans les vibrations transversales, nous voyons le
sommet de l'onde se déplacer et voyager le long de la
corde (fig. 60) ; dans les vibrations longitudinales,
ce sont les compressions et les dilatations qui se transmettent de proche en proche (fig. 61).

Telle est la propagation des *ondes progressives* dans
un milieu indéfini. C'est de cette manière que le son
est transmis dans l'air libre, que la lumière se propage
dans l'éther, que les ondulations se succèdent dans une
nappe d'eau illimitée. On peut aussi observer ces ondes
progressives dans un long tube de caoutchouc fixé par

un bout et dont on tient l'autre bout à la main; un petit coup frappé à cette extrémité détermine une onde transversale qui parcourt en serpentant toute la longueur du tube et y forme les replis indiqués dans la figure 60; on peut la faire suivre d'une onde semblable en frappant de nouveau sur l'extrémité du tube au moment où elle rentre au repos, puis d'une troisième et d'une quatrième onde, et ainsi de suite jusqu'à ce que la première ait atteint le mur contre lequel le tube est fixé. A partir de cet instant, le phénomène change d'aspect : les ondes ne pouvant plus avancer sont obligées de revenir en arrière, et les premières qui reviennent se croisent avec les dernières qui arrivent. Il en résulte ce qu'on appelle des *ondes fixes*.

Les ondes fixes caractérisent les vibrations sonores des corps élastiques, soit qu'ils rendent les sons qui leur sont propres, soit qu'ils résonnent seulement sous l'influence de chocs périodiques. Voici comment ces ondes se distinguent des ondes progressives. Tandis que, dans celles-ci, les molécules entrent en vibration l'une après l'autre, dans les ondes fixes elles vibrent toutes à la fois et passent ensemble par les positions d'équilibre. Ces ondes ne voyagent pas : elles naissent, meurent et ressuscitent toujours sur place.

Cette transformation est due à l'intervention d'ondes réfléchies. Les lois qui président à ces phénomènes sont assez compliquées; pour nous en faire une idée, considérons ce qui se passe lors du choc de deux masses élastiques. Soient A, B deux billes d'ivoire suspendues à deux fils parallèles; soulevons la bille A et laissons-la retomber contre la bille B. Si les masses sont égales (*fig.* 62, I), A restera en repos après le choc, cédera toute sa vitesse à B, et B sera lancée en avant. Si la bille A est plus grosse que B (*fig.* 62, II), elle dépassera la verticale avec une vitesse un peu amoindrie, en chassant la petite bille devant elle. Enfin, si A est plus petite que B (*fig.* 62, III), elle reviendra en ar-

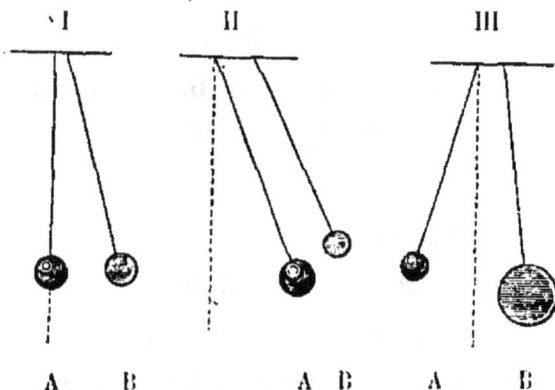

Fig. 62. Choc des billes élastiques.

rière avec une vitesse plus ou moins considérable. Plus la résistance opposée par la masse B est grande, plus la réflexion est énergique.

Les choses se passent d'une manière analogue lorsqu'une vibration se propage dans un milieu élastique. Les billes A, B de la figure I représentent deux molécules voisines qui se transmettent une onde progressive ; B reçoit toute la vitesse de A, et A rentre au repos jusqu'à ce qu'une nouvelle impulsion vienne l'ébranler. Mais si A et B sont pour ainsi dire les colonnes limitrophes de deux milieux de densités différentes, nous tombons dans l'un des deux cas représentés par les figures II et III. Si, par exemple, le milieu B est moins résistant que le milieu A, la molécule A *glissera* en avant, tout en communiquant à B

10

une vitesse dirigée dans le même sens (*fig.* II). Si, au contraire, le second milieu est plus résistant que le premier, si par exemple, B représente un obstacle fixe, la molécule A reviendra en arrière, et B sera à peine ébranlé.

Or qu'aviendra-t-il dans ces deux cas? la molécule A n'étant pas rentrée au repos, deviendra une source de mouvement pour toute la file de molécules situées derrière elle. Il en résultera une onde réfléchie qui transportera en arrière le mouvement conservé en A, lequel sera, ou bien de même sens que celui dont A était animé avant le choc (*fig.* II), ou bien de sens contraire (*fig.* III).

Ces comparaisons serviront au moins à donner une idée approximative des phénomènes qui accompagnent la réflexion d'une onde sonore. Le premier cas, celui de la figure II, représente la réflexion d'un son à l'intérieur d'un corps solide qui vibre dans l'air, A étant un point d'une surface libre et B une molécule d'air.

Une réflexion de la même nature a lieu à l'extrémité d'un tuyau plein d'air qui s'ouvre dans l'atmosphère, car l'air ambiant pouvant se dilater librement, représente un milieu moins résistant que l'air intérieur. Le son qui sort de la bouche d'un tuyau ouvert se réfléchit donc partiellement sur l'air extérieur et rentre dans le tuyau. Ce résultat, indiqué par la théorie, peut se vérifier par l'expérience : à l'extrémité d'un tuyau ouvert très-long, il se forme un écho très-perceptible. Biot a observé que les sons lui revenaient jusqu'à six fois lorsqu'il parlait à l'une des extrémités du conduit de fonte de 951 mètres qui forme l'aqueduc d'Arcueil.

Le cas de la figure III est celui de la réflexion ordinaire sur les obstacles fixes. C'est de cette manière que le son se réfléchit à l'intérieur d'un tuyau fermé, aux extrémités d'une corde fixée par ses deux bouts, etc.

Une construction facile, mais qui nous mènerait trop loin, montre que dans les deux cas les ondes directes et les ondes réfléchies se combinent de manière à produire des *ondes fixes*, séparées par des points de repos qu'on appelle des *nœuds*.

Les molécules comprises entre deux nœuds consécutifs forment ce qu'on nomme une *onde simple*[1]; animées d'un mouvement commun, elles s'élancent toutes ensemble dans un sens, pour revenir ensemble en sens contraire. Le centre de chaque onde est le siége d'un *ventre de vibration*. C'est là que l'agitation est à son maximum ; du ventre aux nœuds elle diminue, l'amplitude des excursions décroît, et tout mouvement s'éteint dans les nœuds.

Les molécules de deux ondes contiguës vibrent toujours en sens opposés ; si elles montent d'une part, de l'autre elles descendent, et *vice versa* (*fig.* 65); si, d'un côté, elles s'éloignent ou se rapprochent du nœud qui sépare les deux ondes, elles s'en éloignent ou s'en rapprochent également de l'autre côté.

L'intervalle de deux nœuds ou de deux ventres consécutifs est une *longueur d'onde* simple ; le double représente ce qu'on appelle une longueur d'onde entière. Ajoutons que la longueur d'une onde fixe est égale à

---

[1] L'onde *simple* équivaut à la moitié d'une onde *complète* ou *double*, comme la *vibration simple* est la moitié d'une *vibration complète* ou *vibration double*.

celle d'une onde progressive; c'est la quantité dont
celle-ci avance pendant le temps que dure une vibra-

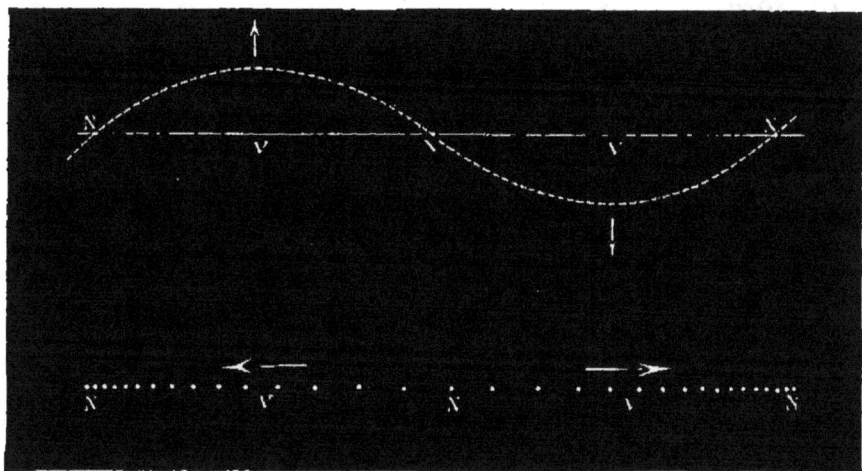

Fig. 65. Nœuds et ventres.

tion; en d'autres termes, c'est l'espace que le son
parcourt pendant ce temps [1]. Ainsi, lorsqu'une vibration dure un millième de seconde, la longueur
d'onde correspondante est de 35 centimètres si le son
se propage dans l'air, de 143 centimètres dans
l'eau, etc., puisque ces nombres représentent les espaces qu'il parcourt dans ces différents milieux pendant un millième de seconde.

Dans la réflexion par un obstacle fixe, il se forme
un nœud contre cet obstacle même, puisque le choc
direct et le choc réfléchi, étant de sens contraires, se
détruisent toujours. On rencontre donc des nœuds

---

[1] Une longueur d'onde simple correspond à une vibration simple
comme une longueur d'onde double (ou entière) correspond à une vibration double (ou complète). On emploie tantôt l'une, tantôt l'autre de ces
quantités; il s'agit seulement de ne pas les confondre.

dans les points par lesquels un corps sonore est soutenu : aux extrémités d'une corde tendue, aux points
où une plaque est pincée par les mâchoires d'un
étau, etc. La disposition des autres nœuds dépend de
la forme du corps sonore et du son qu'il rend ou qui
s'y propage.

Un corps élastique quelconque peut en général
transmettre tous les sons qui le frappent ; mais la
résonnance est loin d'avoir toujours la même intensité. Elle n'est forte que lorsque les nœuds des ondes
fixes qui résultent des réflexions intérieures du son
affectent certaines dispositions régulières ; et dans ce
cas, elle persiste encore quand la cause extérieure qui
la produisait a déjà cessé d'agir. Les sons qui développent dans un corps cette résonnance exceptionnelle sont précisément ceux qu'il
rend lorsqu'il est ébranlé par un choc
mécanique ; en d'autres termes, ce sont
les sons propres à ce corps. Tout autre
son n'y rencontre qu'un écho affaibli.

Considérons les vibrations fixes de
quelques corps sonores, et cherchons la
disposition des nœuds qui caractérisent
leurs sons spécifiques ; prenons d'abord
une corde tendue par ses deux bouts. Dans
ce cas, il y a un nœud à chaque extrémité,
puisque les extrémités sont immobiles ;
en outre, il pourra y avoir un nombre
quelconque de nœuds échelonnés d'un

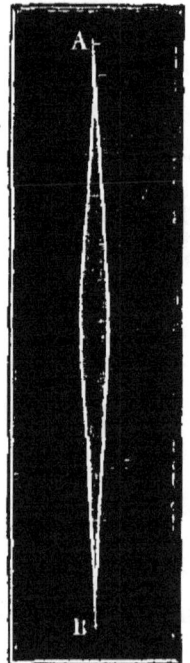

Fig. 64.

bout à l'autre de la corde. Si elle vibre transversalement à toute portée (*fig.* 64), tous ses points décriront

simultanément des orbites semblables, mais de dimensions différentes ; le centre de la corde décrira l'orbite la plus spacieuse. Cette orbite pourra être une ligne droite verticale ou horizontale, une ellipse, un cercle ou une autre courbe, selon le mode d'ébranlement employé pour produire les vibrations. Si c'est une ligne droite, la corde vibre dans un plan ; si c'est un cercle, elle semble former un fuseau conique.

Pour la faire vibrer avec trois nœuds, on n'a qu'à toucher légèrement avec le doigt le milieu C (*fig*. 65), en

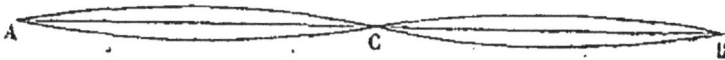

Fig. 65.

attaquant avec l'archet l'une des deux moitiés ; la corde se divise alors en deux concamérations, séparées en C par un nœud, et qui vibrent en sens contraires. En posant les doigts convenablement, on obtient de même trois, quatre, cinq,... concamérations (*fig*. 66), et à chaque mode de division correspond un autre son de la corde.

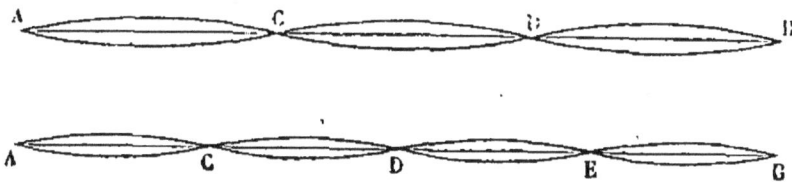

Fig. 66.

On peut constater l'immobilité des points de partage en y plaçant des chevrons de papier ; on les voit rester parfaitement tranquilles tant qu'ils sont sur un nœud ; en tout autre point ils sont désarçonnés.

En frottant la corde dans le sens de sa longueur avec

les doigts enduits de colophane, on y détermine des vibrations longitudinales, qui consistent en dilatations et contractions alternatives. Lorsqu'il n'y a que deux nœuds, aux extrémités A, B (*fig.* 67), la moitié AC se dilate pendant que BC se contracte, et *vice versa*; le milieu

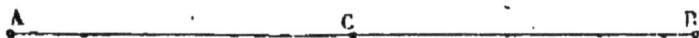

A———————————————C———————————————B

Fig. 67.

C devient un ventre de vibrations, où le mouvement de translation est à son maximum, mais où la densité ne change pas; dans les nœuds A, B, au contraire, la densité change le plus et le mouvement est nul. Il ne saurait en être autrement, car si la tranche C se déplace plus que toutes les autres, elle talonne celles qui sont en avant et les force à se comprimer; en même temps elle distance celles qui sont en arrière, et celles-ci, pour la suivre, s'écartent de plus en plus.

Maintenant, la corde pourra encore se subdiviser en concamérations d'égale longueur, séparées par des nœuds (*fig.* 68), qui deviendront les centres de com-

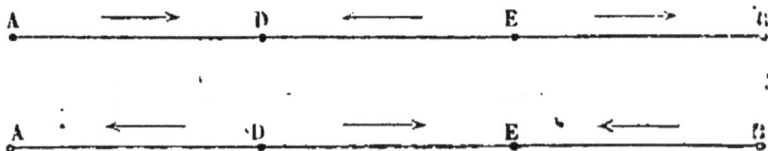

A———→———D———←———E———→———B

A———←———D———→———E———←———B

Fig. 68.

pressions et de dilatations successives. Des deux côtés d'un même nœud, les mouvements des molécules sont toujours dirigés en sens contraires; il y a compression quand le nœud devient le point de concours de deux files qui se rapprochent, dilatation lorsqu'il est le point de départ de deux files qui s'écartent.

Il doit arriver assez souvent qu'une corde soit agitée à la fois par des vibrations longitudinales et par des vibrations transversales plus ou moins compliquées, auxquelles pourraient encore s'ajouter des vibrations de torsion ou tournantes[1]. Chaque molécule décrit alors une orbite en forme de spirale bizarrement contournée. Si on se figure une pauvre corde de violon, houspillée par l'archet frénétique d'un virtuose qui tour à tour la caresse, la frappe, la pince, la tiraille, on ne s'étonnera pas de lui voir exécuter des courbes échevelées comme la fantaisie d'aucun géomètre ne les a rêvées.

Pour faire vibrer transversalement une lame prismatique, on peut la fixer en un de ses points ou la poser horizontalement sur les tranches de deux cales triangulaires. On observe alors une série de ventres et de nœuds dont la distribution dépend de la manière dont la verge est soutenue. Une règle générale, c'est qu'il y a toujours des ventres aux extrémités libres, et des nœuds aux points qui ont été fixés. Les nœuds se montrent sous la forme de lignes droites qui traversent la pièce dans toute sa largeur, et qu'on rend visibles en jetant du sable sur la verge pendant qu'elle vibre : les grains de sable, repoussés par les ventres, où le tumulte est à son comble, viennent se réfugier dans les nœuds, qui leur offrent un asile tranquille, et s'y grou-

---

[1] Une corde ne peut vibrer en travers sans s'allonger un peu, et cet allongement doit occasionner des vibrations longitudinales. Le son longitudinal est quelquefois très-reconnaissable dans le *la* du violoncelle, c'est le son que les musiciens appellent un *canard*.

pent en fines lignes droites, les lignes de repos ou *no-dales* (*fig* 69).

Les fourchettes d'acier qu'on appelle diapasons appar-

Fig. 69.

tiennent à la catégorie des lames prismatiques ; elles vibrent de telle sorte qu'il y ait deux ventres aux extrémités des branches, qui se rapprochent et s'écartent alternativement, deux nœuds tout près de la base (*fig.* 70), et un troisième ventre au milieu, au fond même de la fourchette. Ce ventre du fond fait monter et descendre la tige, de sorte que si on l'appuie sur une planchette de bois, elle fait résonner celle-ci par des chocs incessants.

Les vibrations longitudinales des tiges cylindriques ou prismatiques développent une force extraordinaire. Savart, ayant fixé dans un étau une verge de laiton de $1^m,40$ de longueur et de $0^m,035$ de diamètre, plaça

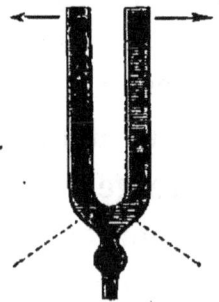

Fig. 70.

vis-à-vis de l'extrémité libre un sphéromètre qu'elle ne touchait pas pendant le repos, mais qu'elle venait frapper à chaque dilatation. Les chocs s'entendaient encore quand on éloignait le sphéromètre de 6 dixièmes de millimètres ; la variation totale de la longueur de la tige (dilatation et contraction) était donc au moins le double, ou égale à $1^{mm},2$. Il aurait fallu suspendre un poids de 1,700 kilogrammes à l'extrémité

de la tige pour l'allonger de cette quantité! Cela montre
que, pendant ses vibrations longitudinales, un fil de fer
est soumis à des tractions formidables qui peuvent devenir assez fortes pour le rompre. Aussi, lorsqu'un poids
est trop faible pour briser un fil métallique ou même
pour y déterminer un allongement permanent, on obtient
souvent l'un ou l'autre de ces résultats en faisant vibrer
le fil dans le sens de sa longueur pendant qu'il porte le
poids en question. C'est pour cette raison qu'il faut
toujours éviter de faire osciller régulièrement les chaînes des ponts suspendus. En Amérique, et en d'autres
pays où l'on a construit de grands ponts suspendus
pour les chemins de fer, on défend d'y laisser passer
des compagnies de soldats ou des troupeaux de bêtes
qui marchent en cadence, parce que l'on craint que
les chaînes ne se mettent à vibrer.

Pour faire vibrer transversalement une plaque de métal, de bois ou de verre, on l'ébranle par un archet sur
un point de son contour. Le moyen le plus simple de la
maintenir horizontale pendant cette opération consiste à
la prendre entre le pouce et l'index si elle est assez petite pour cela, ou à la faire reposer sur trois doigts si
elle est grande. Le procédé le
plus commode est cependant de
fixer à l'aide de quatre vis de
pression garnies de liége (*fig.* 71),
quatre points par lesquels on

Fig. 71. Serre-plaque.

veut faire passer des nodales. On ébranle là plaque avec
l'archet, que l'on promène verticalement sur le bord. Un
moyen barbare, employé par beaucoup de professeurs
de physique, consiste à piquer les plaques sur des tiges

verticales, comme on pique des scarabées sur des épingles.

Si avant ou pendant qu'on les ébranle, on saupoudre les plaques de sable fin, très-sec, on voit les grains de sable d'abord sautiller tumultueusement, puis enfin venir se ranger en figures régulières et symétriques.

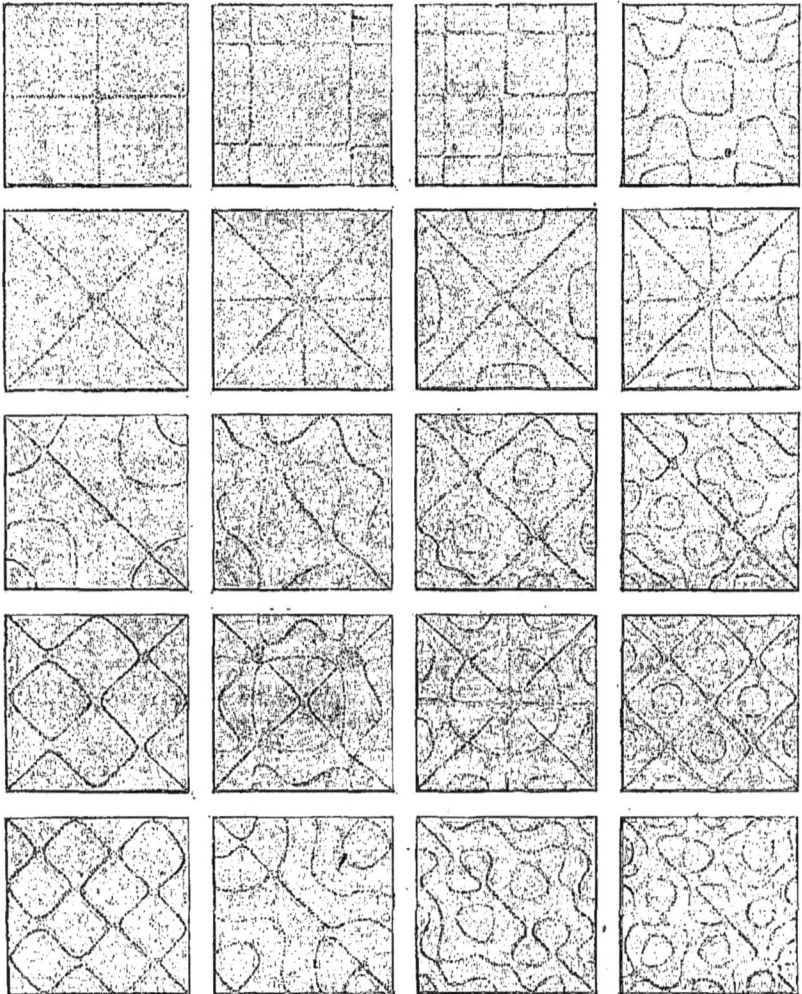

Fig. 72. Figures de Chladni.

Ce sont les lignes *nodales* de la plaque ; elles marquent les endroits où les vibrations sont nulles, où il y a re-

pos. Chaque nodale sépare deux concamérations où les
mouvements ont des directions opposées ; si la surface
se gonfle dans l'une, elle se creuse dans l'autre, et *vice
versa*. Les figures (72-73) représentent quelques-unes
des nodales qui s'observent sur des plaques carrées,
circulaires, triangulaires, polygonales, etc.

Fig. 73. Figures de Chladni.

Ces charmants phénomènes furent découverts et pu-
bliés vers 1787 par Ernest-Florens-Frédéric Chladni,
docteur en droit et en philosophie, qui passa la plus
grande partie de sa vie à donner des représentations
d'acoustique dans les villes d'Allemagne, de France et
d'Italie, où le conduisait son humeur vagabonde. C'est à
lui aussi qu'on doit le premier catalogue d'aérolithes
et l'affirmation précoce de leur origine extra-terrestre.

Les *figures de Chladni* ont longtemps exercé la saga-
cité des savants ; on les considérait comme une énigme

insoluble. Savart s'en est beaucoup occupé; comme d'habitude, il ne fit qu'embrouiller davantage un sujet déjà fort obscur. La seule chose utile qu'il trouva, c'est

Fig. 74. Chladni.

une découverte que fit son aide : en remplaçant le sable par de la poudre de tournesol et en appliquant sur les figures qui prennent naissance une feuille de papier humecté, on peut les imprimer en rouge et en conserver les dessins capricieux.

Les timbres, cloches, verres, etc., vibrent avec des nodales qui divisent la surface comme des coutures. On les constate en versant dans l'intérieur de la cloche ou du verre un liquide qui est projeté vis-à-vis des ventres et reste immobile au contact des nœuds. On peut aussi découvrir les nœuds en approchant de la surface

vibrante un petit pendule, c'est-à-dire une bille suspendue à un fil; quand la bille reste en repos, on est sur
un nœud.

Les membranes formées par des peaux que l'on tend
sur un tambour, ou par des feuilles de papier ou de
collodion collées sur des cadres, se divisent en concamérations comme les plaques, et l'on peut observer leurs
grimaces en les saupoudrant de sable fin et très-sec.

Grâce à sa flexibilité, une membrane un peu mince
résonne d'ailleurs facilement sous l'impression d'un son
quelconque. Le tympan de l'oreille nous en offre un
exemple frappant. Dès lors, pour découvrir l'emplacement des nœuds et des ventres dans une colonne
d'air qui vibre, on peut se servir de l'oreille ou bien
d'un petit tambour couvert de sable.

Nous avons déjà dit que les vibrations de l'air sont
des vibrations *longitudinales*. Dans les ventres il y a
agitation, sans changement de densité; dans les nœuds,
calme complet, avec des alternatives de compression et
de dilatation. La trépidation de l'air dans les ventres
se communique à une membrane si elle est frappée
perpendiculairement; les compressions et dilatations
qui ont lieu dans les nœuds la font vibrer si elles n'a-
gissent que d'un seul côté. L'oreille est surtout sensible aux changements de densité des nœuds.

Les *flammes de Kœnig*, dont nous parlerons plus
loin, permettent d'utiliser cette propriété des membranes pour rendre visibles les changements de densité
de l'air. Ce sont des flammes nourries par un courant
de gaz qui palpite sous la pression périodique d'une
membrane insérée dans la paroi du conduit. Observées

dans un miroir tournant, elles offrent l'aspect d'une
série de languettes séparées par des espaces noirs dont
la distribution dépend de la nature des vibrations sonores.

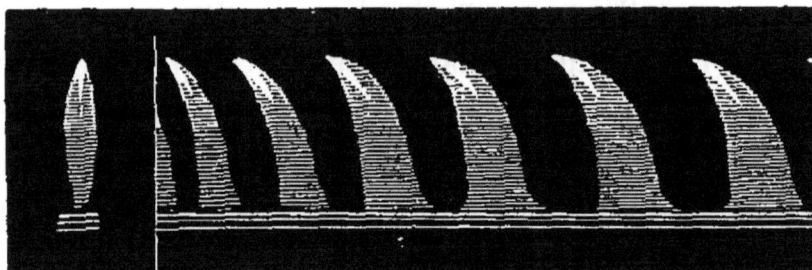

Fig. 75.

Un admirable moyen d'étudier les vibrations des
corps sonores nous est fourni par la méthode graphique
ou *phonographie*, dont la première idée vient de
Guillaume Weber.

Supposons qu'un pendule terminé par une pointe
fasse des oscillations assez peu étendues pour que sa
pointe ne quitte jamais une feuille de papier horizontale, couverte de noir de fumée. Il est évident que la
pointe creusera dans la poussière noire un sillon blanc
qu'elle parcourra alternativement de droite à gauche
et de gauche à droite. Mais si on tire la feuille d'avant
en arrière, à chaque instant la pointe rencontrera le
papier à la hauteur d'un autre sillon parallèle au premier, et au lieu d'une ligne droite, elle y tracera une
courbe sinueuse à replis serpentants.

Il en sera de même si, à la place du pendule, on
substitue une tige vibrante devant laquelle on fait
glisser une plaque de verre noirci. Si la tige est armée
d'une pointe fine et flexible, elle tracera sur le verre

une série de zigzags dont chacun représentera une vibration.

Au lieu d'une plaque que l'on fait glisser entre deux coulisses, il est plus commode d'employer un cylindre tournant (*fig.* 76), sur lequel on colle une feuille de papier noircie à la flamme d'une lampe. Quand le tracé est fait, on décolle le papier et on le trempe dans un bain d'alcool; le noir de fumée se fixe alors, et l'épreuve peut se conserver indéfiniment.

Pour *faire écrire* un diapason, on plante sur l'une des branches, avec un peu de cire rouge, une pointe de cuivre ou un fragment de tuyau de plume. Pour obtenir le tracé des vibrations d'une membrane, il faut également commencer par l'armer d'une pointe quelconque : ce sera une barbe de plume, un crin, une soie de porc, un fragment de clinquant,

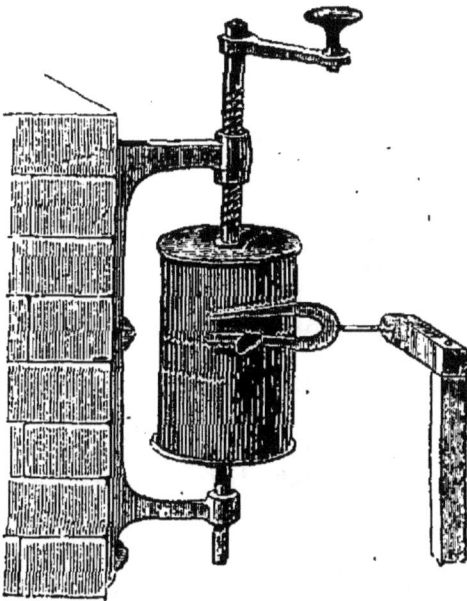

Fig. 76.

que l'on fixera debout sur la membrane avec une goutte de cire d'Espagne. On observe la direction dans laquelle vibre le style, et on l'approche du cylindre de manière que les oscillations soient parallèles à l'axe de celui-ci. Quand la membrane est en repos, si on fait tourner le rouleau, la pointe y décrit une hélice régulière et très-fine; mais dès que la membrane vibre, l'hélice est tremblée, et chaque sinuosité correspond à

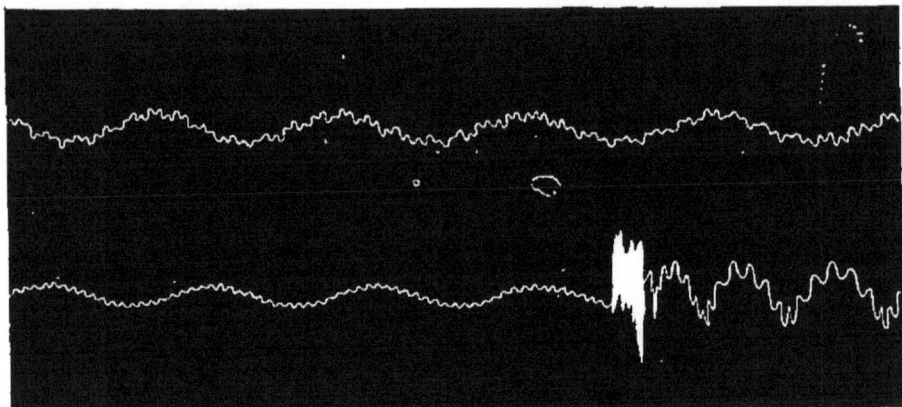

Fig. 77.

une oscillation du corps sonore. La figure 77 représente diverses courbes obtenues par un de ces moyens.

M. Léon Scott a eu l'idée ingénieuse de se servir d'une membrane, disposée comme il vient d'être dit, pour se procurer un tracé visible des vibrations de la voix ou d'un autre son quelconque transmis par l'air. C'est là le principe de l'instrument que M. Kœnig construit sous le nom de *phonautographe*. Une membrane, munie d'un style flexible, est tendue au bout d'une espèce de grand cornet acoustique, de forme paraboloïde; elle résonne fortement lorsqu'on chante ou que l'on fait parler un tuyau d'orgue à l'autre extrémité de l'appareil, et la pointe qu'elle porte écrit ses vibrations sur un rouleau qui avance en tournant. M. Kœnig est parvenu à écrire de cette façon un air de musique composé de sept notes; il est peu probable qu'on puisse aller plus loin et faire écrire à la membrane des choses plus compliquées, car ses tracés ne sont pas, en général, très-fidèles.

IX

HAUTEUR DES SONS

Mesure des notes. — Chladni, Mersenne, Pythagore. — Sonomètre. — Crécelle de Savart. — Sirènes. — Limites des sons perceptibles. — Étendue de l'échelle des sons musicaux. — Limites de la voix humaine.

Nous avons vu que l'origine du son doit être cherchée dans les vibrations des corps élastiques. Ces vibrations sont essentiellement *isochrones*, c'est-à-dire que la même phase revient toujours au bout du même intervalle et que chaque oscillation dure exactement le même temps que celle qui l'a précédée. Il nous sera maintenant facile de définir la *hauteur* des sons, ou ce qui distingue un son grave d'un son aigu : c'est la durée de leurs vibrations ou le nombre des vibrations qu'ils accomplissent dans l'unité du temps.

Les sons de même hauteur, quels que soient les corps sonores qui les donnent, correspondent à des nombres de vibrations égaux. Deux notes produites avec deux instruments différents, pourvu qu'elles offrent les mêmes nombres de vibrations, sont toujours à l'unisson. Lorsqu'une note nous paraît plus aiguë, plus élevée qu'une autre, c'est qu'elle résulte de vibrations plus rapides.

Pour apprécier d'une manière exacte la hauteur d'un son, il faut donc mesurer le nombre des vibrations qu'il exécute en une seconde. Un des moyens les plus simples d'y parvenir nous est fourni par la méthode graphique. On ébranle le corps sonore et on lui donne de quoi écrire : une pointe et un cylindre tournant couvert de papier noirci. A côté on dispose une chronomètre pointeur, qui a chaque seconde fait une marque sur le même cylindre. On compte ensuite le nombre de zigzags compris entre deux marques, et on a la hauteur de la note observée. Si on possède un diapason dont on connaît déjà le ton d'une manière très-précise, on peut le mettre à la place du chrono-

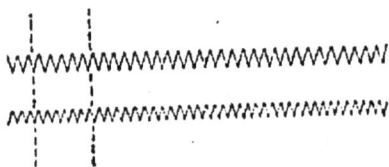

Fig. 78.

mètre ; il écrira à côté du corps sonore dont on veut compter les vibrations, et chaque sinuosité de son tracé représentera une fraction de seconde déterminée. Supposons, par exemple, que le diapason fasse régulièrement 100 vibrations par seconde, et qu'à côté de 50 de ses oscillations on en trouve 220 dans le tracé parallèle. On en conclura que le corps qui a donné ce tracé exécute 440 vibrations dans le temps que le diapason met à en accomplir 100, c'est-à-dire dans une seconde.

Chladni avait trouvé un moyen ingénieux, mais malheureusement peu exact de se procurer des corps sonores à nombres de vibrations connus, en partant d'oscillations assez lentes pour être visibles, mais trop lentes pour agir sur l'oreille. Il choisissait une règle métallique assez longue et assez mince pour qu'elle ne fît que quatre oscillations par seconde, qu'il était facile de compter montre en main. D'après la théorie, une règle d'une longueur moitié moindre devait alors donner 16 vibrations, une règle quatre fois plus courte 64, et ainsi de suite. En raccourcissant toujours la règle dans des proportions déterminées, on entrait dans le domaine de vibrations sonores. Mais ce procédé n'est bon qu'en théorie; dans la pratique il expose à de grandes erreurs.

Le P. Mersenne mesurait la hauteur des notes par la longueur de corde qu'il fallait employer pour les produire. Il avait reconnu que lorsqu'on fait vibrer deux cordes de longeur différente, mais identiques pour tout le reste et également tendues, les nombres de leurs vibrations sont toujours en raison inverse de leur longueur. Une corde de 15 pieds, tendue par un poids de 7 livres, lui donna 10 vibrations par seconde; ces vibrations étaient trop lentes pour être entendues, mais en raccourcissant la corde au vingtième de sa longueur, Mersenne obtenait un son vingt fois plus aigu, ou de 200 vibrations par secondes, qu'il prit pour point de départ de ses mesures.

C'est sur le même principe que repose l'emploi du *sonomètre* (fig. 79), instrument très-utile pour déterminer approximativement la hauteur d'une note. C'est une caisse rectangulaire de sapin dont le tablier porte deux chevalets fixes *a*, *b*, sur lesquels on tend une ou plusieurs cordes de laiton filé. Par un bout, ces cordes sont nouées à des goupilles fixes ; par l'autre, elles s'enroulent sur des chevilles que l'on fait tourner plus

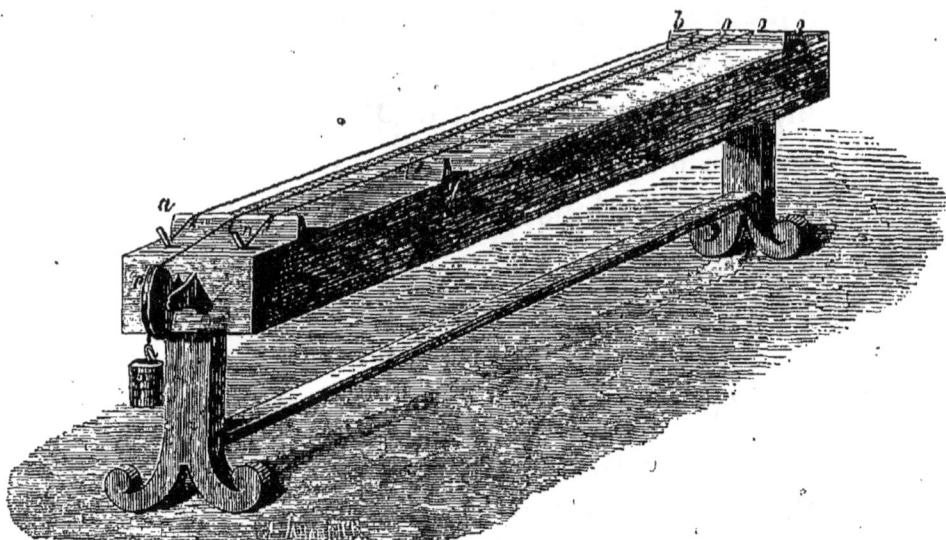

Fig. 79. Le Sonomètre.

ou moins, ou bien elles passent sur la gorge d'une poulie et on les charge d'un poids. Entre les chevalets fixes, il y a une règle divisée sur laquelle glisse un chevalet mobile g ; on s'en sert pour réduire la longueur de la première corde jusqu'à ce qu'elle soit à l'unisson de la note à déterminer ; à ce moment, on lit sur la règle la fraction de corde où l'on s'est arrêté, et un calcul fort simple donne la note qui correspond à cette fraction, pourvu que l'on connaisse la note de la corde entière. Or, celle-ci se détermine par comparaison avec un diapason, et nous verrons plus tard comment se fixe la note du diapason.

On constate avec le sonomètre que la moitié d'une corde donne l'octave aiguë de la note que rend la corde entière ; que si on la réduit aux deux tiers de sa longueur, le son monte à la quinte ; qu'en prenant

11.

les trois quarts de la corde, on obtient la quarte, etc.
Si la corde entière donne l'*ut*, ses trois quarts donneront le *fa*, les deux tiers le *sol*, la moitié l'octave de
l'*ut*, et ainsi de suite. Ces relations entre les longueurs
des cordes et les notes de la gamme n'étaient point
ignorées des pythagoriciens, mais nous pouvons les
interpréter aujourd'hui en disant que l'octave, la
quinte, la quarte sont des intervalles caractérisés par
les rapports $\frac{2}{1}$, $\frac{3}{2}$, $\frac{4}{3}$ des nombres de vibrations.

Nous dirons qu'une note est à l'octave aiguë d'une
autre si elle fait dans le même temps deux fois
autant de vibrations ; que deux notes sont à l'intervalle de la quinte, si 3 vibrations de l'une correspondent à 2 de l'autre ; qu'elles forment une quarte si
l'une fait toujours 4 vibrations pendant que l'autre en
fait 3, et ainsi de suite.

Le sonomètre permet aussi de se faire une idée juste
de la valeur de l'anecdote que l'on trouve chez beaucoup d'auteurs anciens. Un jour, disent-ils, Pythagore
passa devant une forge où travaillaient quatre forge-
rons. Il fut stupéfait de constater que les quatre marteaux qui venaient en mesure s'abattre sur l'enclume
donnaient ensemble les intervalles de la quarte, de la
quinte et de l'octave. Il les fit peser, et trouva
que leurs poids étaient entre eux comme les nombres 1, $\frac{4}{3}$, $\frac{3}{2}$, 2.

Rentré chez lui, le grand philosophe résolut de vérifier ce résultat par une nouvelle expérience. Il prit
une corde et la chargea successivement de quatre
poids qui reproduisaient exactement les rapports des
marteaux ; en vibrant sous ces quatre charges, la corde

donna quatre notes qui étaient entre elles dans les intervalles de la quarte, de la quinte et de l'octave!

Malheureusement, les notes d'une corde ne varient point en raison directe de la charge; pour obtenir l'octave, par exemple, il faut quadrupler, et non doubler le poids tenseur. Avec les quatre poids des marteaux, Pythagore n'aurait donc jamais obtenu sur sa corde les intervalles musicaux en question. Ensuite, il serait bien difficile de trouver des marteaux donnant des notes proportionnelles à leur poids : ce serait un pur hasard, une coïncidence fortuite. Enfin, il faut le dire, ce qu'on entend dans une forge, c'est moins le marteau, que la barre qui est sur l'enclume.

Les physiciens modernes ont encore appliqué à la mesure des nombres de vibrations un autre principe qui consiste à produire des sons par une suite d'impulsions périodiques émanées d'une roue dont un compteur mécanique additionne les tours. Cette idée a été d'abord réalisé par Stancari. Il prit une roue de 3 pieds de diamètre, sur le contour de laquelle il implanta deux cents pointes de fer; ainsi préparée, la roue fut fixée sur un axe horizontal et on la fit tourner avec une grande vitesse. Les pointes sifflèrent dans l'air, et la hauteur du son que l'on obtenait était proportionnelle à la vitesse de rotation. Nous n'avons pas d'autres détails de ces expériences.

Savart fit construire dans un but analogue, vers 1850, sa *roue dentée*, espèce de vaste crécelle où les sons étaient produits par les oscillations d'une carte métallique que les dents de la roue faisaient incessamment plier par leur choc. La roue était mise en mouvement par une courroie enroulée sur un volant à manivelle (*fig.* 80); un compteur à engrenage, fixé sur l'axe de

Fig. 80. Crécelle de Savart.

la roue, accusait le nombre de tours accomplis dans un temps donné. En le multipliant par le nombre des dents, on avait le compte des vibrations exécutées par la tranche de la carte et, par suite, la hauteur de la note qu'elle avait donnée. La difficulté de faire tourner la roue avec une vitesse uniforme et la mauvaise qualité des sons de cet appareil encombrant l'ont fait abandonner depuis longtemps.

Savart s'était flatté de remplacer par sa grande crécelle les *sirènes* du baron Cagniard de la Tour. Voici ce que c'est qu'une sirène. C'est, dans le principe, un disque percé de trous qui sont distribués en cercle autour du centre ; on fait tourner le disque et on s'arrange de manière qu'un courant d'air soit toujours dirigé contre un point du cercle troué ; le vent passe chaque fois qu'il rencontre un orifice, il est intercepté lorsqu'il rencontre les pleins. Si le disque fait dix tours par seconde, et si les ouvertures sont au nombre de douze, le jet d'air passera cent vingt fois par seconde ; ce sera aussi le nombre des vibrations du son obtenu. Cette disposition, imaginée par Seebeck, est très-utile pour beaucoup de recherches ; elle permet, par exemple, de démontrer que le son ne peut être engendré que par des impulsions qui se succèdent à intervalles égaux, car il est indispensable que les trous soient également espacés sur le disque si l'on veut obtenir le son correspondant à leur nombre. Des trous irrégulièrement distribués ne donnent qu'un bruit composé de plusieurs sons plus graves.

On peut faire tourner le disque par un volant à manivelle ou par un mouvement d'horlogerie, qui compte en même temps le nombre des tours accomplis. L'instrument primitif de Cagniard de la Tour, dont l'invention date de 1819, marche par l'impulsion même du courant d'air qui produit le son. Le vent, qui vient d'une soufflerie, entre d'abord par l'orifice a dans un tambour cylindrique dont le fond supérieur est formé par un disque troué (*fig.* 81). Sur ce disque il y en a un autre b, également troué, qui tourne sur un axe vertical c ; le vent passe quand les orifices sont en coïncidence, il est intercepté quand ils sont croisés. Les orifices sont percés obliquement et de telle sorte qu'au moment d'une coïncidence, les deux trous en regard soient à équerre. Grâce à cette disposition, le courant qui vient d'en bas change brusquement de direction en passant de l'orifice inférieur dans l'orifice supérieur, et imprime au plateau mobile une impulsion suffisante pour le faire tourner comme un moulin à vent. Malheureusement la vitesse de rotation va toujours en croissant et le son s'élève outre mesure si l'on maintient dans la soufflerie une pression constante. On peut il est vrai ralentir le mouvement en diminuant la pression, mais quoi qu'on fasse, on parvient rarement à tirer de la sirène un son tout à fait uniforme. On cherche donc à tenir la note aussi bien que possible dès qu'on est arrivé à l'unisson de celle qu'il s'agit de déterminer, et l'on fait alors engrener le compteur qui doit faire connaître le nombre de tours. Ce compteur, que l'on voit dans la figure à découvert, est mis en mouvement par une vis sans fin que porte l'arbre vertical c du plateau mobile ; il a deux cadrans dont les aiguilles marquent respectivement les centaines et les dizaines et unités. Si, au bout de cinq minutes, on lisait sur le premier cadran le chiffre 66 et sur le second 50, le nombre des tours accomplis serait 6650 ; en supposant que le disque

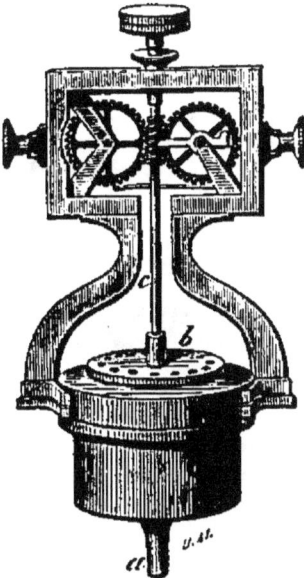

Fig. 81. Sirène de Cagniard de la Tour.

porte 20 trous, cela donnerait 152,600 pulsations du
courant sonore en cinq minutes = 300 secondes, ou
442 par seconde. On en conclurait que la note obtenue correspond à 442 vibrations doubles.

La sirène peut chanter sous l'eau ; c'est de là que lui
vient son nom. Plongée dans un liquide quelconque,
elle le fait résonner si on le pousse en jet puissant dans
le réservoir. On peut ainsi faire chanter l'eau, l'huile,
le mercure. Les sons se distinguent par un timbre particulier, mais les notes sont les mêmes que dans
l'air.

Au reste, il faut avouer que le timbre de la sirène est
bien loin de flatter l'oreille, comme pourrait le faire
supposer le nom que l'inventeur lui a donné ; ces sons
pénétrants ne font pas songer au chant des déesses
qui, au dire d'Homère, attiraient les passants par un
charme mortel :

.⸗ . . . . Σειρῆνες λιγυρῇ θέλγουσιν ἀοιδῇ

et si on se bouche les oreilles, ce n'est certes pas de
peur d'être ensorcelé !

Pour engendrer le courant d'air qui fait marcher ces
instruments, on se sert d'une *soufflerie*, appareil composé d'un soufflet double (*fig.* 82), sur lequel on
agit par une pédale *p* et un bâton *t*, et d'un *sommier*
ou porte-vent *c*, qui est percé d'un certain nombre
d'orifices. C'est par ces orifices que la sirène ou les
tuyaux qu'on veut faire parler reçoivent le vent ; on les
ouvre en pressant des boutons.

On s'est naturellement demandé où se trouvent les
limites des sons perceptibles, quelles sont les notes les

plus basses et les plus élevées que l'oreille puisse encore apprécier.

Sauveur, en 1700, admettait que le son le plus grave

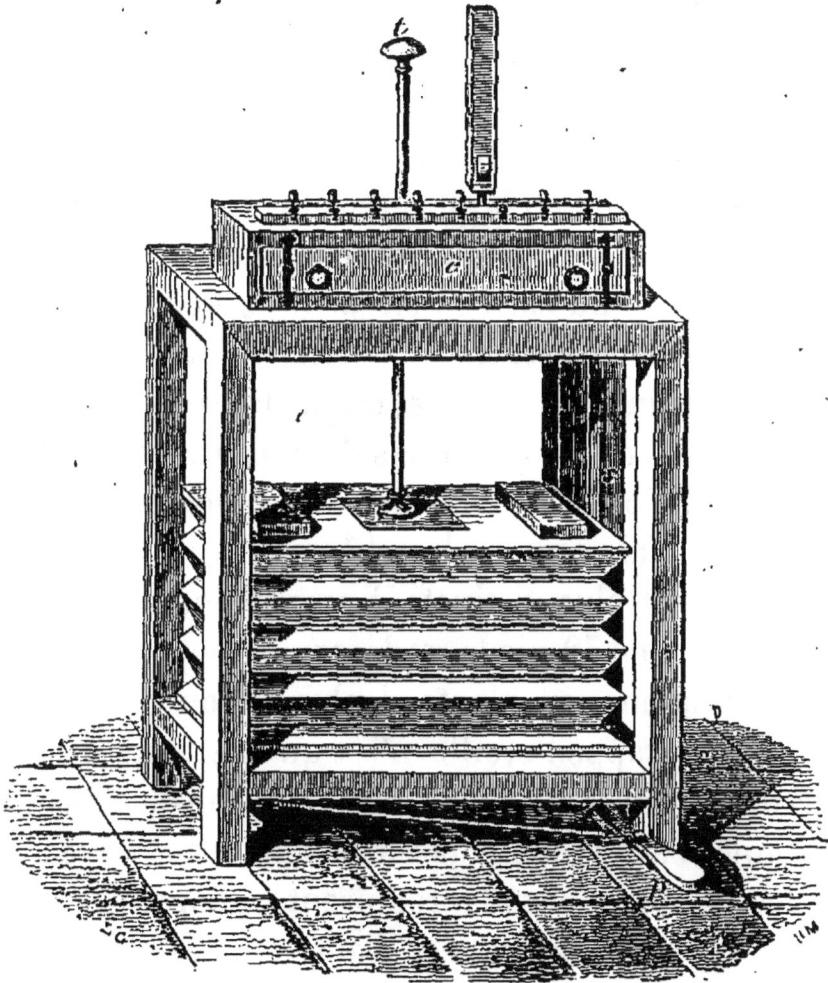

Fig. 82. Soufflerie.

était celui d'un tuyau de 40 pieds ouvert, qui correspond à 25 vibrations.

Le tuyau le plus grave que les facteurs d'orgues construisent est celui de 32 pieds (10 mètres et demi) ; il doit donner l'*ut*-₂, qui correspond à 32 vibrations simples par seconde. D'un autre côté, on construit des tuyaux très-courts qui devraient donner dix mille vibrations et plus. Mais est-il prouvé que ces sons existent réellement ?

Les notes les plus basses de l'octave de 16 pieds, l'*ut* de 65 et le *ré* de 75 vibrations, ne s'entendent déjà que comme une sorte de ronflement dont l'oreille la plus exercée ne reconnaît qu'à grande peine la hauteur musicale ; on ne parvient à accorder les tuyaux qui donnent ces notes qu'en ayant recours à des méthodes indirectes. Sur le piano, où elles constituent la limite inférieure du clavier, on peut également remarquer combien le caractère musical en est indécis, et dans la musique d'orchestre, on ne descend jamais au-dessous du *mi* de 82 vibrations de la contre-basse. Dans ces régions, l'oreille commence déjà à percevoir les vibrations de l'air comme des chocs séparés. Cette sensation devient plus distincte à mesure qu'on s'avance dans l'octave de 32 pieds, et lorsqu'on approche de l'*ut* de 32 vibrations, on n'entend plus de son proprement dit ; ce qui frappe l'oreille n'est qu'une suite d'explosions discontinues. Si néanmoins beaucoup de personnes s'imaginent avoir entendu les notes de cette octave, c'est que les tuyaux d'orgue produisent, en même temps que leur note fondamentale, d'autres notes plus élevées dont nous parlerons dans la suite ; un tuyau de 32 pieds peut donc faire résonner faiblement des notes appartenant à une octave supérieure, et c'est ce qui fait très-probablement l'illusion des auditeurs.

La même illusion s'est mêlée sans aucun doute aux conclusions que Savart a tirées de ses expériences sur la limite de perceptibilité des sons. Il faisait tourner une

barre de fer autour d'un axe horizontal et la disposait
de manière qu'elle passât à chaque demi-révolution
à travers une fente découpée dans une planche. Au
moment où la barre y entre, elle refoule l'air comme
ferait un piston ; il se produit une sorte d'explosion, et
si la roue tourne assez vite, on entend un son d'une
extrême gravité accompagné d'un ronflement ou roulement très-intense. Sept ou huit coups par seconde donnaient encore un son perceptible, et Savart crut pouvoir
en conclure que la note la plus grave que l'oreille distingue encore correspond à 7 ou 8 vibrations doubles,
qui équivalent à 14 ou 16 vibrations simples. Mais
Despretz n'eut pas de peine à démontrer que c'était une
erreur, car en disposant deux fentes au lieu d'une seule
sur le trajet de la barre, on n'obtient pas de notes à
l'octave, comme cela devrait être, puisqu'on a doublé
le nombre des explosions. Il faut donc admettre que
déjà avec 8 coups de la barre on produit la note qui
correspond à 16 coups (32 vibrations), et ce résultat
n'a rien d'étonnant si l'on considéré que les sons naturels sont presque toujours accompagnés de notes plus
élevées, appelées harmoniques, ainsi que nous le verrons bientôt. En résumé, l'appareil de Savart donne
tout au plus une note d'environ 30 vibrations simples
par seconde.

M. Helmholtz eut recours à un autre procédé. Il prit
une caisse de bois fermée de tous les côtés et y pratiqua
une petite ouverture à laquelle il adapta un tube de
caoutchouc destiné à être introduit dans le conduit auditif. Sur cette caisse de résonnance, il tendit une corde
de laiton, lestée à son milieu par une pièce de billon

trouée ; grâce à cette précaution, la corde ne pouvait point donner les octaves supérieures de sa note fondamentale, qui était très-basse.

Le son d'une corde qui donne une note moyenne devient, dans ces circonstances, d'une force presque intolérable ; mais celle qui fut employée à ces expériences et qui était accordée pour le *ré* de 75 vibrations, ne produisit qu'un son très-faible et légèrement ronflant. En descendant jusqu'au *si* de 61 vibrations, M. Helmholtz n'entendait presque plus rien. Il conclut de ces expériences que les sons perceptibles commencent à environ 60 vibrations simples par seconde, et qu'ils ne prennent un caractère musical qu'à partir d'environ 80 vibrations, dans l'octave dite de 16 pieds. Toutefois, ces limites varient peut-être d'une personne à l'autre ; il n'est pas non plus impossible qu'elles dépendent de l'habitude, et de l'intensité des sons.

La limite supérieure des sons perceptibles n'est certainement pas la même pour tout le monde. Beaucoup de personnes n'entendent plus du tout certaines notes très-élevées que d'autres distinguent encore parfaitement. Savart a constaté qu'un son de 51,000 vibrations simples, produit par les vibrations longitudinales d'un cylindre de verre de 0^m,16 de longueur, était encore entendu par la plupart de ses auditeurs, tandis que les 55,000 vibrations d'un cylindre de 0^m,15 n'étaient pas toujours perçues distinctement. Avec des roues dentées d'un grand diamètre, il produisait un son extrêmement intense qui ne disparaissait qu'au moment où il devait y avoir 48,000 vibrations par seconde ; mais il est difficile de prouver que, dans ce

cas, la carte flexible rencontre encore *toutes* les dents
de la roue.[1]

Despretz a cru reculer encore cette limite au moyen
de diapasons qui donnaient jusqu'à 73,000 vibrations
simples. Ce sont des miniatures de diapason que l'on
conserve encore à la Sorbonne et que l'on montre dans
les occasions solennelles. Mais comment en a-t-on déterminé les notes? C'est M. Marloye qui a accordé les
diapasons à l'oreille. Il a d'abord construit une gamme
qui va de 16,000 à 32,000 vibrations, toujours en se
laissant guider par l'oreille; puis, il a accordé de la
même manière un diapason à l'octave aiguë du dernier, donnant par conséquent 64,000 vibrations et
correspondant à ut_{10}, puis enfin le $ré_{10}$ de 73,000 vibrations. Or ces diapasons ne sont entendus que par les
personnes qui ont l'oreille très-sensible; les notes extrêmement aiguës qu'ils rendent produisent une sensation
douloureuse, un malaise indéfinissable qui persiste
encore longtemps après ; il ne peut être question d'en
saisir les rapports musicaux. Jusqu'à plus ample infor-
mation, nous regarderons ces déterminations comme
peu sérieuses.

M. Kœnig a tout récemment repris ces expériences ;
les notes les plus aiguës qu'il pût entendre correspondaient à 40,000 vibrations. Mais, comme nous l'a-
vons déjà dit, cette limite varie pour diverses personnes. Les notes très-élevées cessent d'être perceptibles
pour beaucoup d'oreilles. Wollaston n'a-t-il pas constaté que bien des personnes sont incapables de distinguer la stridulation aiguë des grillons et même le pépiement des moineaux? Peut-être y a-t-il des animaux

qui entendent encore des notes trop élévées pour l'oreille humaine.

En résumé, les sons perceptibles se trouvent renfermés entre les limites d'environ 60 et de 40,000 vibrations simples par seconde, limites qui pour des oreilles exceptionnellement sensibles se reculent peut-être des deux côtés. Les ondulations de l'éther qui produit la chaleur et la lumière sont infiniment plus rapides. La chaleur obscure commence à 65 millions de vibrations, les couleurs visibles sont comprises entre 400 et 900 trillions, les rayons chimiques atteignent déjà au quatrillion. Or, la chaleur n'est pas produite uniquement par les vibrations du fluide éthéré, il est certain que les corps pondérables vibrent eux-mêmes lorsqu'ils s'échauffent ; il faut donc admettre que leurs molécules peuvent accomplir des oscillations d'une rapidité inouïe. Maintenant que deviennent les vibrations dont le champ s'étend depuis 40,000 jusqu'à 65 trillions, qui sont trop rapides pour être sonores et trop lentes pour se faire sentir comme chaleur? Avons-nous des sens qu'elles affectent, des organes qu'elles impressionnent? Faut-il chercher dans ces vibrations non classées l'explication de l'électricité et du galvanisme, que tout nous porte à considérer comme une forme du mouvement? Qui répondra?

Il ne sera pas sans intérêt de mentionner ici l'étendue des sons donnés par les instruments de musique les plus usités. Voici d'abord l'orgue, le plus riche de tous les instruments. Grâce à M. Cavaillé-Coll, il embrasse tout le champ des vibrations perceptibles, presque dix octaves. Le piano comprend à peu près sept octaves qui parcourent une échelle de notes comprises entre le *la-*$_2$ et l'*ut*$_7$, ou entre 54 et 8,400 vibrations.

Les sons du violon s'étendent normalement de 400 à 6,000, à travers quatre octaves, mais l'on peut tirer de cet instrument des notes beaucoup plus aiguës. La contre-basse se renferme entre 80 et 350 vibrations, mais l'octo-basse de M. Vuillaume descendait jusqu'à 64 vibrations. Les cors, trombones et autres instruments de cuivre rendent des sons très-variés. La note la plus aiguë que l'on emploie dans un orchestre est probablement le *ré*$_7$ du piccolo, qui correspond à 9,400 vibrations simples. On peut dire que les sons qui ont un caractère musical décidé ne dépassent guère les limites de six octaves et demie et sont renfermés entre 80 et 8,000 vibrations.

Comme limites extrêmes de la voix humaine on peut prendre le *fa-*$_1$ de 87 et l'*ut*$_6$ d'environ 4,200 vibrations :

Les Fischer.   La Bastardella.

X

LES NOTES

La musique se préoccupe beaucoup moins de la hauteur absolue des notes que de leurs rapports ou *intervalles*. C'est de ces rapports que dépend le plaisir que
nous cause l'union de certains sons. Quand deux notes
sont dans le rapport de deux nombres entiers très-sim-
ples, elles forment un accord ou une consonnance ; les
dissonances sont produites par des rapports complexes. C'est dans ce cas qu'on peut dire que la musique est toute dans les nombres.

Pythagore n'ignorait pas que si on partage une corde
en deux sections d'inégale longueur, on obtient deux
sons parfaitement consonnants toutes les fois que les
longueurs des deux parties sont dans un rapport très-
simple, exprimé par deux nombres entiers. Le rapport
1 : 2 correspond à l'octave, le rapport 2 : 3 à la quinte,
3 : 4 à la quarte, et ainsi de suite. Il est très-probable
que le philosophe grec avait appris cette loi des prêtres

d'Égypte : c'est dire qu'elle a été connue depuis les temps les plus anciens.

On sait aujourd'hui que les rapports des cordes se traduisent par les rapports inverses des nombres de vibrations. Les intervalles consonnants reposent donc directement sur les relations de hauteur des notes. Prenons comme exemple la quinte *ut, sol*. L'oreille nous apprend tout d'abord que cette consonnance peut exister avec le même caractère relatif entre deux notes très-basses ou très-élevées, et qu'elle ne dépend guère du nombre absolu des vibrations. Ensuite, les mesures montrent que deux notes qui forment cet intervalle sont toujours dans le rapport de 3 : 2, et réciproquement que cet intervalle est constaté par l'oreille toutes les fois que deux notes sont entre elles comme 3 à 2. Enfin, on s'assure facilement que la consonnance est d'autant plus pure, d'autant plus suave, que le rapport en question se trouve plus exactement réalisé. Dès lors, nous appellerons le rapport 3 : 2 une quinte *juste*; on va voir que la musique le réalise rarement dans toute sa pureté.

Les consonnances ou accords simples admis par les musiciens sont caractérisés par les rapports suivants :

Octave.	1 : 2
Quinte. . . :	2 : 3
Quarte.	3 : 4
Tierce majeure.	4 : 5
Tierce mineure.	5 : 6
Sixte majeure.	3 : 5
Sixte mineure.	5 : 8

On dit qu'une note est à l'octave aiguë d'une autre

lorsqu'elle fait dans le même temps deux fois autant de vibrations que cette dernière ; inversement, celle-ci est alors à l'octave grave de la première. On distingue les octaves successives d'une note par des chiffres placés en indices ; de cette façon, ut_2 signifie l'octave aiguë d'*ut* (on n'écrit pas : ut_1), ut_3 celle d'ut_2 ou la double octave d'*ut*, etc. Pour descendre aux octaves inférieures, on emploie des indices négatifs : ut_{-1} est l'octave grave d'*ut*, ut_{-2} la double octave, et ainsi de suite.

Il est facile de prévoir que deux, trois, quatre notes, qui, prises deux à deux, seraient consonnantes, le resteront encore si on les réunit en accord multiple. C'est en effet ce qui s'observe. Les deux accords triples les plus agréables à l'oreille sont l'*accord parfait majeur*, caractérisé par les trois nombres 4, 5, 6, et l'*accord parfait mineur*, qui l'est par les nombres $\frac{1}{6}$, $\frac{1}{5}$, $\frac{1}{4}$. L'un et l'autre ils renferment une quinte ($\frac{6}{4}$ équivaut à $\frac{3}{2}$), une tierce majeure ($\frac{5}{4}$) et une tierce mineure ($\frac{6}{5}$); la seule différence, c'est que dans l'accord parfait majeur, la tierce majeure précède la tierce mineure, tandis que dans l'accord mineur, l'ordre est renversé.

Pour réaliser les accords, la musique a dû adopter une échelle de sons appelée *gamme*, qui se compose de sept degrés ; on peut les représenter par les sept notes suivantes (huit en ajoutant l'octave) :

ut ré mi fa sol la si ut[1],

qui sont entre elles comme les nombres :

24 27 30 32 36 40 45 48.

[1] En solfiant, on dit *do* pour *ut*.

Une première gamme se continue par une seconde, une troisième, etc., formées chacune en élevant d'une octave toutes les notes de la gamme précédente; on distingue les octaves successives par des indices, ainsi que nous l'avons déjà dit. Les rapports des différentes notes de la gamme à la première constituent leurs intervalles musicaux et sont exprimés par les nombres suivants :

ut — ut	unisson	1 : 1
ut — ré	seconde	8 : 9
ut — mi	tierce	4 : 5
ut — fa	quarte	5 : 4
ut — sol	quinte	2 : 5
ut — la	sixte	5 : 5
ut — si	septième	8 : 15
ut — ut$_2$	octave	1 : 2
ut — ré$_2$	neuvième	4 : 9
ut — mi$_2$	dixième	2 : 5
ut — fa$_2$	onzième	5 : 8
ut — sol$_2$	douzième	1 : 5
. . . .	. . . .	. . . .
ut — ut$_5$	double octave	1 : 4
. . . .	. . . .	. . . .
ut — mi$_5$	dix-septième	1 : 5
. . . .	. . . .	. . . .
etc.	etc.	etc.

On voit que les noms des intervalles rappellent simplement la position des notes dans la gamme. La douzième, la double octave, la dix-septième, constituent des consonnances très-parfaites, ainsi que le fait prévoir la simplicité des rapports qui les caractérisent; si nous ne les avons pas mentionnées précédemment, c'est qu'on les considère comme des *redoublements* de la quinte, de l'octave, de la tierce, desquelles on les déduit en montant d'une octave.

En associant deux à deux les notes d'une gamme, on est loin d'obtenir toujours des consonnances ; il faut pour cela faire un choix convenable ; mais l'on sait que les dissonances jouent elles-mêmes un rôle considérable dans la musique. L'intervalle de l'*ut* au *ré*, qui s'exprime par $\frac{9}{8}$ et que l'on appelle aussi un *ton majeur;* l'intervalle du *ré* au *mi*, qui est égal à $\frac{10}{9}$ et se nomme un *ton mineur;* les intervalles *mi* — *fa* et *si* — *ut*$_2$, égaux tous deux à $\frac{16}{15}$ et désignés par le nom de *demiton diatonique*, sont des dissonances très-caractérisées.

La gamme telle que nous venons de l'expliquer ne suppose aucune connaissance de la hauteur absolue des notes; elle n'en fixe que les rapports. La première note ou *tonique*, comme l'appellent les musiciens, peut être quelconque; mais une fois sa valeur déterminée, celle de toutes les autres notes l'est aussi. C'est ce qu'on peut remarquer dans les exercices de solfége, qui consistent à chanter les notes de la gamme sur les syllabes *do ré mi fa sol la si*. On peut choisir arbitrairement le son qui représente le *do*, mais par ce choix, on se donne en même temps la hauteur des autres notes : si le *do* fait, par exemple, 240 vibrations, il faut que le *ré* en fasse 270, le *mi* 300, le *fa* 320, et ainsi de suite, sans quoi on détonne.

Les noms dés six premières notes ont été introduits en 1026 par le bénédictin Guido d'Arezzo, ou Guy

l'Arétin ; ce sont des commencements de mots tirés
de l'hymne de saint Jean-Baptiste :

> *Ut* queant laxis *re*sonare fibris
> *Mi*ra gestorum *fa*muli tuorum,
> *Sol*ve polluti *labii* reatum,
> Sancte Ioannes.

L'air de cette hymne, tel qu'il se chante aujourd'hui
à la Saint-Jean, n'est pas tout à fait l'air ancien, où les
six syllabes choisies par l'Arétin tombaient effectivement sur les notes qu'elles désignent. Voici cet air, co-
pié sur un manuscrit de la bibliothèque du chapitre de
Sens ; il a été transcrit en notes de plain-chant :

HYMNE DE SAINT JEAN

Air ancien.

Ut que-ant la-xis resonare fibris Mi-ra gesto-rum famu-li tu-

orum, Sol-ve pollu-ti labi-i re-a-tum, Sancte Io-an-nes.

Le mot *si*, tiré du quatrième vers (S et I), n'a été
ajouté pour désigner la septième note qu'en 1684, par
le Français Lemaire. En Italie, on substitua bientôt,
pour les besoins du solfége, à la syllabe *ut* qui parut
trop sourde, la syllabe *do*. L'usage des dénominations
proposées par Guy ne se répandit pas très-prompte-
ment, car du temps de Jean de Muris, au quatorzième
siècle, on solfiait encore à Paris sur les syllabes *pro to
no do tu a ;* mais enfin, elles l'emportèrent et furent
admises assez généralement, sauf en Angleterre et en

Allemagne, où l'on a conservé pour les notes les noms des lettres C D E F G A B (ou H).

Voici l'origine de cette dernière désignation. Depuis Grégoire le Grand, peut-être déjà avant le sixième siècle, on avait formé une série de gammes de notes fixes, correspondant aux limites de la voix et aux sons des principaux instruments, et on les désignait à l'aide des sept premières lettres de l'alphabet, de cette façon :

A B C D E F G a b c d e f g a a b b c c...

Plus tard, une note ayant été ajoutée en bas, on prit pour la désigner le *Gamma* ou G grec ; de là le nom de la gamme.

Guy d'Arezzo substitua à ces lettres des points posés sur des lignes parallèles, les *portées*, à chacune desquelles une lettre servait de *clef*. La clef fixait la valeur de la portée ; ainsi, lorsqu'on avait écrit un F à l'origine d'une portée, tous les points placés sur cette portée représentaient la note F. Dans la suite, on grossit ces points, on s'avisa d'en poser dans les espaces compris entre les lignes, et on multiplia selon le besoin ces lignes et ces espaces. Pour indiquer un accord, on plaçait les points les uns au-dessus des autres ; de là le nom de *contre-point* donné à la science des accords.

Les signes des notes n'eurent d'abord d'autre usage que de marquer les différences d'intonation, sans égard à la durée. Jean de Muris ou Moeurs inventa, vers 1338, des figures carrées pour distinguer la valeur ou durée relative des notes, et ces figures furent perfectionnées par Octavio Petrucci, qui trouva en 1502 le moyen d'imprimer la musique avec des types mobiles. De modifications en modifications, les signes des notes ont pris la forme suivante :

Ronde. Blanche. Noire. Croche. Double croche. Triple croche.

Une *ronde* vaut deux *blanches*, une *blanche* deux *noires*, et ainsi de suite. Ces notes peuvent être remplacées par des *silences* équivalents :

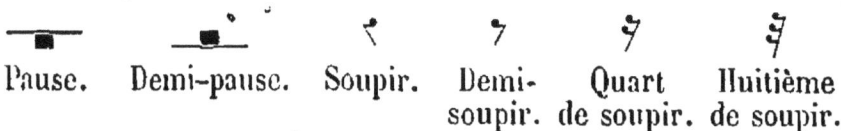

Pause. Demi-pause. Soupir. Demi-soupir. Quart de soupir. Huitième de soupir.

Pour fixer la durée *absolue* des notes on emploie le métronome.

La lettre G est devenue la *clef de sol* 𝄞, la lettre F la *clef de fa* 𝄢, la lettre C la *clef d'ut* 𝄡, etc.

Les syllabes *ut ré mi fa sol la* ne désignaient pas, dans l'origine, des notes fixes, mais seulement les degrés d'une gamme quelconque ; ils représentaient l'hexachorde de Guy d'Arezzo. On les écrivait au-dessous des lettres qui désignaient les gammes fixes, en commençant par C, par F ou par G :

C	D	E	F	G	A	B	c	d	e	f		
ut	ré	mi	fa	sol	la							
			ut	ré	mi	fa	sol	la				
				ut	ré	mi	fa	sol	la			
						ut	ré	mi	fa			

La même note fixe pouvait donc occuper différents degrés dans la gamme mobile, ce qui était quelquefois incompatible avec la conservation des intervalles adoptés pour les notes *ut ré mi fa sol la*. Il en résultait différents modes plus ou moins harmonieux et une grande confusion du système musical. On sentit bientôt la nécessité d'altérer certaines notes fixes quand la gamme mobile était transposée de manière que les intervalles des notes fixes correspondantes ne réalisaient pas les intervalles primitivement désignés par les notes *ut re mi fa sol la*. Ainsi, quand *ut* s'écrivait au-dessous de F, et *fa* au-dessous de B, il aurait fallu que l'intervalle de F à B fût une quarte ; mais comme, en réalité, il était plus grand, on le diminuait en baissant B d'un demi-ton. Cette note devenait alors le *b molle*, tandis qu'elle était le *b durum* dans la gamme qui commençait à C ; on indiquait ce double rôle en écrivant un *b* rond ou carré, et c'est de là que viennent les signes du bémol (♭) et du bécarre (♮).

Ce n'est qu'après mille vicissitudes et tâtonnements, que le système musical a pris sa forme actuelle. La règle principale est celle-ci : quelle que soit la note fixe par laquelle on commence la gamme, il faut que les autres notes reproduisent les intervalles ou rapports une fois adoptés. Pour satisfaire à cette condition, on *altère* les notes fixes, soit en les élevant d'un demi-ton, ce qui s'appelle *diéser* et s'exprime par le signe ♯, soit en les abaissant d'un demi-ton, ce qui s'appelle *bémoliser* et s'indique par un ♭. Pour valeur de ce demi-ton, on prend le rapport $\frac{25}{24}$, qui est plus petit que $\frac{16}{15}$, valeur de l'intervalle *mi — fa*.

Les mots *ut ré mi fa sol la si* s'emploient maintenant pour désigner les principales notes fixes du piano et des autres instruments ; en les faisant suivre des mots *dièse* ou *bémol*, on obtient le nom des notes altérées, représentées sur le piano par les touches noires. Les gammes ou *tons* portent toujours le nom de leur première note, de la *tonique*. Toutes les gammes dites *majeures* sont modelées sur la gamme primitive d'*ut*, formée par la série des notes naturelles :

ut ré mi fa sol la si ut.

Elles en reproduisent à très-peu près les intervalles, grâce aux altérations appliquées à certaines notes ; la gamme de *sol* se compose des notes :

sol la si ut ré mi fa # sol,

celle de *fa* des notes

fa sol la si♭ ut ré mi fa,

et ainsi de suite. Ces gammes constituent le mode majeur. La musique moderne y ajoute le *mode mineur*, formé de gammes dont le type est la gamme de *la* mineur :

la si ut ré mi fa sol la.

La principale différence des deux modes réside dans l'introduction de la tierce mineûre *la-ut* (5 : 6) à la place de la tierce majeure *ut-mi* (4 : 5). Ils sont caractérisés chacun par un accord parfait, formé avec la tierce et la quinte de la tonique :

accord parfait majeur. . . *ut mi sol*
accord parfait mineur. . . *la ut mi*, ou bien
ut mi♭ sol.

Le mode mineur se complique encore par la néces-

sité où l'on se trouve ordinairement d'élever d'un
demi-ton la septième et quelquefois aussi la sixième
note de la gamme, afin de les rapprocher de l'octave.

Si on voulait réaliser toutes ces gammes, dans leur
pureté théorique, sur les instruments à sons fixes, on
en compliquerait singulièrement la construction. Il a
donc fallu chercher un accommodement, et on l'a
trouvé dans la *gamme tempérée*. L'oreille tolère encore des intervalles qui s'éloignent un peu des consonnances parfaites, et cette circonstance a permis de
simplifier l'échelle des notes fixes, en confondant celles
qui naissent de l'altération inverse de deux notes naturelles voisines. On réunit donc l'*ut* # au *ré* ♭, le *ré* # au
mi ♭, et ainsi de suite. De cette façon, il suffit d'interca-
ler cinq touches noires entre les sept touches blanches
de chaque octave du piano pour obtenir une *gamme
chromatique*, formée de douze demi-tons égaux,
qui se prête à toutes les exigences du système musical.

Il est vrai qu'on se trouve par là conduit à altérer
aussi, d'une manière plus ou moins sensible, les notes
naturelles représentées par les touches blanches, et à
modifier tous les intervalles musicaux.

Les demi-tons tempérés peuvent être approximativement représentés par le rapport $\frac{18}{17}$, et un ton tempéré
diffère à peine d'un ton majeur $\frac{9}{8}$. La quinte et la
quarte ne sont faussées par le tempérament égal
que d'une manière tout à fait insensible, mais les
tierces le sont à tel point qu'elles blessent l'oreille si l'on
a quelque habitude des accords purs, dont la supériorité s'impose invinciblement. Quelques auteurs du

siècle dernier donnent le nom de *loups* à ces intervalles sacrifiés où les dissonances semblent se donner rendez-vous pour hurler.

Une voix naturelle qui n'est guidée que par l'instinct donne toujours les intervalles purs; de même, les violonistes qui n'ont pas l'oreille rompue aux sons des orchestres jouent naturellement les tierces et les sixtes justes qui sont beaucoup plus agréables que les intervalles tempérés. Malheureusement, les instruments à sons libres qui jouent à l'orchestre avec les nombreux intruments tempérés sont forcés d'emboîter le pas et de tempérer aussi; alors on rencontre des violonistes d'orchestres qui, ayant toute leur vie joué faux par nécessité, ne se rendent plus compte de l'altération des accords. Sous l'influence écrasante de l'orchestre, la justesse de la voix s'altère aussi; on finit par s'habituer aux notes tempérées, et on perd la faculté de chanter une simple romance avec l'intonation juste qui en fait le charme. Cependant, si l'on a de l'oreille et du goût, la nature reprend ses droits dès qu'elle n'est plus sous le joug de l'accompagnement.

Les inconvénients du tempérament égal ont été le motif d'une foule de tentatives pour revenir aux accords naturels, même dans la musique instrumentale. La harpe à double mouvement d'Erhard, les orgues dites enharmoniques de Poole et du général Perronet Thompson, l'harmonium imaginé par M. Helmholtz, permettent de jouer dans tous les tons sans tempérer. L'enseignement de la musique vocale, tel qu'il a été propagé en France par Galin et Chevé, tel que le pratiquent en Angleterre les nombreuses *Tonic-Solfa-*

Associations ou sociétés de solfége, s'en tient également aux gammes naturelles. Les sociétés anglaises emploient pour solfier les syllabes *do, ré, mi, fa, sol, la, ti, do,* et réduisent l'écriture musicale aux lettres *d, r, m, f, s, l, t, d.* Galin, Paris et Chevé emploient au même usage les chiffres 1, 2, 3, 4, 5, 6, 7 ; les octaves successives sont indiquées par des points ou des barres qui se placent au-dessus ou au-dessous des chiffres. Il ne reste plus alors qu'à donner la hauteur absolue de la tonique 1, pour que toutes les notes soient parfaitement déterminées. On voit quelle immense simplification s'obtient par ce procédé (déjà recommandé par Rousseau), et combien il rend la musique plus populaire et plus accessible aux personnes qui n'ont pas de temps à perdre.

« La musique, dit J.-J. Rousseau, a eu le sort des arts qui ne se perfectionnent que lentement. Les inventeurs des *notes* n'ont songé qu'à l'état où elle se trouvait de leur temps, sans songer à celui où elle pouvait parvenir ; et dans la suite, leurs signes se sont trouvés d'autant plus défectueux, que l'art s'est plus perfectionné. A mesure qu'on avançait, on établissait de nouvelles règles pour remédier aux inconvénients présents ; en multipliant les signes, on a multiplié les difficultés, et à force d'additions et chevilles on a tiré d'un principe assez simple un système fort embrouillé et fort mal assorti...

« Les musiciens, il est vrai, ne voient point tout cela. L'usage habitue à tout. La musique pour eux n'est pas la science des sons ; c'est celle des noires, des blanches, des croches, etc. Dès que ces figures cesseraient de frapper leurs yeux, ils ne croiraient plus voir de la musique. D'ailleurs ce qu'ils ont appris difficilement, pourquoi le rendraient-ils facile aux autres? Ce n'est donc pas le musicien qu'il faut consulter ici, mais l'homme qui sait la musique et qui a réfléchi sur cet art. »

Lorsqu'on veut jouer un morceau d'ensemble, il est évidemment indispensable que tous les instruments soient d'accord; c'est pour cela que, dans les orchestres, on les met à l'unisson au moyen d'un diapason qui garde une note fixe : c'est d'habitude le la_3, la note de la troisième corde du violon. Autrefois, le ton était donné à l'orchestre par une espèce de sifflet muni d'un piston gradué à l'aide duquel on pouvait raccourcir ou allonger le tuyau à volonté, afin d'en tirer différents sons fixes marqués sur la division. Il y avait le *ton du chœur* pour le plain-chant, et pour la musique profane le *ton de chapelle* et le *ton d'opéra*. Ce dernier n'avait rien de fixe, on le haussait ou le baissait suivant la portée des voix ; le ton de chapelle, au contraire, était fixe, du moins en France, et ordinairement plus élevé que le ton d'opéra. Quant au ton du chœur, qui s'accordait avec l'orgue, il est difficile de dire s'il était plus bas ou plus élevé que le ton de chapelle, car les auteurs se contredisent sur ce point ; à la fin, il paraît qu'on mettait simplement l'orgue au ton de chapelle.

Depuis que la science est en possession de méthodes qui permettent de mesurer la hauteur absolue des notes, on a de temps à autre déterminé le ton des principaux orchestres d'Europe et, chose curieuse, on a constaté que partout il s'est élevé dans une progression rapide.

Sauveur, qui paraît avoir étudié cette question le premier, trouva en 1700 que le *la* du bas du clavecin faisait 202 vibrations, et l'*ut* du bas du clavecin, ou celui d'un tuyau d'orgue de 8 pieds ouvert, 244 vibrations, ce qui donnait un *la₃* de 810. D'autres déterminations du siècle dernier varient entre 820 et 850. En 1853, Henri Scheibler examina les diapasons des principaux théâtres et trouva qu'à l'Opéra, on en avait deux de 853 et de 868, aux Italiens et au Conservatoire, d'autres de 870 et de 881 vibrations; à Berlin, il trouva un *la* de 885; à Vienne, les diapasons variaient de 867 à 890 vibrations. En 1857, M. Lissajous put constater que le ton des orchestres avait subi une nouvelle progression. Voici les résultats de ses mesures :

Opéra de Paris. 896
Opéra de Berlin 897
Théâtre de San Carlo, Naples. 890
Théâtre della Scala, Milan . 903
Théâtre-Italien de Londres . 904
Maximum à Londres 910

Cette élévation croissante du ton des instruments est encore attestée par les anciennes orgues qui existent dans quelques basiliques. Quelle est la raison qui pousse les musiciens et les facteurs à monter sans cesse? On suppose que la plupart des instruments ont plus d'éclat dans les notes élevées, et que c'est pour cela que les facteurs en ont peu à peu haussé le ton. Les chanteurs suivent en général la même pente, au détriment de leurs voix. Toutefois, on est allé trop loin en attribuant la ruine de tant de beaux organes à l'élévation

du diapason; il serait plus juste d'en chercher la cause
avec M. Berlioz dans la tendance des compositeurs modernes à écrire plus haut pour les voix que les anciens
auteurs. Quelle que soit la hauteur du diapason, il est
facile au compositeur de se renfermer dans des limites
raisonnables.

Il n'en est pas moins vrai que la variation progressive
du diapason devait à la fin inquiéter les musiciens et
qu'il était urgent de convenir d'un ton normal et absolument fixe. Sauveur avait insisté dès 1700 sur la nécessité d'adopter un son fixe. Il proposa d'abord pour
cet usage le son qui fait juste 200 vibrations par seconde et qu'il croyait être le *la* d'un tuyau de 5 pieds
ouvert. Plus tard, ayant reconnu que ce *la* était en
réalité un peu plus élevé, il s'arrêta à un autre ordre
d'idées et proposa de prendre pour son fixe un *ut* de
512 vibrations. On arrive à ce nombre par la progression 1, 2, 4, 8,... en doublant toujours ou, qui est la
même chose, en formant les octaves successives de
l'unité. Chladni adopta plus tard le même *ut* de 512 vibrations, auquel correspond un *la* naturel de $853\frac{1}{3}$, et
on le trouve ensuite employé par la plupart des savants. Cependant, comme le ton des orchestres montait toujours, les physiciens allemands, réunis à Stuttgart en 1834, décidèrent qu'il fallait choisir un *la*
normal plus en harmonie avec l'usage des musiciens,
et ils choisirent définitivement un *la* de 880 vibrations;
c'est le *la* allemand; il est très-commode pour les calculs numériques. Par malheur, le congrès de Stuttgart
ne sut pas se faire écouter; les diapasons montèrent
toujours et d'une manière désordonnée. C'est alors que

le décret du 16 février 1859 fixa pour la France un diapason officiel. Ce diapason donne le *la* normal de 870 vibrations ; il diffère à peine du *la* allemand et se prête mal au calcul des notes de la gamme.

Voici les nombres des vibrations simples de la gamme tempérée basée sur le *la*$_3$ français, et de la gamme naturelle qui commence par le même *ut*. On obtient les octaves en doublant ou en divisant par 2.

NOTES.	GAMME TEMPÉRÉE.	GAMME NATURELLE.	RAPPORTS NATURELS.
ut$_3$	517,5	517,5	24
ré	580,7	582,0	27
mi	651,8	646,6	30
fa	690,5	689,7	32
sol	775,1	776,0	36
la	870,0	862,2	40
si	976,5	970,0	45
ut$_4$	1034,6	1034,6	48

C'est l'octave moyenne du piano représentée par les notes suivantes :

Désormais, tous les instruments seront accordés au moyen de diapasons comparés avec l'étalon officiel du Conservatoire ; l'unité est donc assurée, et il n'y a plus à craindre que le ton des orchestres puisse monter.

On accorde ordinairement le piano, le violon et les autres instruments avec le secours de l'oreille. Une corde est mise à l'unisson du diapason, les autres sont accordées par les intervalles musicaux, principalement par octaves et quintes.

D'après les essais de Weber, une oreille très-fine peut encore apprécier directement une différence d'un millième, ou d'une vibration sur mille ; c'est la limite. Cependant, l'observation des battements, phénomène dont il sera question plus loin, permet d'aller beaucoup plus loin ; aussi est-ce par ce moyen qu'on accorde les orgues. Lorsqu'il s'agit d'obtenir une précision extrême, on a recours à une dernière méthode, due à M. Lissajous ; c'est la *méthode optique*, dont nous allons essayer d'expliquer le principe.

Une verge prismatique peut vibrer transversalement de telle sorte que l'extrémité libre décrive une ligne droite. Si cette extrémité porte une perle d'acier ou de verre étamé, la persistance des impressions lumineuses la fera paraître sous la forme d'un trait brillant. L'œil en effet a la faculté de conserver pendant un quinzième de seconde environ les impressions les plus fugitives ; si donc le point lumineux met moins de $\frac{1}{15}$ de seconde à parcourir son chemin, tout cet espace paraîtra illuminé. C'est ainsi qu'un charbon ardent que l'on fait tourner en fronde dessine dans l'air un cercle flamboyant.

Si la section de la tige est rectangulaire, on peut la faire vibrer soit dans le sens de l'épaisseur, soit dans celui de la largeur. Dans les deux cas, la petite perle dessinera une ligne droite lumineuse ; la route qu'elle parcourt dans le premier cas est perpendiculaire à celle qu'elle suit dans le second. Mais nous pouvons encore ébranler la tige d'une autre manière, en la frappant obliquement. Elle se trouve alors poussée à la fois dans deux chemins qui se croisent à angle droit. Se décidéra-t-elle à suivre l'un plutôt que l'autre? Quand on reçoit deux invitations également pressantes, on cherche à se tirer d'affaire en les acceptant toutes les deux, et l'on va d'abord chez Paul, puis chez Pierre. C'est ainsi que fait la tige : elle prend un biais entre les deux chemins pour suivre un instant l'impulsion qui l'entraîne dans le sens de l'épaisseur, puis un instant celle qui la pousse dans le sens de la largeur, et ainsi de suite ; la petite perle parcourt un chemin plus ou moins entortillé dont le sillon lumineux permet de suivre la verge dans ses évolutions rapides.

Le nombre des vibrations droites est toujours proportionnel à la dimension dans laquelle la verge vibre. Si elle a une section carrée, qu'elle soit aussi épaisse que large, le nombre des vibrations sera évidemment le même dans les deux sens. Dans ce cas, la petite perle décrira une ellipse qui pourra s'arrondir en cercle ou s'aplatir jusqu'à devenir une ligne droite (*fig.* 83). Le calcul le fait prévoir. On comprend même *a priori* la ligne droite en supposant que la verge s'écarte diagonalement de sa position de repos, en faisant toujours de petits pas *égaux* en avant et à droite, en

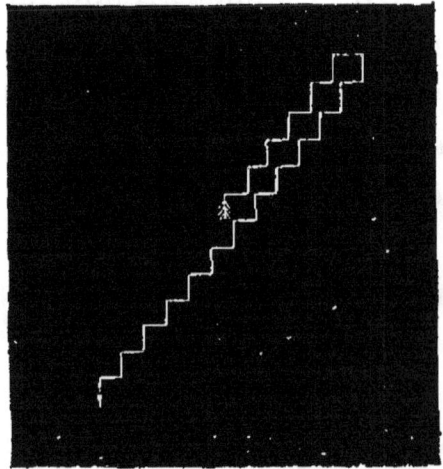

Fig. 83. Vibration d'une tige carrée.

avant et à droite, puis, pour retourner, en arrière et à gauche, en arrière et à gauche, et ainsi de suite, comme le montre la figure 83. Pour expliquer l'ellipse, il nous faudrait entrer dans des considérations trop élevées.

Quand les deux dimensions de la verge sont comme 1 : 2, les nombres de vibrations correspondants seront évidemment dans le rapport de l'octave ; si les dimensions sont comme 2 : 3, les vibrations seront à la quinte, etc. La perle et le rayon réfléchi décrivent alors les courbes représentées plus loin par les figures 89 et 90. On peut donc dire que ces figures caractérisent les intervalles musicaux.

C'est sur ce principe que repose le *caléidophone*[1] de de M. Wheatstone, appareil composé d'une série de verges prismatiques dont les côtés sont dans les rapports des intervalles consonnants (*fig.* 84). Chaque

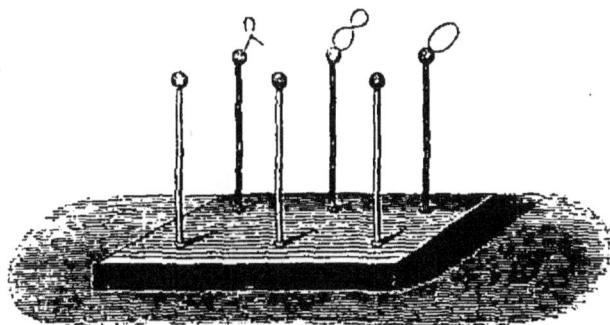

Fig. 84. Caléidophone.

verge porte au bout une petite perle qui décrit l'une des courbes représentées par les figures quand on fait vibrer la verge par un petit coup donné avec le doigt. M. Wheatstone fit connaître cet appareil en 1827 ; on le trouve aujourd'hui dans tous les cabinets de physique. Voici maintenant le parti que l'on peut tirer du

---

[1] Le mot signifie : *qui résonne bellement.*

même principe. Imaginons (*fig.* 85) un miroir vertical,
fixé au bout d'une tige horizontale qui puisse vibrer

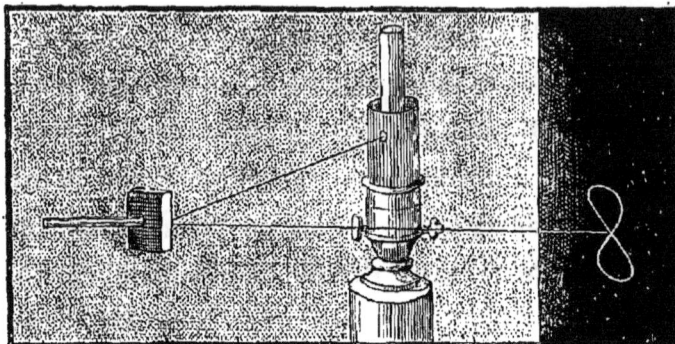

Fig. 85.

tour à tour dans un plan vertical et dans un plan horizontal. Sur ce miroir faisons tomber un rayon lumineux, par exemple en plaçant un peu en avant une
lampe entourée d'une cheminée opaque dans laquelle
est percé un petit trou pour laisser passer la lumière.
Tant que le miroir restera immobile, le rayon réfléchi
formera sur le mur un simple point brillant; si on regarde directement dans la glace et qu'on y cherche
l'image de la lampe, on aperçoit la petite lumière
comme une étoile parfaitement fixe. Mais si l'on donne
à la tige une secousse qui la fait osciller, le rayon réfléchi partage aussitôt le mouvement du miroir, l'image
se déplace sur le mur, l'étoile fixe devient une planète.
Que d'abord la tige ne vibre que dans un plan vertical,
on verra sur le mur se dessiner un trait lumineux
dirigé de haut en bas, et en regardant directement
dans le miroir vibrant, on y apercevra également un
sillon vertical. Si au contraire, on imprime à la tige

un mouvement horizontal, le trait réfléchi sera horizontal aussi. Qu'on la fasse enfin vibrer obliquement,
on verra naître sur le mur, ou dans le miroir même,
les courbes bizarres du caléidophone. Il suffira du reste,
pour les observer, de tenir en regard du miroir un
petit objet brillant quelconque, un bouton de métal,
un tête d'épingle, etc. L'image de cet objet se trans·
forme en une courbe lumineuse dès que la tige est
mise en branle. La forme de la courbe dépend toujours
du rapport des vibrations droites que la verge exécute
si elle oscille d'abord dans un plan vertical, ensuite
dans un plan horizontal.

On peut maintenant obtenir les même jeux de lu·
mière par une double réflexion sur deux miroirs que
l'on fait vibrer chacun dans un autre plan. On les
place en regard l'un de l'autre (*fig.* 86) de manière

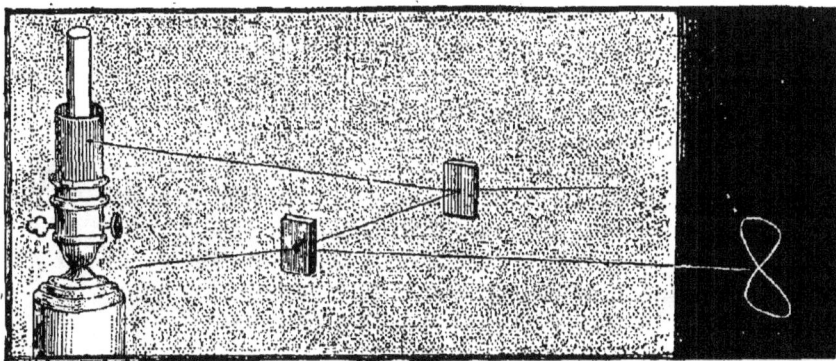

Fig. 86.

qu'un rayon de lumière réfléchi par le premier tombe
sur le second, qui le renvoie à son tour et le projette
sur le mur. Si alors on fait vibrer un seul des deux miroirs, le point brillant se transforme sur le mur en

une ligne lumineuse dirigée dans le sens où se font les vibrations, parce que le rayon réfléchi partage le mouvement de la surface réfléchissante. Mais si on fait osciller le premier miroir horizontalement et le second verticalement, le rayon réfléchi reçoit du premier un mouvement horizontal auquel s'ajoute, par la seconde réflexion, un mouvement vertical ; ce deux mouvements se combinent, comme dans le cas du caléidophone, pour donner naissance aux courbes diverses que nous avons figurées plus haut. On les observe soit en regardant directement dans le second miroir, soit en recevant l'image du point lumineux sur un écran quelconque ; on lui donne plus de netteté et d'éclat en faisant passer les rayons lumineux à travers une lentille. L'inspection seule des courbes fait reconnaître le rapport dans lequel se trouvent les nombres de vibrations respectifs des deux miroirs ; une ligne droite ou une ellipse indiquent l'unisson, un huit de chiffre l'octave, et ainsi de suite.

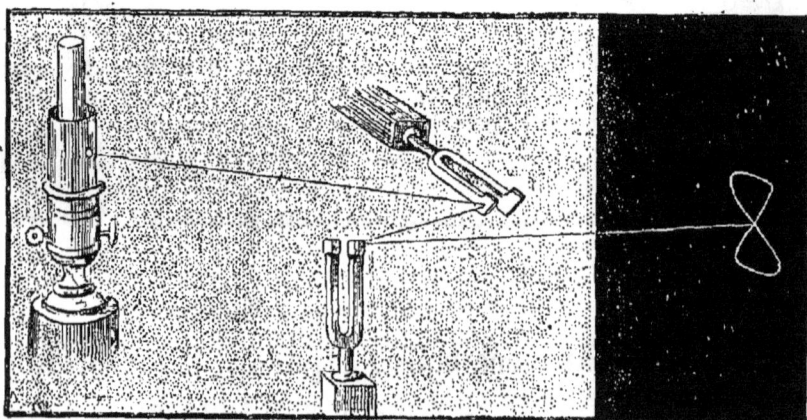

Fig. 87. Méthode optique de M. Lissajous.

Au lieu de fixer les deux miroirs au bout de deux tiges

horizontales et parallèles, on peut les fixer contre les branches de deux diapasons placés à équerre, l'un horizontal, l'autre vertical, comme dans la figure 87. Le premier imprime au rayon réfléchi un mouvement horizontal, le second le balance verticalement, et c'est ainsi que l'on obtient des courbes (*fig.* 88-91) dont

Fig. 88. Unisson 1:1.

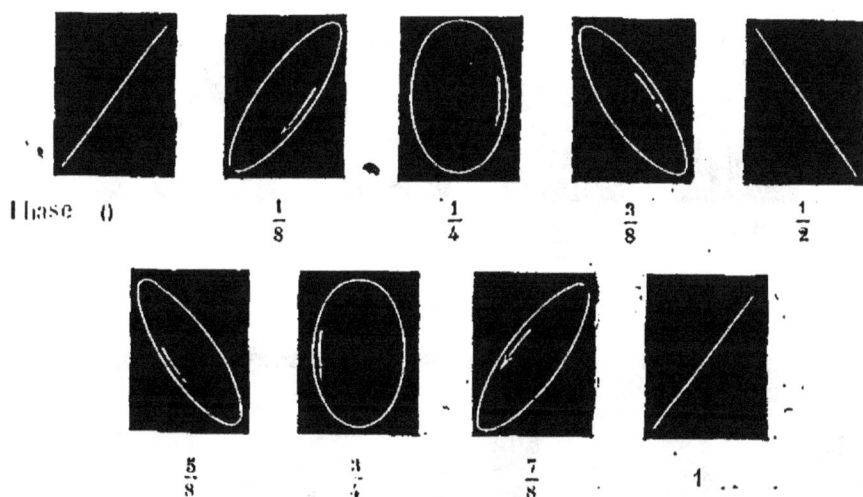

Phase 0 $\frac{1}{8}$ $\frac{1}{4}$ $\frac{3}{8}$ $\frac{1}{2}$

$\frac{5}{8}$ $\frac{3}{4}$ $\frac{7}{8}$ 1

Fig. 89. Octave 1:2.

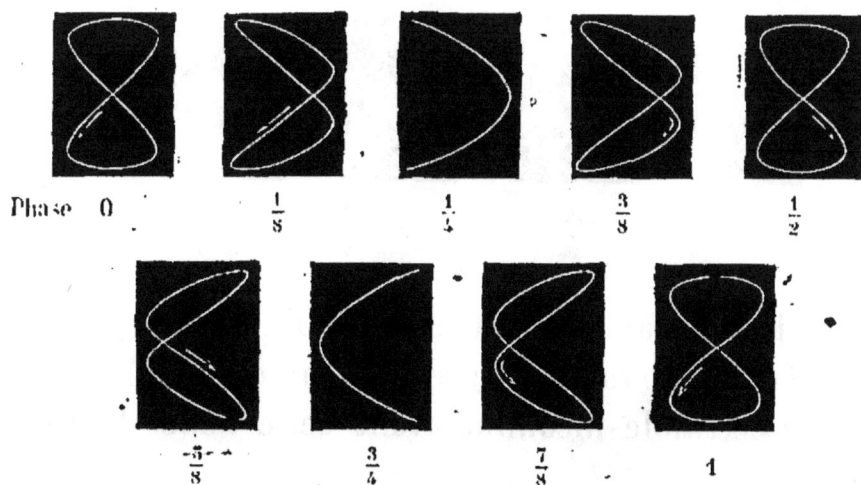

Phase 0 $\frac{1}{8}$ $\frac{1}{4}$ $\frac{3}{8}$ $\frac{1}{2}$

$\frac{5}{8}$ $\frac{3}{4}$ $\frac{7}{8}$ 1

l'aspect révèle immédiatement le rapport musical des

deux diapasons. C'est en cela que consiste la *méthode optique de comparaison des vibrations sonores*, que

Fig. 90. Quinte 2:3.

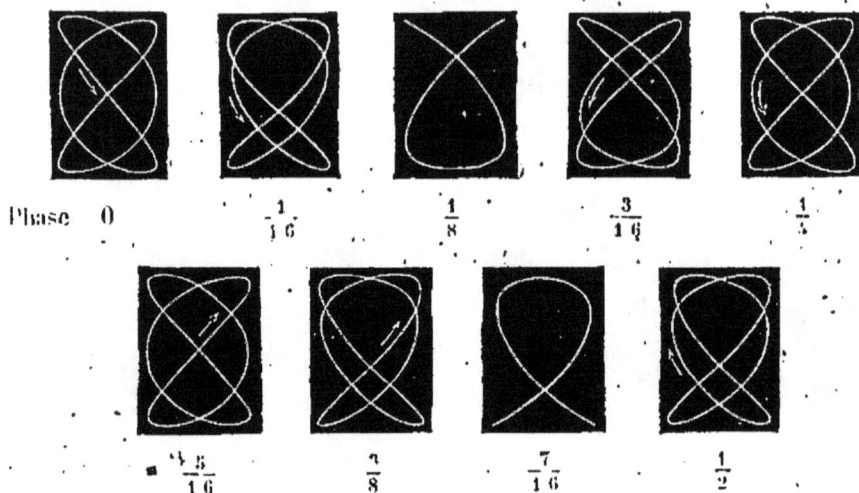

Phase	0	$\frac{1}{16}$	$\frac{1}{8}$	$\frac{3}{16}$	$\frac{1}{4}$

$\frac{5}{16}$	$\frac{3}{8}$	$\frac{7}{16}$	$\frac{1}{2}$

Fig. 91. Quarte 3:4.

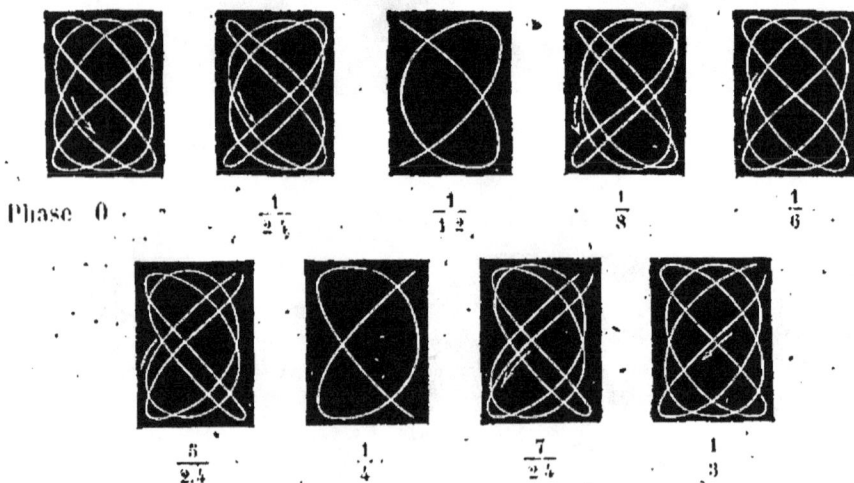

Phase	0	$\frac{1}{24}$	$\frac{1}{12}$	$\frac{1}{8}$	$\frac{1}{6}$

$\frac{5}{24}$	$\frac{1}{4}$	$\frac{7}{24}$	$\frac{1}{3}$

M. Lissajous a fait connaître en 1855. Elle permet d'apprécier l'intervalle musical de deux corps vibrants avec une certitude inconnue avant cette belle découverte.

On peut se demander pourquoi un même rapport

donne lieu à plusieurs figures distinctes. Cela vient des
différences de *phase*. Si l'un des deux miroirs commence à vibrer au moment où l'autre a déjà accompli
une partie de sa course, ce retard, que l'on nomme la
différence de phase ou simplement la *phase*, modifie
l'apparence de la figure qui résulte de la combinaison
des deux mouvements. Ainsi, quand deux diapasons qui
sont à l'unisson commencent et finissent ensemble leur
course (quand la phase est nulle), la trajectoire de
l'image lumineuse est une ligne droite ; dans tous les
autres cas, c'est une ellipse ou un cercle. Nous avons
écrit au-dessous de chacune de nos figures la différence
de phase correspondante, en fraction d'une vibration
entière.

Quand les vibrations des deux diapasons sont exactement dans le rapport de deux nombres entiers, la figure
optique qu'il donnent en commençant leur mouvement
reste la même pendant toute la durée de ce mouvement,
à cela près qu'elle diminue de grandeur à mesure que
les vibrations s'éteignent. Dans ce cas, on n'observe
donc qu'une seule des courbes qui caractérisent l'intervalle musical dont il s'agit. Mais si l'accord des diapasons n'est pas parfait, s'ils sont légèrement dissonants,
la figure ne reste pas fixe, elle se transforme progressi-
vement de manière à parcourir le cycle complet des
courbes diverses qui correspondent au même intervalle. C'est que le retard ou la différence de phase
augmente alors sans cesse, comme l'écart de deux pendules qui ne sont pas d'accord ; il s'ensuit que la figure
change aussi d'une manière continue. La transformation est d'autant plus rapide que le désaccord des dia-

pasons est plus prononcé. Il en résulte pour l'ellipse, qui caractérise l'unisson, un balancement dans lequel elle s'incline tantôt à droite, tantôt à gauche, en se fermant à chaque fois de manière à passer par la forme d'une ligne droite. Cette titubation des figures trahit immédiatement le plus léger désaccord et permet, en outre, d'en apprécier la valeur.

C'est par ce moyen que les diapasons destinés à donner le *la* normal sont comparés à l'étalon du Conservatoire; une fois corrigés et reconnus exacts, ils sont poinçonnés comme l'argenterie à la monnaie. Cette opération se fait nécessairement sans que le diapason à comparer soit orné d'un miroir, qui en changerait la note; si les branches sont polies, elles servent comme des miroirs, et si elles ne le sont pas, il suffit de bien fixer un point de leur surface en se servant d'un microscope.

Au reste, M. Lissajous a généralisé l'emploi de son procédé par l'invention du *comparateur optique*. C'est un microscope dont l'objectif, séparé du tube, est porté par l'une des branches d'un diapason placé à angle droit avec le tube. Quand le diapason vibre, il fait danser l'objectif devant le tube, et les objets que l'on voit dans le champ du microscope semblent osciller dans le même sens. Si maintenant l'un des objets vibre lui-même dans un sens différent, la vibration réelle et la vibration apparente se composent, et la courbe qui en résulte peut faire connaître le nombre des vibrations du corps que l'on étudie.

XI

LE TIMBRE

Forme des ondes. — Vibrations pendulaires. — Sons simples et sons complexes. — Harmoniques. — Timbre de la voix et des instruments de musique. — Sons musicaux. — Voyelles. — Résonnance multiple.

Nous avons vu que le ton ou la hauteur d'une note dépend de la rapidité avec laquelle se succèdent ses vibrations. Est-ce là toute la différence qui peut exister entre deux sons? Évidemment non, car on ne confond point les sons d'origine diverse lors même qu'ils sont à l'unisson ; ils se distinguent encore par une qualité originelle que l'on nomme le *timbre*. Les sons du cor ne ressemblent point à ceux d'une harpe, le violon résonne autrement qu'un tuyau d'orgue. La même note a un caractère différent suivant qu'on la chante sur un *a* ou sur un *o*, d'où il suit que les voyelles ne représentent que le timbre changeant de la voix humaine ; on pourrait même classer les timbres des instruments de musique en déterminant les voyelles dont ils semblent se rapprocher le plus.

D'où vient le timbre? Comment la même note peut-elle produire des impressions si différentes? Cette question a longtemps préoccupé les savants, et ce n'est que dans ces derniers temps que, grâce aux recherches de M. Helmholtz, elle a été résolue d'une manière satisfaisante.

On avait toujours pensé, et avec raison, que le timbre devait avoir quelque rapport avec la forme particulière des vibrations du corps sonore. Leur nombre ne déterminait que la hauteur du son; il ne restait d'autre différence possible que celle que pouvait présenter chaque vibration prise en elle-même.

Une pareille différence se découvre aisément dans les ondulations des liquides : il y a des ondes d'aspect différent, des ondes pointues, crénelées, aplaties, offrant cependant toutes la même période de succession. Un coup de vent qui frise la surface de l'eau, y fait naître une foule de petites rides qui changent la forme des vagues sans en ralentir ni en accélérer le mouvement général. Mais qu'est-ce que la *forme* d'une vibration fixe comme celle d'une corde, pendant laquelle tous les points du corps vibrant ne font que monter et descendre, c'est-à-dire parcourir dans deux sens opposés la même ligne droite?

Rien n'est plus simple. De même qu'on peut aller de mille manières, en un quart d'heure, de l'arc de triomphe de l'Étoile à la place de la Concorde — par exemple, en flânant pendant cinq minutes, en accélérant le pas pendant les cinq minutes suivantes, et en reprenant ensuite une allure tranquille — de même une molécule qui vibre peut se transporter de plus d'une manière, en un centième de seconde, d'une extrémité à l'autre du chemin qu'elle doit parcourir. Elle peut aller d'abord lentement, puis très-vite, et enfin ralentir sa course ; mais elle peut aussi se relâcher de son zèle deux ou trois fois avant d'arriver au bout de sa route. La méthode graphique et le miroir tournant nous permettent de constater ces accès de vitesse qui ont lieu pendant une même oscillation. Une feuille de papier enfumé qui se déplace rapidement sous une pointe vibrante, garde la trace visible de toutes les irrégularités du mouvement oscillatoire ; on les devine d'après l'aspect de la courbe obtenue, et on sait tout de suite combien de fois pendant chaque oscillation l'*andante* a alterné avec le *presto*. Le miroir tournant nous montre une perle fixée à l'extrémité d'une tige horizontale dans une suite de perspectives différentes qui la font paraître comme un ruban lumineux ; si alors la tige vibre perpendiculairement à ce ruban, la perle monte et descend, et le sillon lumineux se transforme en une chaîne de replis serpentants ; la courbe est tout à fait analogue à celle que forme le tracé graphique.

Lorsqu'on connaît déjà *a priori* la nature particulière d'un mouvement périodique, on peut tracer les courbes en question sans les avoir vues. Sur une ligne droite horizontale on marquera les secondes successives ; à chaque division, on élèvera une cote verticale qui figure la hauteur où doit se trouver à ce moment le corps vibrant, lequel est censé monter et descendre ; les extrémités des cotes forment la courbe de la vibration. C'est ainsi que la figure 92 représente le mouvement périodique d'un marteau pilon que commande une roue hydraulique. Il s'élève d'abord lentement pour retomber ensuite tout d'un coup ; à la première seconde, il est tout bas ; jusqu'à la

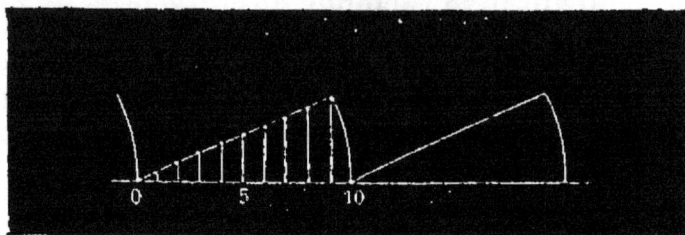

Fig. 92.

neuvième, il monte paresseusement, de la neuvième à la dixième, il redescend par une chute très-brusque. Le mouvement d'une corde attaquée par un archet est tout à fait analogue. La figure 93 représente de la même

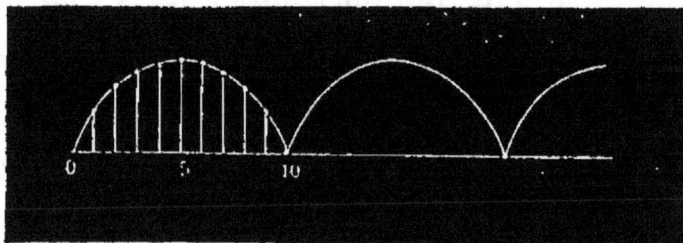

Fig. 93.

manière les hauteurs où se trouve au bout de 1, 2, 3... unités de temps une bille élastique qui rebondit verticalement après avoir touché le sol. Un miroir tournant la montrerait décrivant cette courbe qui est formée d'arcades successives.

Le mouvement périodique le plus simple, ou le plus régulier, est celui d'un pendule. La courbe qui le représente a la forme sinueuse de la figure 93 ; c'est ainsi qu'un pendule terminé par une pointe tracerait ses oscillations sur une feuille de papier

que l'on ferait glisser sous cette pointe : la ligne
droite indique le sens dans lequel marcherait le papier,

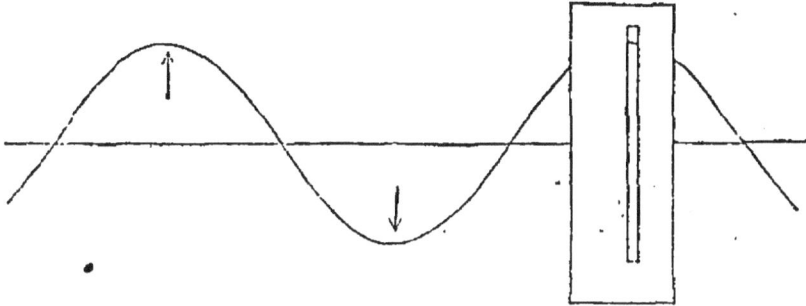

Fig. 94.

les oscillations sont perpendiculaires à cette ligne,
comme l'indiquent les flèches. Il est facile de reproduire à l'aide de cette courbe le mouvement pendulaire
d'un point qui monte et descend ; prenez un canif et
une carte, pratiquez dans la carte une fente étroite et
appliquez-la sur la courbe de manière que la fente soit
verticale, puis faites-la marcher lentement de droite à
gauche ; vous ne verrez toujours qu'un point de la
courbe, et il semblera osciller dans la fente absolument
comme un pendule véritable.

La loi du mouvement pendulaire peut en quelque sorte
s'exprimer mathématiquement par une comparaison.
Imaginons un point lumineux, par exemple une petite
lanterne, attaché contre le bord d'une roue qui tourne
avec une vitesse uniforme (fig. 95). En vous mettant de
face vous verrez donc le luminaire décrire un cercle
parfaitement régulier. L'apparence ne sera pas la même
pour un observateur placé de champ qui ne peut voir
la roue que par sa tranche. S'il est un peu loin, il
pourra la prendre pour un bâton vertical, et le point

lumineux lui semblera monter et descendre le long de
ce bâton ; seulement, il lui fera l'effet de marcher

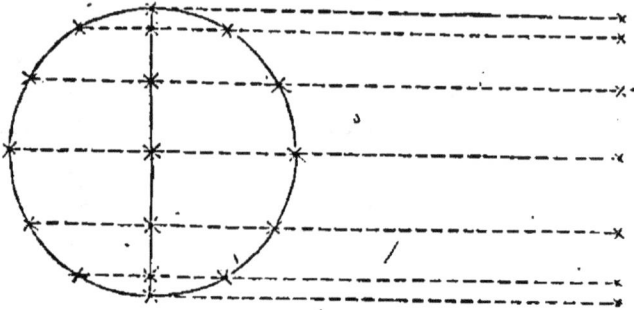

Fig. 95.

beaucoup plus vite quand il sera à la hauteur de l'axe
que lorsqu'il sera tout en haut ou tout en bas de la roue;
à ces deux instants, la petite lumière paraîtra s'arrêter
momentanément avant de revenir en arrière. Eh bien,
ce mouvement apparent sera l'imitation exacte d'un
mouvement pendulaire qui ferait osciller le point lumineux le long du diamètre vertical de la roue.

On appelle *vibration pendulaire* un mouvement périodique caractérisé par les mêmes alternatives de lenteur et de vitesse : vitesse nulle aux deux extrémités de
la course, croissante vers le milieu, où elle est maximum. Un *son simple* est produit par une vibration pendulaire. Le va-et-vient des branches du diapason ordinaire approche beaucoup de cette vibration type ; le
diapason donne une note à peu près simple, la flûte
également.

Tous les sons simples sont excessivement doux et
nous semblent plus graves qu'ils ne le sont en réalité.
Leur timbre a quelque chose de sombre qui rappelle le
timbre de la voyelle OU ; il est indépendant de la matière

du corps sonore. Nous verrons bientôt comment il faut faire pour produire un son simple ; dans la nature c'est un oiseau rare que l'on ne rencontre presque jamais.

On ne rencontre dans la nature que des sons complexes, c'est-à-dire composés de plusieurs sons simples de hauteur diverse. Chaque corps qui résonne librement est à lui seul un petit orchestre. Le son le plus grave donne le ton, les autres, tous plus aigus les uns que les autres, accompagnent en sourdine. C'est cela qui fait le timbre. Un timbre riche est un nid de sons harmonieux dont le gazouillement nous plaît sans que nous sachions pourquoi.

Il était connu depuis fort longtemps que beaucoup de corps rendent, en même temps que leur son fondamental, quelques autres sons plus faibles, appelés *harmoniques* ; mais on ne se rendait pas compte du rôle qu'il fallait leur attribuer. On ne se disait pas qu'ils sont la cause principale, sinon unique, du timbre qui caractérise les différents instruments, et que c'est leur intervention qui explique les formes diverses des courbes vibratoires.

Sauveur a donné le nom d'*harmoniques* d'un son fondamental aux sons qui font 2, 3, 4, 5 ... vibrations pendant que l'autre n'en fait qu'une. Ensemble, ils forment donc la série naturelle des nombres 1, 2, 3, 4, 5 ... Le premier harmonique est l'octave du son fondamental, le second, la douzième ou octave de la quinte ; ceux qui suivent sont : la double octave, la dix-septième ou double octave de la tierce ; la dix-neuvième ou double octave de la quinte, etc.

Afin de rappeler toujours les rapports de hauteur des harmoniques par leur désignation même, nous y comprendrons le son fondamental, qui sera l'harmonique 1 ; l'octave sera l'harmonique 2, la douzième l'harmonique 3 et ainsi de suite.

En prenant l'*ut*$_2$ pour son fondamental, nous avons la série que voici :

	ut$_2$		*ut*$_3$	*sol*$_3$	*ut*$_4$	*mi*$_4$	*sol*$_4$	*la♯*$_4$	*ut*$_5$	*ré*$_5$	*mi*$_5$	*fa♯*$_5$...
	1		2	3	4	5	6	7	8	9	10	11...

On voit qu'en dépit de leur nom, ces notes sont loin de former toujours entre elles des accords consonnants. Cela n'est vrai que pour les six premières ; 7 et 11, représentées approximativement par *la* ♯ et *fa* ♯, n'appartiennent même pas à l'échelle musicale, ce sont des notes dissonantes, aussi bien que 9, qui est un *ré*. Quand ces notes se font sentir dans un son composé, elles en altèrent la beauté et lui donnent quelque chose de strident.

Sauveur avait très-bien observé le phénomène des sons harmoniques ou de la *résonnance multiple* dès 1700. « Une corde de clavecin étant pincée, dit-il, outre le son fondamental, on entend encore en même temps, quand on a l'oreille fine et exercée, d'autres sons plus aigus que celui de la corde entière, produits par quelques-unes de ses parties, qui se détachent en quelque sorte de la vibration générale pour faire des vibrations particulières. Cette complication des vibrations se peut concevoir par l'exemple d'une corde attachée par les deux bouts et lâche, comme celle des danseurs. Car tandis que le danseur de corde lui donne un grand branle, il peut avec ses deux mains donner deux branles particuliers aux deux moitiés...

« Aussi chaque moitié, chaque tiers, chaque quart d'une corde a ses vibrations à part tandis que se fait la vibration de la corde entière. C'est la même chose d'une cloche quand elle est fort bonne et harmonieuse... »

Après avoir énuméré les harmoniques successifs qui accompagnent le son fondamental d'une corde sonore, Sauveur ajoute :

« Il paraît donc que toutes les fois que la nature fait par elle-même, pour ainsi dire, un système de musique, elle n'y emploie que cette espèce de sons, et cependant ils étaient demeurés jusqu'à présent inconnus à la théorie des musiciens. Quand on les entendait, on les traitait de bizarres et d'irréguliers, et l'on se dispensait par là de faire une brèche au système imparfait et borné qui était en règne. »

Rameau reprit vingt-cinq ans plus tard ces idées et en fit la base d'un nouveau système musical.

Le son fondamental et ses harmoniques, pris isolément, sont des sons simples à vibrations pendulaires. Leur mélange constitue un son complexe dont les vibrations ont une forme plus ou moins compliquée. Chacune de ces vibrations successives se compose : 1° d'une vibration du son fondamental ; 2° de deux vibrations de l'octave ; 3° de trois de la douzième ; 4° de quatre

de la double octave, et ainsi de suite. La forme générale
de la courbe qui représente cette vibration composée
est déterminée par le son fondamental, mais les harmoniques en font osciller le contour en y produisant des
dépressions et des renflements. Dans la figure 96, le

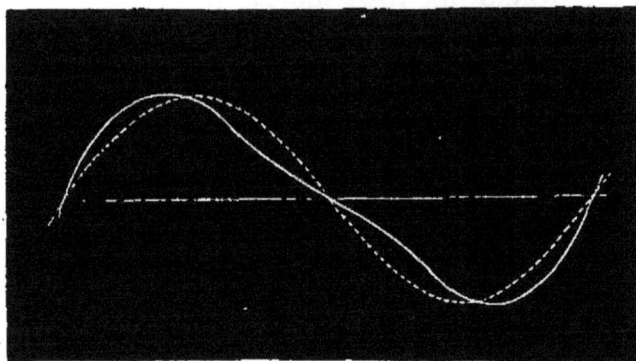

Fig. 96. Son fondamental et octave.

pointillé représente la courbe du son fondamental, et
le trait blanc la courbe qui résulte de l'adjonction de
l'octave. C'est une courbe de ce genre qui caractérise le
timbre d'un son complexe ; elle change de forme suivant
l'intensité relative des harmoniques, mais le nombre
des grands replis ou périodes est toujours le même, et
c'est ce qui fait que la *hauteur* du son mélangé est celle
du son fondamental.

Inversement, une vibration périodique, de forme
quelconque, peut toujours être décomposée en une série de vibrations harmoniques simples de la forme pendulaire. En d'autres termes, tout son complexe, de
hauteur définie, peut se résoudre en une série harmonique de sons simples, commençant par un son fondamental de même hauteur que le son complexe. C'est un

théorème de Fourier, un des plus féconds que possède l'analyse; mais nous devons nous borner à l'énoncer ici. Il en résulte que si le timbre dépend de la forme des vibrations, cette forme dépend à son tour des harmoniques, de sorte qu'en définitive le timbre naît de la superposition de sons simples. Ce n'est point là une fiction mathématique, une définition subtile dénuée de toute réalité physique : l'expérience confirme ces déductions de la manière la plus frappante.

Pour bien comprendre ce que c'est qu'un mouvement composé, reportons-nous encore une fois aux ondulations d'une surface liquide. L'eau est agitée par deux pierres tombées en deux endroits différents; il y a donc deux centres d'ébranlements d'où se propagent deux systèmes de bourrelets circulaires et concentriques qui finiront par se rencontrer et se pénétrer, mais que l'œil pourra suivre encore après leur rencontre. C'est surtout au bord de la mer qu'il est facile de faire des observations de ce genre. Les lames qui arrivent du large et qui se reconnaissent à leurs crêtes couronnées d'une écume blanchâtre, atterrissent dans une succession fort régulière; réfléchies dans plusieurs directions suivant la configuration de la côte, elles reviennent en arrière et s'entre-croisent obliquement en tout sens. Un bateau à vapeur qui passe laisse derrière lui deux traînées divergentes de vagues tumultueuses; un oiseau de proie, qui plonge pour attraper un poisson, fait naître une suite de petites ondes circulaires qui cheminent à travers cette confusion générale. Il est rare qu'un observateur attentif ne puisse pas débrouiller et suivre dans ce pêle-mêle chaotique les divers mouvements

partiels qui offrent chacun une direction et une forme
particulières.

De même, l'oreille distingue parfaitement les différents mouvements sonores qui lui sont à la fois transmis
par l'air. Transportons-nous par la pensée au milieu
d'un bal, au moment où l'orchestre fait résonner une
joyeuse fanfare. Quel mélange de sons qui cependant
se distinguent encore avec plus ou moins de netteté!
Des cordes de la basse et des bouches des hommes partent des ondes sonores d'une longueur de trois à quatre mètres; des lèvres roses des femmes s'élancent des
ondulations plus courtes et plus rapides; le frou-frou
soyeux des robes et le bruit des pas produisent de petits tourbillons d'ondes fines et serrées, et tout cela se
pénètre et se mélange sans se confondre, puisque l'o-
reille distingue aisément les notes d'origine diverse.
Cependant le conduit auditif, qui reçoit toutes ces impressions à la fois, n'est qu'un point en comparaison
avec la masse d'air de la salle où se croisent tous ces
mouvements vibratoires. L'oreille ne peut suivre les
ondes sonores dans tout leur parcours comme l'œil qui
observe l'agitation d'une nappe liquide.

Si l'on jette une pierre dans une eau déjà agitée par
des ondulations d'une certaine ampleur, on verra de
petits cercles concentriques se propager sur la surface
ondulée comme ils se propageraient sur l'eau tranquille.
Au moment où le bourrelet circulaire coïncide avec la
crête d'une des grandes ondes, la hauteur de cette onde
se trouve subitement augmentée de la hauteur du bourrelet; de même, la dépression circulaire en s'ajoutant
momentanément à la dépression qui existe entre deux

ondes, aura pour effet de creuser cette dernière davantage. Au contraire, une dépression se rencontrant avec
une élévation, il y aura affaiblissement de l'effet principal. Ainsi, l'addition des ondes plus petites au grandes
y produit simplement des bosses ou des creux ; et à
moins d'embrasser d'un coup d'œil l'ensemble de ces
petites bosses dans leur distribution circulaire, on peut
perdre de vue les ondes excitées par la pierre et ne plus
voir que les grandes ondes un peu modifiées dans leur
contour extérieur. C'est ainsi que l'oreille ne distingue
pas toujours une note faible qui en accompagne une
autre beaucoup plus forte ; il nous semble n'entendre
que cette dernière, elle prend seulement un timbre
spécial.

La séparation des notes élémentaires qui se trouvent
associées dans un son naturel ou dans un bruit quelconque, peut néanmoins toujours être effectuée par l'oreille
avec le secours des globes résonnants que nous avons
déjà décrits. On a vu que ces globes renforcent chacun
une note particulière dont ils ont été constitués les gar-
diens ; ils lui répondent, lui font écho, la retirent pour
ainsi dire de la bagarre. Avec une série de résonnateurs
façonnés chacun pour une note spéciale, il est donc facile de mettre ces notes en évidence pour peu qu'elles
existent dans un mélange quelconque. On démontre
ainsi aisément que les harmoniques des sons musicaux,
bien loin d'être une illusion de l'ouïe, un phénomène
tout subjectif, ont une existence parfaitement réelle.
Avec un peu d'habitude, on arrive d'ailleurs à les discerner par l'oreille seule.

Une fois accoutumée à écouter, l'oreille écoute pres-

que à notre insu. Ainsi, quand on entendra un tambour
à peu de distance, on remarquera d'abord un son grave
et sourd, qui est celui de l'air emprisonné dans la
caisse ; puis une série de notes aiguës, plus claires et
plus nettes, que produit la peau tendue sur le cadre.
D'autres notes stridentes, mais de courte durée, sont
dues au fouettement des cordes sur la membrane inférieure, enfin les parois de la caisse font entendre un
tintement métallique.

La voix humaine est très-riche en harmoniques, elle
prend des timbres extrêmement complexes. Avec les
résonnateurs, on peut constater jusqu'à 16 harmoniques dans une voix de basse qui chante un A ou un E
sur une note très-grave. Rameau n'ignorait pas ce phénomène, et beaucoup de musiciens l'ont observé depuis. Ainsi Seiler raconte qu'en écoutant, pendant des
nuits sans sommeil, la voix du guet qui annonçait les
heures aux bourgeois de Leipzig, il lui sembla souvent
entendre d'abord la douzième d'une note et ensuite cette
note elle-même. M. Garcia dit qu'en écoutant sa voix,
dans le silence de la nuit, sur le pont Neuf, il a souvent pu distinguer l'octave et la douzième de la note
qu'il donnait. Si nous nous apercevons si rarement de
l'existence de ces notes parasites dans les sons de la
voix, c'est que nous n'y songeons pas d'ordinaire. Mais
voici comment on peut s'assurer de ce fait. Que l'on
prie un chanteur de tenir un O sur le *mib* inférieur de
la basse, et qu'on fasse résonner faiblement sur le piano
le *sib* de l'octave moyenne afin de fixer l'attention sur
cette note ; on continuera d'entendre le *sib* après que
le doigt aura quitté la touche et que la corde aura, par

conséquent, cessé de vibrer. C'est que le *si♭* résonnant dans le *mi♭* de la voix remplacera le son de la corde. Si l'on veut de cette façon entendre le *sol* de l'octave suivante, ou la dix-septième du *mi♭*, il vaut mieux choisir la voyelle A.

Une circonstance qui mérite d'être rappelée ici, c'est que les notes depuis mi_6 jusqu'à sol_6, qui appartiennent à la dernière octave du piano, sont toujours enflées d'une manière toute spéciale par la résonnance du conduit auditif; elles acquièrent ainsi une intensité factice qui donne quelque chose de perçant, de strident, aux sons qu'elles accompagnent à titre d'harmoniques. Pour une oreille très-fine la sensation est même douloureuse. Au reste, on sait que les chiens eux-mêmes sont sensibles à ces sortes d'impressions; leur ouïe est froissée par le *mi* suraigu du violon, il les fait hurler. Cette irritabilité de l'oreille à l'égard des notes très-élevées la rend particulièrement sensible à ces dissonances désagréables qui nous frappent toujours dans les chœurs d'hommes, surtout quand ils forcent un peu les voix. On entend très-réellement au-dessus des notes basses un charivari de petites notes criardes, étrangères à l'harmonie, qui accompagnent le chant comme un orchestre de grelots ou de cymbales.

Les cordes minces sont également très-fécondes en harmoniques. Dans un fil d'acier très-fin, M. Helmholtz en a observé jusqu'à dix-huit; les harmoniques 7, 9, 11, 13, 14, 17, 18, sont tous plus ou moins dissonants; s'ils avaient plus d'intensité et de persistance, ils produiraient une affreuse cacophonie. Heureusement, l'oreille ne distingue ordinairement que les premières notes supérieures, qui sont consonnantes avec la note fondamentale, et encore faut-il beaucoup d'attention pour les saisir.

Il paraît établi, par tous ces faits, que *toute* vibration sonore qui offre un timbre particulier est décomposée par l'oreille en sons simples formant une suite harmonique. Cette conclusion peut à première vue paraître trop absolue et contraire au témoignage de nos sens, puisque d'habitude on ne se rend pas compte de l'existence de plusieurs notes dans un son musical. Tout au plus les musiciens distinguent-ils dans un accord les différentes notes qui le constituent, mais qui sont produites séparément. La difficulté semble encore augmenter quand on forme l'accord avec des intervalles composés tels que la douzième, réplique de la quinte, et la dix-septième, *triplique* de la tierce (comme l'appelle Sauveur), intervalles qui rentrent dans la suite harmonique. J'ai vu faire à M. Kœnig la jolie expérience que voici. Sur la boîte de résonnance d'un énorme diapason qui résonne comme un bourdon, il groupe un orchestre de diapasons plus petits accordés pour donner les quatre ou cinq premiers harmoniques du grand. D'un vigoureux coup d'archet il fait parler d'abord le gros patriarche, puis tout son cortége : l'air se remplit d'un son grave et harmonieux, très-plein, mais qui semble unique à une oreille peu exercée ; on ne distingue pas du tout les voix des diapasons aigus. Alors M. Kœnig étouffe subitement le plus grave en posant la main dessus : aussitôt, on entend les autres, qui continuent de vibrer ; leurs voix se résolvent, se séparent nettement dès qu'on supprime la basse fondamentale qui les soutenait et les liait en faisceau.

Ainsi, dans les circonstances ordinaires, l'oreille ne semble pas effectuer ce morcellement qui sépare le timbre en ses éléments constitutifs. Mais ceci est une erreur ; il ne s'agit que de nous entendre sur les mots. En effet, il faut distinguer ici entre la perception ou *sensation*, qui est complexe, et l'*impression* que reçoit l'esprit, qui est *une*. L'oreille perçoit bien réellement plusieurs notes quand le violon donne un *fa*, mais l'ensemble de ces notes n'éveille en nous que le souvenir d'un *fa* ayant un timbre particulier, le *fa* du violon ; nous n'avons aucun intérêt direct à analyser autrement notre impression. Le clavier de l'appareil auditif décompose le bruit complexe qui le frappe, mais la synthèse se refait dans le centre nerveux. La physiologie nous offre bien des exemples d'illusions tout à fait semblables. Ainsi, nous prenons pour des couleurs simples ces teintes que le prisme décompose en une infinité de nuances. La théorie de la vision binoculaire montre avec évidence que, pendant toute notre vie, nous voyons doubles tous les objets, à l'exception de ceux que nous fixons, et pourtant, pour nous en convaincre, il faut un grand effort d'attention. Peu de personnes savent qu'il existe dans la rétine un petit espace insensible, le *punctum cæcum* (point aveugle), et qu'en conséquence nous ne voyons pas dans une certaine direction, à peu près au centre du champ de la vision. Cette lacune est si grande, que sept disques lunaires rangés à la file y trouveraient place, et qu'à 2 mètres un visage humain y disparaît ; mais nous voyons toujours à côté. Quand Mariotte démontra ce fait par des expériences à la cour du roi Charles II d'Angleterre, il put s'amuser de la stupéfaction de ses illustres auditeurs. On cite des exemples bien avérés de personnes qui n'ont découvert que par hasard qu'elles étaient borgnes depuis longtemps, c'est-à-dire affectées d'une cécité dont les caractères prouvaient qu'elle remontait déjà à plusieurs années. Telle est notre indifférence pour un phénomène qui nous accompagne sans cesse. Nous ne nous rendons pas plus compte de la nature complexe d'un son musical que nous ne nous apercevons de la duplicité de l'image d'un objet que nous regardons avec les deux yeux ; et c'est cependant cette duplicité qui produit l'impression du relief, comme le prouvent les effets du stéréoscope. Le timbre est le relief des sons.

Nous ne sommes faits qu'à distinguer entre eux les sons d'instruments différents, ou la voix de plusieurs personnes ; et dans ces cas, pour nous aider nous avons encore en dehors du timbre une foule d'autres caractères distinctifs, par exemple les petits bruits qui précèdent ou suivent l'émission du son, sa durée, sa force, ses intermittences et ses variations. Mais quant à ce qui est de décomposer le timbre et d'en avoir le sentiment, il faut que l'oreille ait été formée à cette tâche.

On appelle *fourniture* un jeu d'orgue formé de trois à sept tuyaux d'étain pour chaque note, qui sont accordés dans le rapport des consonnances harmoniques. Les tuyaux de chaque note sont à l'octave ou à la quinte les uns des autres ; quelques organiers y font entrer la tierce, surtout ceux d'Italie, qui l'emploient

toujours dans leur *ripieno*. Cet assemblage de petits
tuyaux résonnant avec les grands et confondant leur
son de manière à ne plus produire qu'une sensation
indécise, est pour l'ensemble une sorte d'assaisonne-
ment, comme le cerfeuil, l'estragon, la pimprenelle,
dont la réunion se nomme aussi *fourniture*, le sont
pour la salade. L'addition de la fourniture aux jeux de
fond donne le plein jeu. Cet effet donne une idée très-
juste de la nature du timbre.

M. Helmholtz a corroboré ces déductions en compo-
sant artificiellement des timbres divers avec les notes
qu'ils étaient censés contenir. Voici une expérience
que tout le monde peut faire sans difficulté. On soulève
les étouffoirs d'un piano de manière à rendre à toutes
les cordes leur liberté, et l'on chante fortement sur la
voyelle A une note quelconque à proximité de la table
d'harmonie de l'instrument. Le résonnement des cordes
reproduit alors distinctement un A ; la ressemblance
est beaucoup moins franche lorsqu'on ne soulève que
l'étouffoir de la corde dont on veut donner la note. C'est
que la voyelle A est caractérisée par un timbre particulier, qui dépend de certaines notes aiguës ; les cordes qui
correspondent à ces notes résonnent par communication, et leur intervention imprime à l'écho de la voix
le timbre que celle-ci avait pris en chantant sur l'A.
On peut imiter de la même manière le timbre de la
clarinette, celui du cor, etc.

La hauteur d'un son musical est donc toujours celle
de la note qui domine dans le mélange harmonique, et
cette note est généralement la plus grave de la série.
Toutefois l'existence des sons supérieurs n'est pas tout

à fait sans influence sur le jugement que l'on porte de
la hauteur d'un son complexe ; ils l'aiguisent, l'élèvent
un peu dans l'échelle musicale. C'est pour cette raison
que des musiciens même très-exercés se trompent parfois d'octave en comparant des notes de timbre différent.

Nous avons déjà dit plus haut que pour discerner des
sons d'origine diverse, le jugement de l'oreille ne se
fonde pas seulement sur le timbre, mais qu'il s'éclaire
de certains bruits accessoires. Dans beaucoup de cas,
ces bruits caractéristiques ne se font entendre qu'au
moment où le son prend naissance ou bien lorsqu'il
s'éteint.

La manière dont se prépare l'émission du son forme
un caractère tout aussi tranché que le timbre ; pour la
voix humaine, les bruits qui précèdent l'émission des
voyelles sont si bien définis, qu'on les a désignés par
une série de lettres : ce sont les consonnes explosives
B, P, D, T, G, K. Elles donnent à la voyelle qui suit ou
précède un caractère particulier qui n'a rien de commun
avec son timbre.

La production un peu forcée des sons dans les instruments de cuivre — ils semblent sortir par soubresauts —
fait encore distinguer les cuivres de la flûte, du haut-
bois, de la clarinette, abstraction faite du timbre proprement dit. Enfin, la rapidité plus ou moins grande avec
laquelle le son fondamental et ses harmoniques s'éteignent constitue une différence sensible entre les cordes
à boyau et les cordes métalliques, encore qu'elles soient
frappées d'une manière identique. Les vibrations des
premières étant peu soutenues, leur son a quelque

chose de sec et de vide, ainsi qu'on le remarque dans le pizzicato du violon ; les vibrations des cordes métalliques persistent plus longtemps, leur son est plein, mais moins pénétrant que celui des cordes légères.

Dans d'autres cas, le son est accompagné de bruits pendant toute sa durée. Ainsi, à côté du son des instruments à vent, on distingue toujours une sorte de sifflement ou de bruissement produit par le frottement de l'air qui se brise sur le biseau de l'embouchure. Le grincement des crins de l'archet s'entend toujours plus ou moins distinctement pendant qu'on joue du violon. Ce sont des bruits de cette espèce que nous désignons par les lettres F, V, S, Z, J, L, R. Les deux dernières sont caractérisées par les intermittences que le frémissement de la langue produit dans l'émission de la voix. « L'R — dit le maître de philosophie à M. Jourdain dans *le Bourgeois gentilhomme* — se prononce en portant le bout de la langue jusqu'au haut du palais ; de sorte qu'étant frôlée par l'air qui sort avec force, elle lui cède et revient toujours au même endroit, faisant une manière de tremblement : R, RA. »

M. JOURDAIN. — R, R, RA. R, R, R, R, R, RA. Cela est vrai. Ah ! l'habile homme que vous êtes, et que j'ai perdu de temps ! R, R, R, RA.

LE MAÎTRE DE PHILOSOPHIE. — Je vous expliquerai à fond toutes ces curiosités.

Les voyelles mêmes sont constamment accompagnées de petits bruits qui nous aident à les deviner encore dans le chuchotement. Ces bruits se font entendre surtout avec I, O, OU ; s'ils sont plus accentués, l'I devient Y, l'OU devient le W anglais. La voix parlée les produit plus distinctement que la voix chantée, qui fait ressortir, au contraire, le timbre ou la partie musicale de la voyelle en l'articulant avec moins de netteté. Cette partie musicale se distingue encore à une distance où les bruits cessent d'être perçus. Voilà pourquoi les consonnes s'entendent moins loin que les voyelles. C'est aussi pour la même raison qu'une voix lointaine peut être confondue avec le cor anglais. Seules, les consonnes M et N participent de la nature des voyelles par leur mode de formation, où les bruits ne jouent qu'un rôle très-secondaire. Si, par un temps calme, on écoute au pied d'une montagne des voix qui parlent à une certaine hauteur, on ne comprend guère d'autres mots que ceux qui sont formés avec M ou N, comme *maman*, *non*.

Voici maintenant ce qui peut se dire des timbres divers :

En premier lieu, il est toujours possible d'obtenir des sons simples, en renforçant le son fondamental d'un diapason par une boîte de résonnance dont les notes supérieures ne concordent pas avec celles du diapason. Le timbre des sons simples est très-doux et très-sombre, trop peu brillant pour la musique.

Les sons accompagnés de notes supérieures non harmoniques — il y en a de toutes les espèces — ne rentrent pas dans notre définition du son musical : on ne peut en faire usage en musique que si les notes supérieures s'évanouissent assez vite pour qu'on puisse les négliger et ne tenir compte que de la note principale. Dans cette catégorie se rangent les verges et les plaques, les diapasons, les cloches, les membranes. Les diapasons

ont des notes supérieures très-élevées ; on les entend au
moment où on frappe le métal. La première est située
aux environs de la douzième du son fondamental. L'o-
reille sépare toujours ces notes aiguës et peu persistan-
tes de la note principale ; elle n'a aucune tendance à
les fondre ensemble, comme elle fond les éléments harmonieux d'un son musical.

La matière des tiges n'influe sur leur sonorité que
par le degré de persis-
tance des sons supé-
rieurs. Dans le bois, ils
s'éteignent beaucoup
plus vite que dans les
substances plus élasti-
ques ; il s'ensuit que s'il
fallait absolument choi-
sir entre le claque-
bois et l'harmonica-

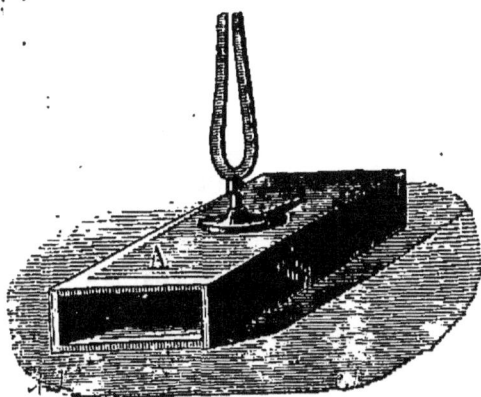

Fig. 97. Diapason monté.

tympanon, dont les éléments sont de petits bâtons de
verre ou d'acier, on donnerait la préférence au claque-
bois. Vers 1830, Gusikow donnait encore des concerts
sur ce dernier instrument, dont l'origine est très-ancienne.

Le son des cloches ordinaires ne saurait être qualifié
de son musical ; mais il paraît qu'en façonnant convenablement les parois, les fondeurs parviennent à rendre
harmoniques les premières notes supérieures d'une cloche, et alors elle possède un timbre assez satisfaisant.
C'est ce qui explique l'effet agréable des carillons, qui
sont surtout répandus dans les villes des Pays-Bas ; on
en compte huit à Amsterdam, dont un composé de qua-

rante-deux cloches qui forment trois octaves et demi (entre *ut₂* et *fa₅*); le plus célèbre est celui de Gand. Paris va en avoir un à Saint-Germain l'Auxerrois.

Le son fondamental des cloches s'abaisse quand on augmente leur diamètre ou leur poids. La plus grosse cloche du monde est celle qui a été fondue à Moscou en 1736; son poids est de 253,900 kilogrammes; malheureusement le bord en a été brisé avant qu'on ait pu s'en servir. Il y en a encore une autre à Moscou qui pèse 111,700 kilogrammes et qui date de 1307. Les grands bourdons de nos cathédrales pèsent rarement plus de 10,000 kilogrammes; celui de Notre-Dame de Paris, fondu en 1680, pèse 15,000 kilogrammes.

L'harmonica de Franklin se compose de cloches en verre que l'on fait vibrer en promenant les doigts mouillés sur leurs bords; les sons de cet instrument sont très-pénétrants et irritent les nerfs, ce qui doit tenir à l'apparition d'harmoniques suraigus.

Les instruments à percussion tels que timbres, tam-tams, grelots, sistres, clochettes, triangles et cymbales se rangent dans la même catégorie que les cloches et les diapasons. Ils ont des notes supérieures discordantes. Le *tam-tam* ou *gong* des Chinois est une plaque circulaire à bord relevé, en bronze trempé et écroui au marteau.

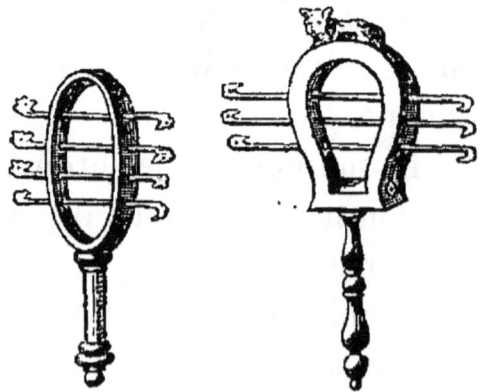

Fig. 98. Sistres des anciens.

On le frappe à petits coups précipités en allant de

la circonférence au centre, et on entend alors des sons multiples qui éclatent comme par explosion avec des effets de sonorité vraiment étranges; c'est comme s'il y avait dans le métal une meute de sons faisant des efforts désespérés pour briser les barres de sa prison. Les feuilles de tôle avec lesquelles on imite dans les théâtres le bruit du tonnerre produisent des effets qui ont une certaine analogie avec ceux du tam-tam.

Les peaux du tambour, de la grosse caisse, des timbales, ne rendent pas non plus des sons musicaux, mais la résonnance de la caisse étouffe jusqu'à un certain point les notes supérieures qui accompagnent le son fondamental. Toutes ces machines à bruit ne s'emploient que pour mieux marquer la mesure; ce sont les instruments favoris des sauvages. Il n'y a pas de peuple sur la terre qui n'ait inventé un tambour pour battre la mesure et pour animer les danseurs. On en trouve chez les Esquimaux, chez les Patagons, les Hottentots et les Néo-Zélandais. Un pot de terre, un morceau de bois creux, une calebasse, avec une peau d'âne, de crocodile ou de requin, forment les éléments de ces grossières boîtes de résonnance. Le tambour de basque et les castagnettes, dont les peuples du Midi font un si gracieux usage pour marquer le rhythme de leurs danses, sont d'origine très-ancienne. Le *crotalon* des bacchantes n'est pas autre chose.

Les cordes et les tuyaux forment la véritable matière première des instruments de musique; leur timbre est constitué harmoniquement. Une corde homogène, qui vibre en totalité, rend le son fondamental et la série

Fig. 99. Bacchante, d'après un bas-relief.

2, 3, 4 ... de ses harmoniques; mais l'on peut aussi la faire vibrer de manière qu'elle rende seulement un des harmoniques en se divisant en des ventres séparés par des nœuds.

Le timbre des cordes varie suivant qu'elles sont pincées, comme celles de la harpe; frappées avec un marteau, comme dans le piano; attaquées avec l'archet, comme dans le violon, ou agitées par le vent, comme dans la harpe éolienne.

Dans la construction des pianos, l'expérience de deux siècles a conduit à une foule de règles empiriques qui se trouvent aujourd'hui justifiées par la théorie. Ainsi le marteau frappe au septième ou au neuvième de la longueur des cordes moyennes, et le choix de cette place a été déterminé par le timbre qui en résulte; or, la théorie fait voir que l'on supprime par cet artifice les harmoniques 7 et 9, les premiers qui soient en dissonance avec le son fondamental. Le temps pendant lequel le marteau reste en contact avec la corde influe également sur le timbre; c'est cette considération qui peut guider le choix des marteaux.

Les cordes à boyau ont des harmoniques très-élevés, mais aussi très-peu persistants, ce qui en corrige l'influence nuisible. Dans le violon, leur timbre est légèrement modifié par la résonnance de la caisse, dont le son propre est d'ordinaire l'ut_3. Les premiers harmoniques sont moins prononcés dans le timbre du violon que dans celui du piano; les harmoniques aigus sont, au contraire, plus accentués dans le violon.

Les *tuyaux ouverts* se comportent de la même manière que les cordes; ils ont un son fondamental dont

le timbre comprend la série naturelle des notes 1, 2,
3, 4, 5 ... et on peut faire disparaître le son fondamental et n'obtenir qu'un harmonique en forçant le
vent. Dans les *tuyaux fermés*, les harmoniques d'ordre
pair manquent; ils rendent seulement les notes 1, 3,
5, 7 ...

Un tuyau fermé a toujours le même son fondamental
qu'un tuyau ouvert de longueur double; on peut s'en
assurer en enfonçant un tiroir au milieu
d'un tuyau ouvert (*fig.* 100); on le change
ainsi en tuyau fermé de longueur moitié,
mais le son reste toujours le même. Enfin,
dernière loi qui explique la dénomination
des registres de l'orgue, la hauteur du son
fondamental est en raison inverse de la longueur des tuyaux. Un tuyau de seize pieds,
ouvert, donne l'octave grave du tuyau de
huit pieds ouvert, mais il est à l'unisson du
tuyau de huit pieds fermé; le tuyau de huit
pieds ouvert est à l'octave grave du tuyau
de quatre pieds ouvert et à l'unisson du
tuyau de quatre pieds bouché, etc.

Fig. 100.

Dans les jeux d'orgue, on emploie autant
de tuyaux qu'il y a de notes à produire;
chacun ne donne que sa note fondamentale. Mais
dans les instruments où l'on souffle par la bouche,
on a recours à divers artifices pour tirer du même
tuyau toutes les notes de la gamme. Ainsi, le *cor*
est fait d'un tube de cuivre très-long, contourné
sur lui-même; on n'en tire que les harmoniques 8, 9,
10, ... qui donnent la gamme actuelle si on en mo-

difie quelques-uns, ce qui s'obtient en introduisant
le poing dans le pavillon. Dans le *trombone*, on fait varier la longueur du tuyau par une coulisse; dans le
cornet à piston, par des tubes supplémentaires que le
jeu des pistons intercale dans le circuit total. Dans
d'autres instruments, comme la flûte, la clarinette, etc.
le tuyau sonore est percé de trous que les clefs permettent de fermer et d'ouvrir. La colonne d'air du tube
est forcée de vibrer de manière qu'il y ait des ventres
en regard des orifices ouverts, et il en résulte que ces
orifices produisent le même effet que si le tuyau était
coupé aux endroits où ils sont situés. Grâce à ce mécanisme, le musicien a donc dans sa main toute une série
de tuyaux de longueurs différentes, et il peut en tirer
les sons les plus variés.

Dans tous les instruments à vent, une des parties les
plus importantes est l'*embouchure*. La plus
simple est celle des tuyaux à bouche,
comme la flûte et la plupart des tuyaux
d'orgue; elle est représentée par le *sifflet*
(*fig.* 101), qui est une simple embouchure
sans tuyau; le vent vient frapper sur la
lèvre de la bouche avec un bruissement que
l'on peut considérer comme un mélange de
sons faibles. La colonne d'air du tuyau en

Fig. 101.

renforce quelques-uns par voie de résonnance élective,
ce sont les harmoniques que le tuyau peut rendre.

Dans les *embouchures à anche*, le jet d'air envoyé
par un soufflet ou par les poumons fait d'abord vibrer
une languette métallique qui l'interrompt périodiquement; ce trémolo de la languette donne naissance à une

gerbe de notes parmi lesquelles la colonne d'air du tuyau fait encore son choix ; mais le son n'est pas le même que lorsqu'on fait parler le tuyau par une embouchure ordinaire. A cette catégorie appartiennent les tuyaux d'orgue à anche, l'orgue expressif, la clarinette, le hautbois, le basson, le cor anglais.

Le lèvres humaines fonctionnent comme anches membraneuses quand on embouche le cor, le trombone, l'ophicléide. L'influence de leur disposition et de leur tension se réduit à favoriser plutôt tel que tel autre harmonique du tube de l'instrument.

Dans la production de la voix, ce sont les *cordes vocales* qui jouent le rôle d'anches membraneuses, mais leur mode d'action est tout autre que celui des lèvres : elles déterminent *directement* la hauteur de la note sur laquelle on parle ou chante. Dans la clarinette ou le cor, la note dépendait toujours du volume d'air combiné dans le tuyau sonore ; ici, au contraire, elle ne dépend que de la tension de l'anche, c'est-à-dire des cordes vocales, et nullement de la masse d'air que renferme la cavité buccale ; sa hauteur est donnée uniquement par les vibrations des ligaments.

Toutefois la résonnance buccale devient très-importante à un autre point de vue. Elle modifie le timbre de la voix en y favorisant tel ou tel harmonique.

C'est là l'origine des voyelles.

Une voyelle n'est autre chose que le timbre particulier que prend une note quelconque si la résonnance de la bouche renforce, parmi les harmoniques de cette note, celui qui se rapproche le plus d'une certaine note *fixe*. Ainsi, par exemple, la voyelle A est produite par la résonnance du *sib*₄. Pour articuler un A, la bouche se dispose de manière à faire sonner le *sib*₄ et quelle que soit alors la note fondamentale du son que nous émettons, c'est toujours l'harmonique le plus rapproché du *sib*₄ qui sera mis en relief.

En portant successivement devant la bouche, ouverte pour articuler telle voyelle, une série de diapasons de plus en plus élevés, on en trouve un qui est particulièrement renforcé; sa note est celle qui répond au son propre du volume d'air confiné dans la bouche. M. Helmholtz a constaté de cette manière que chaque voyelle est caractérisée par une ou par deux notes toujours les mêmes; seulement, ces notes spécifiques se modifient selon l'accent avec lequel on parle.

On comprend qu'il doit en être ainsi. La définition des voyelles par cinq lettres de l'alphabet est tout à fait insuffisante; le nombre en est pour ainsi dire illimité si l'on veut tenir compte des nuances de la prononciation. Il faudrait en distinguer au moins sept principales qui se groupent comme il suit :

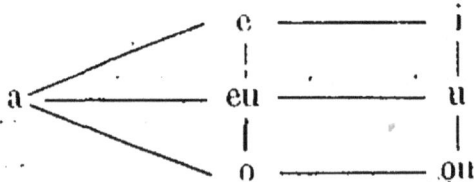

Dès lors, si une voyelle est définie par sa note spécifique, cette note devra varier avec l'idiome auquel on emprunte la voyelle. Aussi les notes déterminées par M. Helmholtz pour les voyelles allemandes diffèrent-elles de celles que M. Donders attribue aux mêmes voyelles prononcées à la hollandaise.

15.

Les voyelles A, O, OU, n'ont toujours qu'une seule note spécifique ; mais pour les autres on trouve *deux* sons de plus forte résonnance ; et cette duplicité s'explique si on réfléchit que la bouche prend alors la forme d'une bouteille dont le ventre est le fond de la bouche, le goulot étant représenté par la langue et les lèvres. Ces deux cavités vibrent séparément. Voici les notes qui, d'après M. Helmholtz, répondent aux différentes voyelles prononcées avec l'accent de l'Allemagne du Nord.

OU	O	A	AI	E	I	EU	U
fa_2	$si\flat_3$	$si\flat_4$	$ré_4$	fa_3	fa_2	fa_3	fa_2
			sol_5	$si\flat_5$	$ré_6$	$ut\sharp_5$	sol_5.

L'intensité des sons partiels d'une voyelle ne dépend donc pas du rang qu'ils occupent dans la série harmonique, mais seulement de leur hauteur absolue ; et c'est là ce qui distingue le timbre des voyelles de celui des instruments de musique. Prenons par exemple une flûte ; quelle que soit la note qu'elle donne, c'est toujours l'octave qui résonne en même temps. Mais si l'on chante A sur une note quelconque, on ne peut pas prévoir, en général, quel harmonique sera renforcé ; tantôt ce sera l'octave, tantôt la douzième ou la dix-septième ou quelque autre terme de la série harmonique. Ainsi, quand la note sur laquelle on chante A est le $si\flat_3$ ce sera l'octave qui sera enflée, car la note spécifique de la voyelle

A est l'octave du $si\,b_3$. Mais si la note fondamentale est le $fa\,\sharp$, on entendra surtout le neuvième harmonique $la\,\sharp_4$, qui est le plus voisin du $si\,b_4$. Il y a là une vague analogie avec le violon, où la caisse renforce toutes les notes voisines de l'ut_3, son propre de la masse d'air emprisonnée.

M. Kœnig obtient une image visible du timbre des voyelles au moyen de ses flammes, sur lesquelles il fait agir directement la voix par un tube de caoutchouc muni d'un pavillon (*fig.* 102). Elles sont alimentées par

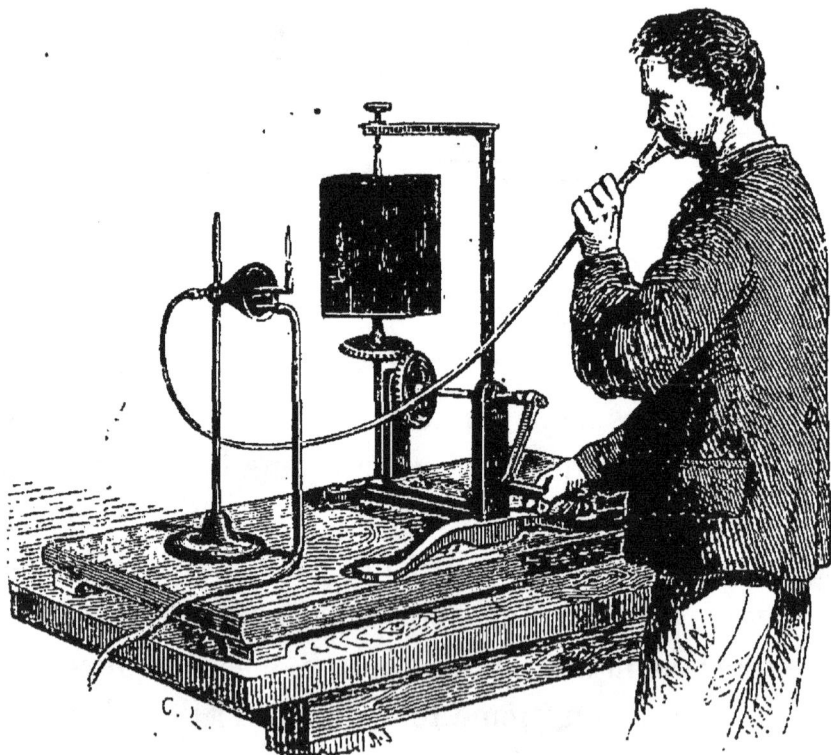

Fig. 102. Voyelles observées à l'aide des flammes de Kœnig.

un courant de gaz qui traverse une capsule creuse, fermée d'un côté par une membrane que la voix fait vibrer. Cette membrane agit sur la flamme comme un soufflet qui la ferait tour à tour flamber et pâlir. Si les se-

cousses sont trop violentes et la flamme petite, elle s'é-
teint ; si elle résiste, elle s'effile et bleuit. Une flamme

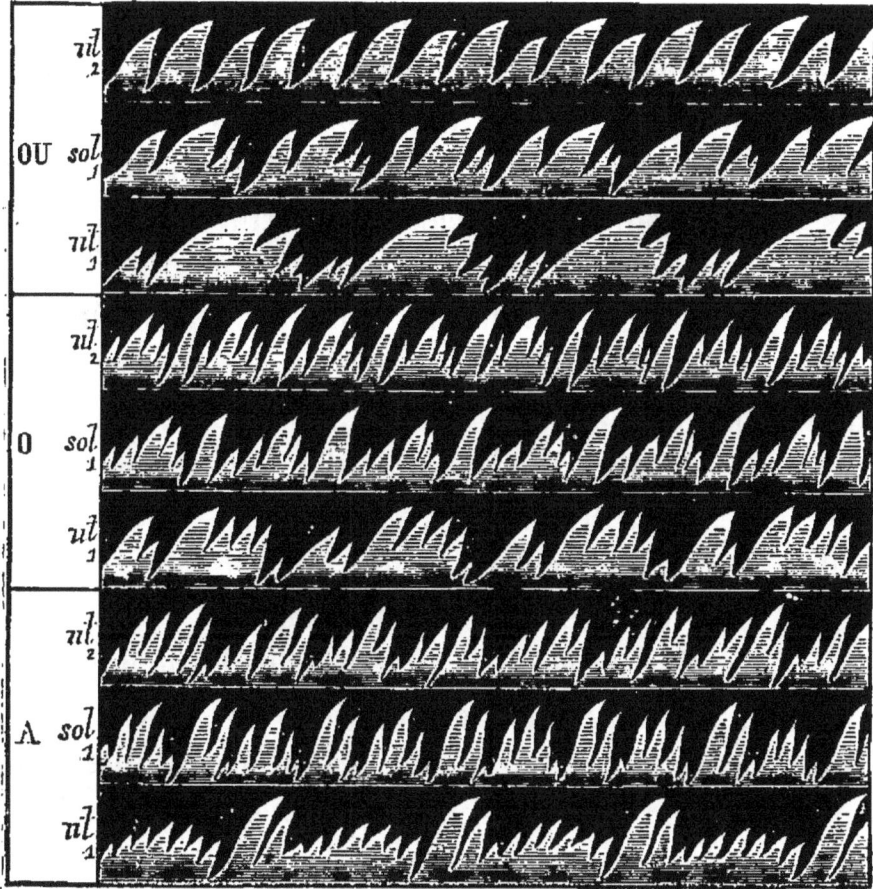

Fig. 103. Timbre des voyelles.

qui palpite ainsi paraît dans le miroir tournant sous la
forme d'un ruban dentelé dont l'apparence changeante
révèle le nombre et la force relative des harmoniques,
ainsi que le montre la figure 103.

Après avoir accompli l'analyse des timbres, M. Helmholtz a songé à les reproduire par voie de synthèse, en
réunissant les notes que l'analyse y avaient décelées. Il
a fait construire une série harmonique de huit diapasons
qui furent montés entre les branches d'un système d'é-

lectro-aimants, de manière à pouvoir être maintenus indéfiniment en vibration par le jeu d'un courant périodique. En avant de chaque diapason était disposée une boîte de résonnance qu'on pouvait fermer plus ou moins complétement en appuyant sur les touches d'un clavier ; la boîte fermée, le diapason ne rend qu'un son à peine perceptible, mais ce son devient de plus en plus fort à mesure qu'on découvre l'orifice de la boîte. Avec cet appareil, on produit par exemple un O très-distinct en faisant résonner fortement le *si*♭ $_3$, plus faiblement *si*♭ $_2$ et *fa* $_4$. On obtient un A en donnant avec une intensité modérée *si*♭ $_2$, *si*♭ $_3$, *fa* $_4$, et avec force *si*♭ $_4$ et *ré* $_5$. Le diapason fondamental *si*♭ $_2$ donne, en résonnant seul, un OU très-sombre.

M. Kœnig a construit le même appareil avec dix diapasons. Les voyelles se distinguent surtout par le contraste lorsqu'on passe alternativement de l'une à l'autre. Toutefois, il faut savoir que pour les voyelles d'un timbre clair, la ressemblance est en général discutable ; une seule fois, nous avons entendu un A très-parfait ; c'était à la Sorbonne, *avant* la conférence du regrettable M. Verdet sur le timbre des sons.

Comment concevoir la merveilleuse faculté que possède l'oreille de décomposer en vibrations simples des sons si complexes ? On a vu que les cordes d'un piano effectuent cette dissociation des harmoniques, puisqu'elles répondent à toutes les notes du mélange qui se trouvent à leur unisson. Imaginons une série de cordes parcourant toute la gamme des notes possibles, et nous aurons de quoi reproduire fidèlement toutes les variétés de timbres ou de sons composés.

· M. Helmholtz pense qu'il existe dans l'oreille un système de cordes de cette nature. Ce sont les *fibres de Corti*, dont la membrane intérieure du limaçon se trouve tapissée et qui peuvent être considérées comme les terminaisons du nerf auditif. Le nombre en dépasse trois mille : en supposant que chacune de ces fibres réponde à une note particulière, il y a là un clavier de trois mille cordes, plus que suffisant pour recueillir et recomposer tous les sons de la création. Pour chaque octave, il y en aurait au moins 400.

On pourrait, de la même manière, expliquer la perception des couleurs par l'existence de fibres du nerf optique accordées chacune pour une couleur simple. C'est là l'hypothèse émise par Thomas Young. On ne saurait nier que, grâce à cette théorie ingénieuse, tous les phénomènes de la perception des couleurs et des sons s'expliquent d'une manière fort naturelle. On comprend maintenant que l'organe de l'ouïe doit fonctionner comme un véritable prisme qui décompose le timbre en ses éléments, quoique la sensation complexe qui arrive au cerveau soit rarement analysée par l'esprit, habitué à ne juger que de l'ensemble de ses impressions.

Les qualités de timbre les plus agréables à l'oreille et qui conviennent à la musique contiennent, avec une intensité modérée, les harmoniques depuis 1 jusqu'à 6. Comparés aux sons simples, les sons musicaux ont quelque chose de plus riche, de plus magnifique, de plus coloré ; ils paraissent d'ailleurs très-suaves tant que les notes supérieures plus aiguës ne viennent pas troubler l'harmonie. C'est à cette catégorie qu'appartiennent les sons du piano, ceux des tuyaux d'orgue ouverts, et aussi les sons de la voix humaine et ceux du cor, s'ils ne sont pas forcés. Les flûtes se rapprochent, au contraire, du timbre des sons simples. Avec les sons de cette espèce, on ne fait que de la musique *grise* ; il faut qu'ils soient soutenus par d'autres sons. Un harmonium composé de diapasons, qui rendent également des sons presque simples, ne saurait être agréable isolé.

Les tuyaux d'orgue *larges* ne renforcent que très-peu les harmoniques du son fondamental et donnent, par conséquent, des sons à peu près simples. Cette remarque s'applique surtout aux tuyaux fermés.

Quand le son ne contient de la série harmonique que les termes de rang impair (le son fondamental, la douzième etc.) ainsi que cela a lieu pour les tuyaux d'orgue étroits et fermés, pour la clarinette, pour les cordes frappées au milieu de la longueur, le timbre devient *creux* ; il devient *nasillard* si le nombre des sons supérieurs augmente. Quand le son fondamental domine, le timbre est *plein* ; il est *vide* quand le son fondamental est comparativement trop faible. Le son d'une corde est moins plein lorsqu'on la pince avec les doigts que lorsqu'elle est frappée avec un marteau.

Quand les harmoniques au-dessus de 6 sont très-distincts, le son devient déjà strident ou rauque, à cause des dissonances auxquelles donnent lieu les notes supérieures de cette région. Toutefois, lorsqu'elles n'ont pas trop d'intensité, elles ne nuisent pas à l'effet d'ensemble, elles peuvent même contribuer à donner de l'éclat et de la couleur au son d'un instrument. C'est ce que l'on constate aisément pour les sons de la voix humaine, du violon, du haut-bois, des instruments de cuivre.

Le timbre, élément subtil et changeant dont nous venons de faire en quelque sorte l'anatomie, joue un rôle capital dans les rapports de la voix avec l'âme. C'est le timbre qu'elle a, qui rend une voix sympathique, persuasive, caressante, ou bien provocatrice, agaçante,

Fig. 104. Voix d'oiseaux.

désagréable. L'oiseau remplace la parole par le timbre de son chant, qui exprime encore suffisamment tout ce qui agite son petit cœur.

XII

INTERFÉRENCES

Battements. — Sons résultants. — Tonomètres de Scheibler et de Kœnig.
— Influence du mouvement de la source.

Si paradoxe que cela puisse paraître, dans ce chapitre nous verrons les sons se battre, et, lorsqu'ils sont de même force, se détruire et faire place au silence. Les phénomènes de la résonnance nous laissaient entrevoir parmi les sons comme des liens de sympathie réciproque : les cordes d'un violon accroché au mur chantent toutes seules dès qu'on essaye un autre violon dans la même chambre ; tout corps sonore héberge, en général, une famille de notes pouvant répondre d'elles-mêmes à la note amie qui les sollicite. A présent nous allons étudier la guerre des sons, connaître leurs inimitiés et leurs discordes. Nous verrons que tout le cortége des harmoniques respectifs se met de la partie quand deux sons se livrent bataille ; souvent même on les entend grommeler seuls quand les deux chefs de file ne se disent rien ; c'est comme dans la guerre des Capulet et des Montagu.

On dit que deux notes *battent* quand leur réunion donne lieu à des intermittences ou alternatives périodiques de force et de faiblesse. Le phénomène est bien connu pour les tuyaux d'orgue. Lorsqu'on fait résonner ensemble deux tuyaux légèrement désaccordés, ils se troublent et donnent des *battements ;* le son tantôt s'enfle, tantôt diminue, et quand les coups de force sont très-rapprochés, cela devient un petit vacarme, une sorte de roulement prolongé.

C'est encore Sauveur qui a le premier étudié ce bizarre phénomène, et il en a tiré immédiatement une application des plus importantes. Il avait conclu de ses expériences que le nombre des battements est toujours *égal à la différence de hauteur* des deux notes : pour chaque vibration double que l'une fait de moins que l'autre, il y a un battement. Dès lors, rien de plus facile que de déterminer la hauteur absolue de deux notes en comptant leurs battements. Supposons, par exemple, que deux tuyaux soient accordés pour les notes *ut* et *ré ;* l'intervalle étant d'un ton majeur, le premier fera toujours 8 vibrations quand l'autre en fera 9 ; la différence étant 1, il y aura toujours 1 battement pour 8 vibrations de l'un et 9 de l'autre. Si maintenant on a compté 4 battements par seconde, on en conclura que dans une seconde le premier tuyau a fait 4 fois 8 et l'autre 4 fois 9 vibrations, soit 32 et 36, et l'on en connaîtra ainsi la hauteur absolue.

Sauveur voulut répéter ces expériences devant une commission de l'Académie. Il les avait déjà fait voir à plusieurs musiciens de Paris et elles avaient toujours réussi d'une manière très-heureuse. Il faut que la com-

mission ait eu le mauvais œil : rien ne voulut marcher.
« La difficulté de recommencer l'expérience, l'appareil
qu'il faut pour cela, d'autres occupations plus pressantes de M. Sauveur et même d'autres recherches d'a-
coustique où il a été obligé de s'engager, dit Fontenelle, ont été cause qu'on en est demeuré là ; mais on
sait qu'en fait d'expériences, il ne faut pas se découra-
ger aisément·et qu'elles ont pour ainsi dire leurs caprices, qu'on surmonte avec le temps. »

Les commissaires partis, les tuyaux redevinrent sans
doute dociles, car Sauveur détermina par ce procédé
le son fixe de 100 vibrations, et c'est encore ce moyen
qui sert aujourd'hui aux facteurs d'orgues à mettre au
ton les différents jeux. On observe d'ailleurs les battements aussi bien avec des diapasons ou avec tout autre
corps sonore, pourvu que les vibrations durent un
temps appréciable.

Quelle est la cause qui produit le phénomène des
battements ? Sauveur l'a déjà entrevue. D'après lui,
« le son des deux tuyaux ensemble doit avoir plus de
force quand leurs vibrations, après avoir été quelque
temps séparées, viennent à se réunir et s'accordent à
frapper l'oreille d'un même coup. » Il semble même,
dit-il, que l'expression commune des musiciens, qui
disent que les tuyaux *battent* quand leur son redouble
ainsi, ait son origine dans cette idée.

L'explication des battements repose sur les phénomènes d'*interférence.* On dit que deux vibrations *in-
terfèrent* quand elles se contrarient, quand elles
tirent la molécule vibrante en deux sens opposés. C'est
ici le cas de dire : l'union fait la force. Quand deux

mouvements vibratoires qui tendent à entraîner la
même masse concordent, il s'ajoutent et se renforcent ;
quand ils sont en opposition, il s'amoindrissent ou
même s'annulent. C'est pour cette raison que la lumière en s'ajoutant à la lumière peut produire de
l'ombre ; c'est ainsi que deux sons en s'ajoutant peuvent produire du silence.

Nous avons déjà vu comment se composent les mouvements vibratoires et comment cela peut se mettre en
évidence au moyen d'une courbe. Imaginons deux vibrations identiques qui commencent ensemble d'agir au
même point : elles ne cesseront de marcher de front, et
agissant toujours dans le même sens, elles s'ajouteront
à chaque instant : le résultat sera un mouvement de
même période, mais beaucoup plus vif, plus énergique
(*fig.* 105). Si ces deux mouvements se rencontrent mal,

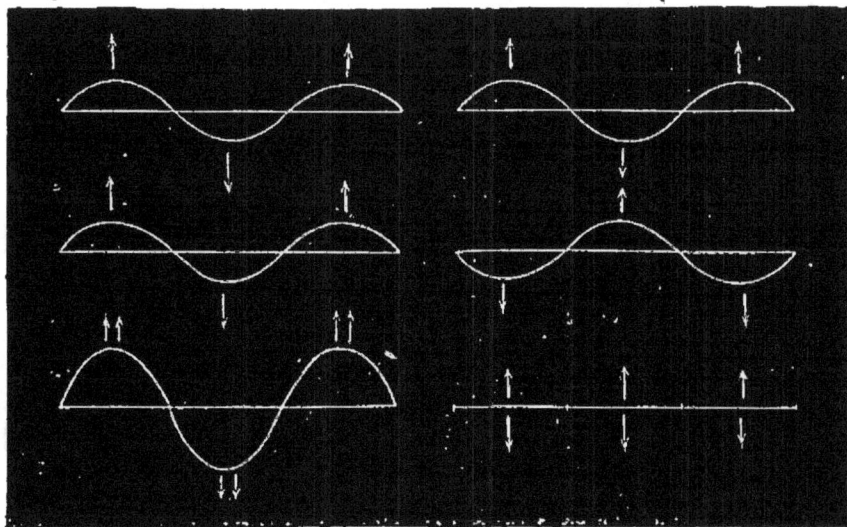

Fig. 105. Concordance.　　　Fig. 106. Opposition.

de sorte que l'un tende, par exemple, à faire monter le
même point que l'autre fait descendre, ils se contra-

rient sans cesse et, s'ils ont même intensité, se neu-tralisent complétement (*fig.* 106). Deux sons de même hauteur et de même force qui se rencontrent ainsi se font taire. On peut constater ce résultat surprenant avec deux tuyaux d'orgue fermés, exactement sem-blables et montés à côté l'un de l'autre sur la même soufflerie. Tant qu'on ne fait parler qu'un seul des deux il résonne vigoureusement; les fait-on parler ensemble, il n'y a presque plus de son, et cependant ils vibrent, on peut s'en assurer en approchant une barbe de plume de la lèvre de l'embouchure où vient se briser le cou-rant d'air; mais ils vibrent en opposition. Quand le jet d'air se précipite dans l'un pour y produire une com-pression, il se fait une raréfaction dans le tuyau voisin, et réciproquement, l'air ambiant est donc sollicité par deux actions constamment contraires, et comme il n'y a pas de raison pour qu'il obéisse à l une plutôt qu'à l'autre, il reste en repos : le son ne parvient pas à naître.

Voici comment ce fait peut être mis en évidence : On fait communiquer les deux tuyaux avec deux flammes de Kœnig disposées de telle manière que la pointe de l'une dépasse un petit miroir fixe qui en cache la base, mais qui montre par réflexion la base de l'autre flamme. Cela produit l'illusion d'une flamme unique. Si maintenant on regarde cette image hybride dans le miroir tournant pendant qu'on fait parler les deux tuyaux, la pointe se sépare de la base (*fig.* 107), ce qui prouve que les deux flammes brillent *alternative-ment*, et que l'une est aspirée quand l'autre est chassée en avant. Si les deux tuyaux agissent sur *la même* flamme, l'effet est nul, et la flamme reste immobile.

Deux vibrations également rapides se renforcent donc
ou bien s'affaiblissent, selon la manière dont elles se

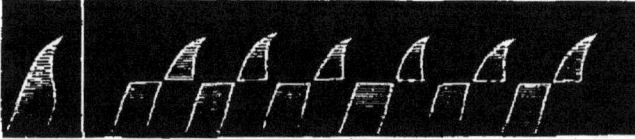

Fig. 107. Interférence.

combinent, mais le même effet persiste ensuite pendant
toute la durée du mouvement commun. Il n'en est plus
de même si elles ont des périodes légèrement différentes. Dans ce cas, si l'une est d'abord en retard, elle
finira par rattraper l'autre, la dépassera, restera quelque temps en avance, puis retardera de nouveau, et
ainsi de suite. Les rencontres se feront de toutes les
manières possibles, il y aura tantôt renforcement, tantôt défaillance ; les deux notes offriront des alternatives
d'éclat et d'extinction plus ou moins complète. Si l'une
fait, je suppose, exactement 9 vibrations pendant que
l'autre en fait 8, et si les deux mouvements sont à
leur origine en opposition, ils commenceront par
s'amoindrir mutuellement ; puis l'un prenant de
l'avance, après 8 vibrations simples accomplies d'un
côté et 9 de l'autre, les mouvements se trouveront
d'accord (fig. 108) et se renforceront ; ensuite, après
8 et 9 autres vibrations simples, ils seront encore en opposition et s'affaibliront comme à l'origine. Dans l'intervalle de 8 vibrations doubles d'une part ou de 9 vibrations de l'autre, il y aura toujours un coup de force
ou un battement. Il y en aura un chaque fois que la

note la plus rapide aura gagné sur l'autre une vibration
double (aller et retour).

Une comparaison fera encore mieux comprendre ce

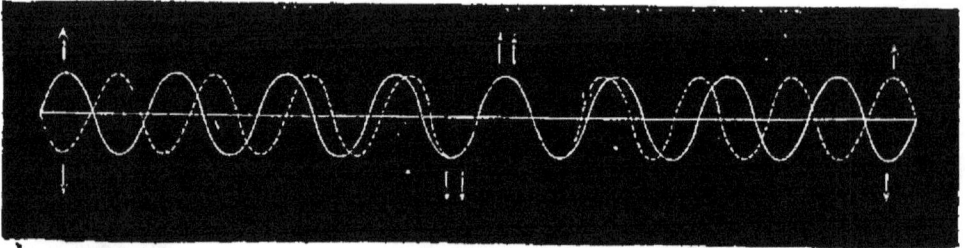

Fig. 108. Battements.

résultat. Imaginons deux rivières sujettes à des crues
périodiques qui dans l'une arrivent au commencement
de chaque mois, c'est-à-dire 12 fois par an, et dans
l'autre tous les 28 jours, ou 13 fois dans une année.
Supposons, de plus, qu'entre deux crues successives les
eaux baissent toujours d'une manière sensible ; une
crue et une baisse seront l'équivalent d'une ondulation
complète. Si ces deux rivières se jettent dans le même
fleuve, elles devront y déterminer à certaines époques
de grandes oscillations de niveau, tandis que, à
d'autres époques, elles n'auront presque pas d'influence sur le régime du fleuve. Il est clair, en
effet, que si, à un moment donné, les crues coïncident, les basses eaux se rencontrent également, et cela
pendant deux ou trois mois, puisque le retard respectif
des deux rivières n'est que de deux jours ; à ces époques, leur action réunie s'exerçant sur le fleuve d'une
manière très-sensible le fera tour à tour déborder et
baisser. Mais quand les hautes eaux de l'une arrivent

au moment où l'autre décroît, le niveau du fleuve n'é-
prouvera presque pas de variation ;. cette période de
calme durera également plusieurs mois. Mettons, pour
préciser, que les deux tributaires montent ensemble
le 1ᵉʳ janvier ; ils baisseront ensemble du 14 au 15,
monteront de nouveau ensemble vers la fin du mois
et décroîtront de même vers la mi-février. Au bout
de six mois, la rivière dont la période est de
quatre semaines, sera en avance sur l'autre d'environ 15 jours, elle aura une crue vers le milieu de,
juillet, au moment où l'autre est basse ; cet état des
choses commencera déjà en juin et se prolongera jusqu'en août. Pendant ce temps, flot d'un côté, jusant de
l'autre ; effet nul. L'été sera donc une période de grand
calme pour le fleuve. Vers la fin de l'année, l'avance de
la seconde rivière étant d'un mois entier, sa treizième
crue coïncide avec le douzième de l'autre, et le fleuve
se trouvera de nouveau agité par de grandes vagues de
flux et de reflux. Ainsi, chaque hiver grande agitation,
chaque été calme plat dans le lit du cours d'eau qui reçoit les deux turbulents tributaires. En dix ans, les 120
crues de l'un, combinées avec les 130 de l'autre, auront produit 10 périodes d'agitation maximum. C'est
ainsi que deux notes qui font dans l'espace d'une seconde l'une 120, l'autre 130 vibrations complètes,
donneront ensemble dans le même temps 10 battements.

On peut rendre visible le phénomène de plusieurs manières. Le phonautographe, en écrivant fidèlement les
vibrations de l'air, en révèle aussi l'intensité changeante
s'il y a eu des battements. Pour obtenir un semblable

tracé avec deux diapasons légèrement désaccordés, on
n'a qu'à coller sur l'un une plaque de verre noirci et sur
l'autre une pointe flexible ; on les fait vibrer parallèle-
ment, et on déplace l'un de manière que la pointe trace
un sillon sur l'autre. (Dans la figure 109, la plaque et la

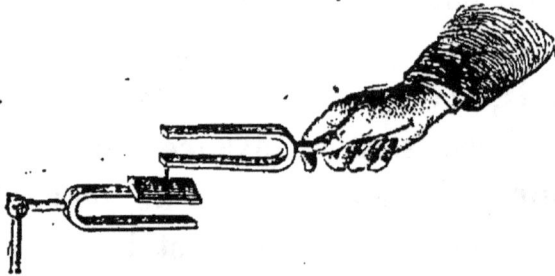

Fig. 109.

pointe se trouvent, par erreur, sur la face large au lieu
d'être sur la face étroite des branches.) La courbe tremblée qui se dessine alors offre des renflements autant de
fois que l'un des deux diapasons a gagné sur l'autre une
vibration complète. La figure 110 montre deux tracés
obtenus de cette manière avec deux notes qui étaient
d'abord dans le rapport de 24 : 25, ensuite dans celui
de 80 : 81. Les flammes de Kœnig fournissent un troisième moyen d'observer les battements.

La perception physiologique des battements semble, à
première vue, inconciliable avec l'hypothèse d'après laquelle l'oreille sépare toujours les notes de hauteur inégale. Si les deux sons n'agissent pas sur la même fibre,
comment peuvent-ils combiner leurs vibrations dans
l'appareil auditif? La réponse est très-simple. Il ne faut
pas oublier que les fibres nerveuses, comme tous les
corps élastiques, sont encore influencées, quoique à un
moindre degré, par les vibrations *peu éloignées* de leur

16

unisson, de sorte que la sphère d'action de deux sons très-voisins s'étend sur tout un large faisceau de fibres, au lieu de n'embrasser que deux fibres déterminées. On peut admettre qu'une note qui est d'un demi-ton plus élevée ou plus basse que la note d'une fibre donnée, la fait résonner dix fois moins qu'une note qui est à l'unisson; cette résonnance est encore assez sensible. On voit, d'après cela, que l'effet d'ensemble de deux notes voisines qui battent doit se manifester dans toutes les fibres intermédiaires, et que l'oreille doit en être affectée physiquement.

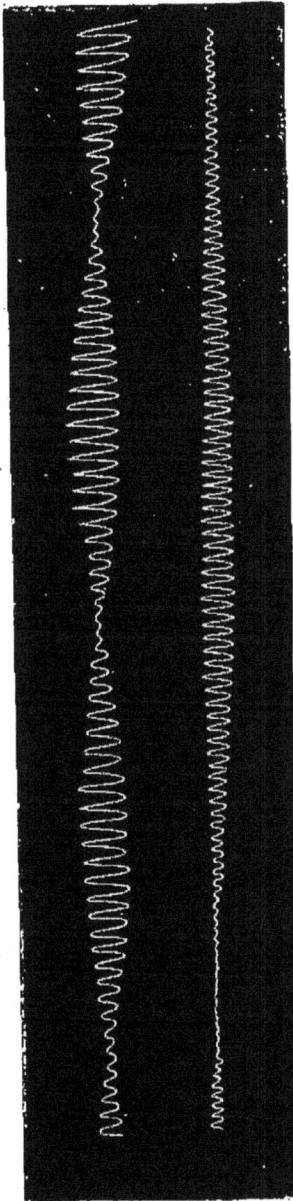

Quand les coups de force se succèdent avec rapidité, l'effet des battements devient très-désagréable; cela ressemble à une *r* grasseyée, ou au grincement d'une scie sur du bois. Le déplaisir est à son comble quand il y a de 30 à 40 battements par seconde; au delà, il devient difficile pour l'oreille de les séparer, et l'impression n'est plus si forte. M. Helmholtz affirme qu'il a pu distinguer jusqu'à 132 battements à la seconde (entre le *si*$_5$ et l'*ut*$_6$), sans pouvoir

21:25   80:81
Fig. 110.

les compter, bien entendu. Comme le son le plus grave que l'oreille puisse encore percevoir comprend environ

50 vibrations doubles, on voit qu'il est possible d'entendre des battements au moins quatre fois plus rapides que les vibrations des notes les plus basses.

Cette observation contredit l'opinion commune d'après laquelle les battements très-rapides sont perçus par l'oreille comme une note très-grave. Ce qui a donné lieu à cette hypothèse, c'est que deux notes qui résonnent fortement ensemble, engendrent une troisième note, appelée *son résultant*, qui s'exprime simplement par la différence des deux notes primitives, ou, ce qui revient au même, par le nombre des battements que produit le concours de ces notes.

Les sons résultants étaient connus avant d'être expliqués. L'organiste allemand Sorge en parle dans un ouvrage publié en 1745. Le célèbre violoniste Tartini s'efforça, neuf ans plus tard, d'en faire la base d'un nouveau système musical; mais son livre est si obscur que d'Alembert lui-même déclare n'y avoir rien compris.

On a cru longtemps que les sons résultants devaient être toujours plus graves que les sons générateurs; mais M. Helmholtz a prévu, par la théorie, des sons résultants qui sont, au contraire, plus aigus, et l'expérience a confirmé sa prévision. Si personne ne les a remarqués avant M. Helmholtz, c'est qu'ils sont beaucoup plus faibles que les sons graves de même origine.

Il y a donc deux espèces de sons résultants : 1° les *sons différentiels*, dont la hauteur est donnée par la différence des nombres de vibrations des sons primaires; ce sont les plus faciles à observer; 2° les *sons d'addition*, dont la hauteur se trouve en faisant la somme des vibrations des sons primitifs. Supposons,

par exemple, qu'on fasse parler ensemble deux tuyaux
donnant la quinte. Leurs notes seront dans le rapport
de 2 : 3, et la différence étant l'unité, le son différentiel sera 1, l'octave au-dessous du plus grave des deux
sons. La somme de 2 et 3 est 5; on pourra donc aussi
entendre une note qui sera à la sixte majeure du plus
aigu des deux sons. Avec ut_2 et sol_2, on obtiendra ainsi
ut_1 et mi_3; mais ce ne sera guère que l'ut_1 qui sera perceptible, à moins que les deux sons générateurs ne
soient très-intenses. Si, comme cela arrive presque toujours, ces derniers sont encore accompagnés d'harmoniques, les rencontres croisées entre les harmoniques
respectifs, les notes fondamentales et le premier son
résultant peuvent donner naissance à de nouveaux sons
résultants, mais ces superfétations sont déjà difficiles
à observer, à cause de leur peu d'intensité. Voici les
sons résultants d'une tierce majeure : les blanches représentent les sons primaires; la noire, le premier son
différentiel; les croches, les produits croisés; la note
barrée, le son d'addition. Pour entendre les sons ré-

sultants, il suffit de forcer les notes génératrices. La
théorie montre que ce phénomène doit être considéré
comme une sorte de *perturbation* du mouvement vibratoire, qui devient trop violent pour suivre encore les
lois simples des vibrations élastiques ordinaires. C'est
par suite d'une perturbation analogue que les diapasons

et les cloches font entendre l'octave aiguë de leur son fondamental toutes les fois qu'on les fait vibrer avec véhémence, tandis que, vibrant avec une force modérée, ils ne produisent que des sons supérieurs non harmoniques.

Les sons résultants et les battements sont d'un grand secours lorsqu'il s'agit d'accorder des tuyaux d'orgues, des diapasons, etc.; ils indiquent avec une très-grande précision la différence de hauteur de deux notes. M. Kœnig a pu ainsi accorder encore un ut_9 de 32,000 vibrations et un $ré_9$ de 36,000 par leur son différentiel, qui est l'ut_6 de 4,000 vibrations.

C'est un manufacturier en soieries de Créfeld, Henri Scheibler, qui a surtout contribué à vulgariser l'emploi des battements comme moyen d'accorder les instruments de musique. Cet homme, qui s'était épris d'une belle passion pour l'acoustique, ne consacra pas moins de vingt-cinq ans à perfectionner sa méthode. Il construisit, avec une peine inouïe, vu l'état de la science à cette époque, une série de 56 diapasons échelonnés du *la* de 440 au *la* de 880, embrassant par conséquent un octave entière par degrés de 8 vibrations simples. Cette série de diapasons formait ce qu'il appelait un *tonomètre*. Pris deux à deux, dans l'ordre où ils se succèdent, ils donnent toujours 4 battements par seconde, qu'il est facile de compter avec le secours d'une montre. On les accorde ainsi par différences, et quand on arrive au dernier, il faut qu'il soit exactement à l'octave du premier. Si ce résultat a été atteint, on est sûr que le premier fait 440, le dernier 880 vibrations par seconde, car les battements prouvent qu'ils diffèrent de 440, et on sait, d'un autre côté, qu'ils sont

entre eux comme 1 : 2. On comprend que ces 56 diapasons, dont les notes sont parfaitement déterminées,
permettent d'accorder, avec une précision mathématique, une note quelconque comprise entre les limites
de leur octave : on n'a qu'à compter les battements que
cette note donne avec le diapason dont elle se rapproche
le plus. Si la note est dans une autre octave, on la détermine par *procuration*, au moyen d'un diapason sup-
plémentaire qui forme avec elle une octave juste.

Scheibler publia sa méthode en 1834. Il vint aussi à
Paris pour y faire la propagande du tonomètre, mais la
difficulté de le construire effraya les facteurs. M. Wöl-
fel seul eut la patience de s'en construire un pour
mieux accorder ses pianos. Aujourd'hui, grâce au pro-
grès de la science, cette précieuse méthode est à la portée de tout le monde. M. Kœnig construit couramment
des tonomètres de 65 diapasons qui embrassent l'octave moyenne du piano (de 512 à 1024 vibrations
simples). Il est même allé plus loin : il a rempli de la
même manière toute l'échelle des sons perceptibles.
Dans les octaves basses, on abrége en se servant de
grands diapasons, munis de poids mobiles que l'on fait
glisser sur les branches; suivant la position des poids,
le diapason donne des notes différentes. Dans les octaves très-élevées, M. Kœnig remplace les diapasons
par des tiges droites. Le tonomètre qu'il a exposé
en 1867 se compose : 1° de huit grands diapasons pour
les quatre octaves comprises entre l'*ut* de 32 et celui
de 512 vibrations simples; chacun de ces diapasons
peut donner 32 notes, de sorte qu'ils représentent ensemble une échelle de 256 notes ; 2° l'octave moyenne

(512-1024) est représentée par 64, l'octave suivante (1024-2048) par 86, celle qui suit (2048-4096) par 172 diapasons, ce qui fait un total de 330 fourchettes d'acier ; 5° à partir de l'ut_6 de 4096 vibrations, M. Kœnig emploie des tiges d'acier, dont la longueur est inversement proportionnelle à la hauteur de leur son longitudinal ; 96 tiges représentent ainsi les quatre octaves depuis ut_6 jusqu'à ut_{10} (64,000). La dernière octave est déjà presque en dehors des limites des sons perceptibles ; peu de personnes entendent encore le sol_9 d'environ 48,000 vibrations, que M. Kœnig obtient par les vibrations transversales d'une tige d'environ 8 centimètres.

Deux diapasons accordés de manière qu'ils diffèrent exactement de deux vibrations simples, *battent* la seconde absolument comme un pendule ; s'ils diffèrent davantage, ils peuvent battre une fraction de seconde aussi petite qu'on le voudra. En comptant les battements, on peut aussi vérifier un phénomène très-curieux : l'influence d'un mouvement de translation de la source sonore sur la hauteur de la note qu'elle donne. M. Kœnig prend deux diapasons ut_4 donnant 4 battements par seconde lorsqu'on les laisse en place ; il s'éloigne d'environ 65 centimètres du plus aigu, et promène l'autre entre celui-ci et l'oreille, les yeux toujours fixés sur un pendule ; quand le mouvement de va-et-vient est rhythmé sur le balancier, l'observateur n'entend plus que 3 battements dans la seconde où le diapason grave s'approche de l'oreille, mais en revanche 5 pendant qu'il s'éloigne. Il s'ensuit que le ton de ce diapason s'élève d'une vibration double pendant la

première seconde et s'abaisse d'autant pendant la seconde suivante. C'est qu'en effet, en le rapprochant de
65 centimètres, qui représentent sa longueur d'onde,
on doit gagner une vibration complète, et en perdre
une en l'éloignant d'autant, absolument comme les na-
vigateurs qui font le tour du monde perdent ou gagnent
un jour, suivant qu'ils vont avec ou contre le soleil
(d'orient en occident ou d'occident en orient).

Les chemins de fer offrent souvent l'occasion d'observer des phénomènes de ce genre. Ainsi, le sifflet du
mécanicien paraît plus aigu quand le train arrive que
lorsqu'il s'éloigne. En prenant 50 kilomètres à l'heure
pour la vitesse moyenne des convois, on trouve qu'ils
font 14 mètres par seconde, ce qui est $\frac{1}{24}$ de la vitesse
du son; dès lors, le calcul montre que pour un obser-

Fig. 111. Influence du mouvement sur la hauteur des sons.

vateur placé sur la voie la note du sifflet sera altérée
dans le rapport de 24 à 25; il l'estimera trop haute ou
trop basse d'un demi-ton, selon la direction du mou-

vement. Si c'est un *la* pour le mécanicien, ce sera pour les cantonniers un *la*♯ à l'approche du train, et un *la*♭ après son passage. Un sifflet immobile produira le même effet pour les voyageurs; ils n'entendront la note juste qu'au moment où ils passent. Si l'observateur et le sifflet sont emportés dans deux directions opposées, l'effet sera encore plus sensible; la note semblera tour à tour trop haute et trop basse d'un ton entier; au moment où les trains se rencontrent, elle sautera d'une tierce majeure.

M. Buys-Ballot a fait, en 1845, quelques expériences de ce genre sur le chemin de fer d'Utrecht à Maarsen. On avait placé, à des distances d'un kilomètre, trois groupes de musiciens le plus près possible de la voie. Un musicien, juché sur la locomotive, sonnait de la trompette, d'abord en partant d'Utrecht, puis entre les trois groupes, et enfin après les avoir dépassés; les autres estimaient la hauteur variable de la note; elle était toujours conforme à la théorie. M. Scott Russell a fait remarquer que la réflexion des bruits d'un convoi sur les piles d'un pont doit produire le même effet que le mouvement opposé de deux trains, et que les notes qui reviennent altérées d'un ton entier se mêlent alors désagréablement à celles qui sont entendues directement. Pour obtenir, par la réflexion, des tierces mineures, il faudrait faire marcher les convois avec une vitesse de 122 kilomètres à l'heure.

Un savant allemand, le bergrath Doppler, a cherché dans ces faits, en les appliquant aux vibrations lumineuses, l'explication des couleurs des étoiles; mais ce sont là des rêveries.

XIII

LA VOIX

Organe de la voix. — Basse, ténor, alto, soprano. — Les voix célèbres. — Chant et voix parlée. — Voyelles et consonnes. — Ventriloques.

Les sublimes effets de la voix humaine sont produits par un bien chétif organe. Quelques cartilages, une paire de ligaments, un faisceau de muscles, voilà ce qui a suffi à la nature pour créer un instrument musical dont aucune invention humaine n'a pu atteindre la suavité ni le pouvoir émouvant.

L'appareil vocal de l'homme est une anche à deux lèvres. Il se compose du *larynx*, tube cartilagineux qui forme en avant du cou la *pomme d'Adam*; des *cordes vocales*, ligaments flexibles qui ne laissent entre eux qu'une fente étroite, l'*ouverture de la glotte*; des poumons, qui fournissent le vent, et des cavités de la bouche, où la voix brute est façonnée en voyelles et consonnes.

Les cordes vocales peuvent s'écarter ou se rapprocher, se relâcher ou s'étendre, par l'action de muscles spéciaux; le courant d'air qui vient des poumons les fait vibrer, et c'est leur frémissement qui produit le son. Grâce au laryngoscope, appareil ingénieux qui permet d'éclairer l'intérieur de la bouche et d'y observer la formation de la voix, on connaît aujourd'hui d'une manière très-précise les différentes conditions qui la modifient. La voix de poitrine exige, pour se produire, un affrontement très-complet, un contact très-intime des lèvres de la glotte. Les rubans vocaux vibrent alors dans toute leur étendue. Dans le registre de fausset, ils ne vibrent que par leur bord libre, et la glotte s'ouvre de manière à former une fente elliptique: Des chanteurs exercés peuvent faire entendre alternativement la même note en voix de poitrine et en voix de fausset sans respirer. Mais l'on doit classer parmi les miracles ce que Garcia raconte de paysans russes qu'il aurait entendu chanter simultanément un air en voix de poitrine et un air en voix de tête.

Si les voix de femmes sont plus aiguës que les voix d'hommes, c'est à cause des dimensions plus petites du larynx. Chez l'homme, l'ouverture de la glotte est à peu près deux fois plus grande que chez la femme ou chez les enfants. A l'âge de la puberté, la glotte de l'homme se développe brusquement et sa voix descend généralement d'une octave : on dit alors qu'elle se *brise*. Chez les castrats ce changement n'a point lieu, leur voix reste enfantine; c'est une voix abstraite, sans sexe. Dans quelques cas très-rares, le même arrêt de développement se rencontre chez l'homme à l'état normal. Ainsi, M. Dupart, âgé de 29 ans et père de deux enfants, a une voix de soprano très-remarquable; elle est souvent utilisée dans les messes solennelles qui se chantent à Paris.

On divise les voix d'hommes en *basse* ou basse-taille, *baryton*, *ténor* et premier ténor ou haute-contre, voix devenue aujourd'hui fort rare. Les voix de femme sont : le *contralto*, le *mezzo-soprano* et le *soprano*. Voici la portée qu'on assigne ordinairement à ces différentes voix.

fa—ré₃   ia—fa₃   ut₂—la₃   mi₂—ut₄   sol₂—mi₄   si₂—sol₄
Basse.   Baryton.   Ténor.   Contralto.   Mezzo-soprano. Soprano.
                                (1ᵉʳ ténor.)

Ce tableau montre que les voix ordinaires n'embrassent pas deux octaves pleines. La différence entre le *fa* inférieur de la basse (174 vibrations simples) et le *sol* supérieur du soprano (1,566 vibrations) est d'un peu plus de trois octaves. Mais ces limites se reculent pour quelques voix exceptionnelles. D'une part, on cite des basses qui atteignaient le *fa-₁* de 87 vibrations,

qui appartient à la première octave du piano, et de l'autre des voix de castrats, d'enfants et de femmes, qui sont allées jusqu'au *fa₅*, ou *fa* suraigu, de 2,784 vibrations (de l'avant-dernière octave du piano), et même encore au delà.

La voix du maître de chapelle danois Gaspard Forster s'étendait sur trois octaves (de la_{-1} à la_3), celle de la plus jeune des sœurs Sessi embrassait trois octaves et demie (de ut_2 à fa_3)..

Forster.   Sessi.   Farinelli.

La Catalani commandait également trois octaves et demie, comme aussi le célèbre castrat Farinelli, qui allait du *la* au $ré_5$.

A la cour de Bavière, il y avait, au seizième siècle, du temps d'Orlando di Lasso, trois basses, les frères Fischer et un nommé Grasser, qui atteignaient le fa_{-1} de treize pieds, d'après ce que dit Prætorius dans son *Syntagma musicum*.

Mademoiselle Nilsson et Carlotta Patti atteignent des hauteurs inouïes. Lorsqu'elle joue la Reine de la nuit, dans *la Flûte enchantée*, mademoiselle Nilsson monte au *fa* suraigu (fa_5). Mais la voix la plus élevée qui peut-être ait jamais existé, paraît avoir été celle de Lucrezia Ajugari, dite *la Bastardella*, que Mozart a entendue à Parme en 1770. Dans une lettre adressée à sa sœur Marianne, il transcrit plusieurs passages que cette cantatrice a chantés devant lui ; nous n'en citerons que le dernier, qui se termine par un ut_6 :

On trouve là des trilles sur le *ré₅* et autres ornements aussi vraisemblables. Le père de Mozart ajoute, à cé propos, que la Bastardella chantait ces passages avec un peu moins de force que les notes plus basses, mais que sa voix restait pure comme une flûte. Elle descendait facilement jusqu'au *sol₂*. Elle n'était ni belle, ni laide, avait quelquefois les yeux hagards comme les personnes sujettes aux attaques de nerfs, et boitait. Sa réputation était d'ailleurs excellente.

Oulibicheff cite, comme pendant, une madame Becker qui en 1823 étonna Saint-Pétersbourg par ses roulades. Kuhlau a écrit pour cette cantatrice la partie d'Adélaïde dans son opéra *le Château des brigands*, le grand air du troisième acte va jusqu'au *la₃*. A une représentation, au moment de donner cette note dangereuse, le chef d'orchestre la regarda fixement, ce qui la troubla tellement qu'elle donna un *ut₆*.

Le timbre de la voix dépend, comme nous l'avons déjà expliqué, du nombre et de la force de ses harmoniques.

On appelle une voix *juste* celle qui passe sans hésitation d'une note à l'autre; l'exercice y est pour beaucoup, mais il faut aussi de la mémoire musicale. La hauteur absolue des notes se grave difficilement dans la mémoire. Toutefois les musiciens de profession finissent par savoir leur *la*; j'en connais même un qui donne de la voix, sans se tromper, une note quelconque qui leur est désignée par son nom.

La différence entre la voix de chant et la voix parlée consiste en ce que la première saute d'intervalle en intervalle, tandis que la voix du discours s'élève et s'abaisse par un mouvement continu. La voix chantante se soutient sur le même ton, comme sur un point indivisible, ce qui n'arrive pas dans la simple prononciation, où les sons ne sont pas assez *uns* pour être appréciés au point de vue musical.

La déclamation tragique des anciens se rapprochait du chant et s'accompagnait par la lyre. On en retrouve comme un souvenir dans le débit traînant des déclamateurs italiens et dans la récitation monotone de la liturgie romaine. Au reste, le récitatif forme encore dans la musique moderne comme un trait d'union entre le chant et la parole. On peut même dire que jusqu'à un certain point le chant mélodieux n'est qu'une imitation artificielle, idéalisée, des accents de la voix parlante ou passionnée. On crie et l'on se plaint sans chanter, mais on imite en chantant les cris et les plaintes.

Avec un peu d'attention, on remarque aussi dans le discours ordinaire des vestiges d'une intonation musicale. Les syllabes accentuées, les chutes de phrases, sont marquées par un changement de ton. D'après M. Helmholtz, dans une phrase affirmative allemande, le point absolu est indiqué par une chute qui est d'une quarte, et le point d'interrogation monte d'une quinte. On trouve des indications de ce genre dans les formules du chant grégorien :

Sic can - ta com - ma, sic du - o pun - cta : sic ve - ro punctum . .Sic signum in-ter-ro-ga- ti- o- nis?

Dans la langue chinoise, l'intonation est même un élément grammatical.

Grétry s'amusait à noter aussi exactement que possible le *bonjour monsieur* de tous ses visiteurs. « Si l'on pouvait traduire ainsi en sons musicaux les phrases les plus chantantes, les interrogations, les menaces, les sens ironiques, etc., dit M. Ch. Beauquier, on trouverait chez les individus d'une même nation une façon à peu près semblable d'accentuer les phrases. Pour une autre nation ce chant différerait. L'Italien module beaucoup, l'Allemand un peu moins, l'Anglais pas du tout... »

Les sons de la voix articulée se divisent en *voyelles* et *consonnes*. Les voyelles sont des timbres différents, dus à la résonnance de la bouche, les consonnes ne sont guère autre chose que des bruits, ainsi que nous l'avons déjà expliqué. Les lèvres, la langue, le palais, les dents prennent part à la production de ces bruissements caractéristiques qui constituent pour ainsi dire la charpente de la parole, et que les Orientaux écrivent seuls, en négligeant les voyelles. L'enfant s'en tient aux voyelles, il n'apprend que peu à peu à prononcer les consonnes, et en même temps son langage devient plus humain.

On a cru remarquer que les lettres de l'alphabet avaient certains caractères psychologiques. Écoutons par exemple le P. Mersenne.

« Les voyelles *a* et *o*, dit-il, sont propres pour signifier ce qui est grand et plein, et parce que *a* se prononce avec une grande ouverture de la bouche, elle signifie les choses ouvertes et les actions dont on use pour ouvrir et pour commencer quelque ouvrage. De là vient que Virgile a commencé son *Énéide* par cette diction : *Arma.*

« La voyelle *e* signifie les choses déliées et subtiles, et est propre pour exprimer le deuil et la douleur :

Heu quæ me miserum tellus, quæ me æquora possunt !

« La voyelle *i* signifie les choses très-minces et très-petites. De là vient la diction *minime.* Elle exprime aussi ce qui est pénétrant.

« *O* sert pour exprimer les grandes passions : *O patria !* *ô tempora ! ô mores !* et pour représenter les choses qui sont rondes, parce que la bouche se forme en rond lorsqu'elle la prononce.

« *U* est affectée aux choses obscures et cachées. »

Il classe ensuite les consonnes. Il veut qu'une *f* indique un souffle, un vent (*flatus*); *s* et *x* les choses âpres (*stridor*); *r* les choses rudes, dures, raboteuses, les actions véhémentes et impétueuses, ce qui lui a valu le nom de lettre canine ; *m* tout ce qui est grand (*magnus, monstre*); *n* des choses noires, cachées, obscures; et ainsi de suite.

Boiste, dans ses *Observations sur la prononciation*, dit que l'*e* est comme l'âme de la langue française : c'est la lettre la plus mobile, la plus changeante, celle dont le son a le plus de nuances. D'après le même auteur, « le doublement de l'*f* annonce tour à tour l'aigreur ou la prétention, le pédantisme ou la satire : il pique, il régente, il domine, il mord avec elle dans *en effet, qu'ai-je affaire, cela suffit, c'est affreux.* Il faut être né Français, et instruit, pour jouer avec art et justesse de cet instrument non moins délicat que l'*e*, le *c*, etc. : il fait le désespoir de ceux qui soutiennent, contre le bon sens et le tact, que la Prononciation est figurable. »

Les mots formés par *onomatopée* imitent plus ou moins bien des bruits naturels : *glougou, cliquetis, frou-frou, bourdonnement*, etc. Les grands poëtes ne négligent pas les caractères des voyelles et consonnes, et en tirent des effets souvent très-heureux. On connaît le vers de Virgile dans lequel le bruit des sabots d'un cheval est rendu par une suite de vigoureux dactyles :

Quadrupedante putrem sonitu quatit ungula campum

et ce vers à effet d'Homère :

Τριχθάτε καὶ τετραχθὰ διατρυφὲν ἔκπεσε χαιρός.

Une remarque assez curieuse à faire à l'égard des voyelles, c'est que chacune a ses places favorites dans l'échelle musicale. D'après M. Helmholtz, les voyelles qui conviennent à une note donnée sont d'abord celles dont la caractéristique est un peu plus élevée que la note en question, ensuite celles dont la caractéristique est l'octave ou la douzième de la même note. L'OU, dont la caractéristique est fa_2, se produit surtout avec facilité sur les notes $ré_2$, mi_2, fa_2, et fa. L'E aime surtout $ré_3$, mi_3

*fa*₃, puis encore *fa*₂ et *si* ♭, à cause de sa caractéristique *fa*₃.

ou   E

Cette affinité des voyelles pour de certaines notes
fixes se constate principalement aux limites des registres
de fausset ou de poitrine. Une voix de femme, qui veut
donner une note plus grave que l'*ut*₃, tourne toujours in-
volontairement à l'O ou à l'OU. Au delà du *mi*₄, c'est
d'abord l'A qui sort avec le plus de facilité; en dépas-
sant le *si*₄, on tombe dans le domaine de l'I. Ce sont
là des faits qui intéressent à un haut degré les compositeurs et leurs *paroliers*.

Jean Muller et d'autres physiologistes ont étudié le
mécanisme de la voix humaine au moyen de larynx
artificiels, fabriqués avec des bandes de caoutchouc que
l'on fixe à l'extrémité d'un tube et auxquelles des pinces
permettent de donner une tension variable. En soufflant
dans ces appareils on produit des sons très-semblables
à ceux de la voix.

Pour imiter les voyelles, la théorie du timbre montre
qu'il faut renfoncer dans ces sons certaines notes fixes.
C'est ainsi que M. Willis produit artificiellement les
voyelles à l'aide d'un sifflet à anche, monté sur un
tuyau dont on peut à volonté varier la longeur. A la
place de ce tuyau on pourrait se servir de résonnateurs accordés pour les notes caractéristiques des
voyelles.

En ajoutant à ces appareils des membranes susceptibles de produire les bruits qui caractérisent les consonnes, il est possible d'imiter la parole. On connaît ces poupées mécaniques qui disent très-bien *papa*, *maman*. A Londres, j'ai vu chez M. Wheatstone une espèce de cornemuse qui prononce de courtes phrases. Mersenne parle d'un orgue qui prononçait les voyelles et les consonnes. En 1791, van Kempelen montrait un automate qui parlait, mais des témoignages contemporains ne donnent pas une grande idée de la ressemblance de ces sons artificiels avec ceux de la voix.

Le jeu d'orgue qu'on appelle la *voix humaine*, n'est qu'un registre de tuyaux d'étain très-courts qui fournissent un son le plus souvent aigre et criard.

Chez les oiseaux, l'appareil vocal se trouve placé très-bas dans le gosier ; c'est ce qui fait que Cuvier a pu couper le cou à un oiseau criard sans l'empêcher de crier. Chez l'homme, une ouverture accidentelle du larynx rend la formation de la voix impossible : Magendie connaissait un homme qui était obligé de porter toujours une cravate avec un clapet pour boucher une fuite qu'il avait dans le gosier.

Les *ventriloques* ne parlent pas autrement que le commun des mortels, seulement il évitent d'ouvrir la bouche assez grande pour qu'on puisse les voir parler, expirent le moins possible et remuent à peine les lèvres. Leur voix paraît alors changée, plus sourde, et comme venant de très-loin. Cela ne s'obtient pas sans un grand effort des poumons, qui fatigue la poitrine et qui oblige les ventriloques à reprendre de temps à autre leur voix naturelle ; le dialogue les repose en même temps qu'il les aide à tromper les assistants. Ils parlent aussi en aspirant, et le son étouffé qu'ils produisent ainsi semble avoir traversé des masses sourdes, comme les murs et le plancher. Ils complètent l'illusion en imitant les inflexions qu'on emploie quand on crie de très-loin, et en désignant d'une manière plus ou moins ingénieuse le côté où ils veulent que l'on cherche l'origine du son. Mais une fois qu'on est familiarisé avec la voix d'un ventriloque, on n'est plus trompé par lui ; Robertson fit cette expérience avec son domestique, qui était un fameux ventriloque.

Ce que les ventriloques trouvent en général très-facile, c'est d'imiter une voix d'enfant. Ce qu'il y a de plus difficile pour eux, c'est de chanter avec une voix d'emprunt ; ils y réussissent rarement.

Cet art libéral était connu de toute antiquité ; les sorciers et sorcières le pratiquaient. Parmi les ventriloques célèbres, nous citerons Louis Brabant, valet de chambre de François Ier ; Saint-Gille, le baron van Mengen, Charles, Comte, etc. On raconte sur ce dernier une foule d'anecdotes plus ou moins extravagantes. A Tours, il fit un jour enfoncer une boutique fermée dans laquelle on entendait gémir une personne qui mourait de faim. A Reims il sema la terreur parmi les habitants en faisant parler les morts. A Nevers, un âne déclara subitement, avec force invectives, qu'il refusait de porter plus loin son cavalier. Ailleurs, Comte guérit des possédés en exorcisant leurs démons, que l'on entend s'envoler en hurlant. Dans une église envahie par des révolutionnaires qui s'apprêtent à y tout démolir, Comte fait parler les statues : elles reprochent aux iconoclastes leur vandalisme, et ceux-ci prennent la fuite, affolés de terreur. Un jour il se sauva ainsi des griffes des paysans de Fribourg, qui voulaient le brûler comme sorcier : il les mit en déroute par une voix de tonnerre qu'il fit sortir du four vers lequel on le traînait.

XIV

L'OREILLE

Oreille externe et interne. — Osselets. — Mécanisme de l'audition. — Fibres de Corti. — Inégalité des deux oreilles. — Jugement de la direction des sons.

Des deux côtés de la tête la nature a placé les oreilles, chargées de recevoir et d'introduire en présence de l'esprit les sons qui arrivent comme d'invisibles messagers de la nature. Ce n'est pas qu'il ne puissent point parvenir au nerf auditif par une autre porte. Nous avons vu qu'on peut entendre par l'intermédiaire des dents ; il existe même des exemples de sourds qui entendaient par l'épigastre ; ainsi, une dame comprenait tout ce que disait sa servante quand celle-ci lui appliquait la main sur le creux de l'estomac. Mais la route normale par laquelle nous arrivent les impressions sonores, c'est le conduit auditif.

Chez l'homme et chez les mammifères, l'organe de l'ouïe comprend trois compartiments successifs : l'oreille *externe*, l'oreille *moyenne* et l'oreille *interne* (*fig.* 112).

L'oreille externe se compose d'un entonnoir C qui
s'ouvre au dehors à la base de l'os temporal, et d'un

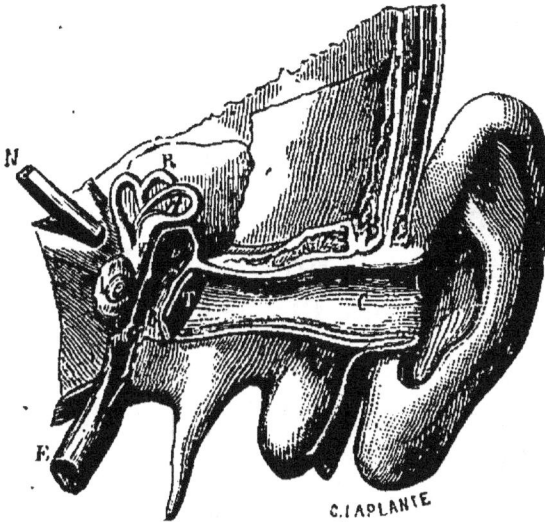

Fig. 112. Oreille.

pavillon charnu, soutenu par des cartilages. C'est une
espèce de cornet acoustique, destiné à recueillir et à
concentrer les ondes sonores ; lorsqu'il manque ou qu'il
est seulement aplati contre la tête, l'ouïe perd beaucoup de sa finesse. Chez beaucoup d'animaux cette
conque est mobile : les chevaux, les chiens *dressent* les
oreilles pour mieux entendre. Ce mouvement est produit par le muscle peaucier de la tête. Chez l'homme
c'est une faculté très-rare. J'ai connu un jeune médecin, le docteur M***, qui pouvait faire aller ses
oreilles comme il voulait.

L'oreille moyenne est séparée de l'oreille externe par
une membrane T, appelée *tympan*, qui ferme une
sorte de caisse creusée dans la partie la plus dure de
l'os temporal. C'est cette membrane qui reçoit les vibrations sonores et les transmet à l'intérieur. Chez les

oiseaux et les reptiles, elle est presque à fleur de tête.

La caisse du tympan communique librement avec l'arrière-bouche par la *trompe d'Eustache* E, et c'est grâce à cette circonstance que l'air qu'elle renferme s'équilibre sans cesse avec l'atmosphère. On s'assure facilement que cette communication existe. Quand on souffle en fermant le nez et la bouche, on sent que le tympan se gonfle sous la pression de l'air intérieur, et si on aspire dans ces conditions, il est tiré en dedans. Ceci explique pourquoi il est bon d'ouvrir la bouche lorsqu'on est à côté d'une pièce d'artillerie qui tire : on diminue ainsi la pression que la détonation exercerait sur le tympan, si elle n'arrivait que par le conduit auditif.

La paroi osseuse opposée au tympan est percée de deux petits trous o, o', qu'on nomme la *fenêtre ronde* et la *fenêtre ovale*, et qui sont fermés tous les deux par des membranes très-minces. La fenêtre ovale, qui est au-dessus de l'autre, communique avec la membrane du tympan par la chaîne des osselets ; ce sont : le marteau m (*fig.* 113) dont la queue s'attache au milieu du tympan t ; l'enclume n, qui ressemble à une molaire et sur laquelle s'appuie la tête du marteau ; le petit *os lenticulaire l*, et l'*étrier e*, qui adhère par sa base à la membrane de la fenêtre ovale. De petits muscles attachés aux parois de la caisse peuvent agir sur le

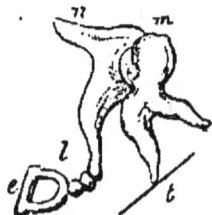

Fig. 113. Osselets.

marteau et sur l'enclume et les faire tourner ensemble autour d'un axe horizontal ; la queue du marteau tire ou pousse alors la membrane du tympan, et la queue de l'enclume agit sur l'étrier.

L'oreille interne ou *labyrinthe* se compose du *vestibule* V (fig. 112), surmonté des trois *canaux semi-circulaires* R, et du *limaçon* L, qui a exactement la forme extérieure et intérieure d'une coquille turbinée. Le vestibule s'abouche à la fenêtre ovale, le limaçon à la fenêtre ronde, mais ils communiquent entre eux par une ouverture assez large. Le labyrinthe osseux renferme le labyrinthe membraneux, espèce de sac qui a la même forme générale et qui représente la doublure intérieure de ces diverses cavités; il nage dans un liquide appelé la *vitrée auditive* et reçoit les terminaisons du nerf acoustique N.

Voici maintenant le mécanisme de l'audition. Les vibrations du tympan se communiquent par l'air de la caisse à la fenêtre ronde et par les osselets à la fenêtre ovale. Les membranes qui ferment ces orifices font vibrer le liquide du labyrinthe et, par suite, les filets flottants du nerf acoustique; c'est ainsi que naît la sensation du son.

Le marteau sert probablement aussi à donner au tympan une tension variable lorsqu'on *écoute* avec attention. Les mouvements du muscle qui le commande peuvent être volontaires; Fabrice d'Aquapendente produisait un petit bruit dans son oreille en agissant sur le marteau, et Muller, qui possédait la même faculté, faisait craquer ses osselets de manière qu'une autre personne pouvait l'entendre. M. Daguin a observé que lorsqu'il maniait dans le silence des objets très-petits et qu'il en laissait tomber un par mégarde, il entendait un tintement bref et aigu, dû probablement à la même cause. Ces faits peuvent prouver que le marteau tend le tympan lorsqu'on *prête l'oreille*, comme la pupille s'accommode lorsqu'on veut fixer un objet.

Le tympan n'est pas absolument indispensable à l'ouïe ; quand il est déchiré, on entend encore, quoique moins bien, par les membranes des deux fenêtres, que l'air ambiant ébranle alors directement.

La membrane intérieure du limaçon est tapissée de fibrilles élastiques, qui ont été découvertes par le marquis de Corti et qui en portent le nom. Les *fibres de Corti* forment, en quelque sorte, les terminaisons des filets du nerf auditif. M. Helmholtz pense qu'elles sont accordées chacune pour une autre note, et comme elles sont au nombre de plus de 3,000, il y en aurait environ 400 pour chaque octave. L'intervalle d'une fibre à la suivante serait alors d'un 66me de ton, et elles formeraient un clavier bien suffisant pour représenter toutes les notes que l'oreille peut distinguer. Nous avons déjà vu comment cette disposition naturelle explique la perception du timbre et son morcellement en notes harmoniques. Le limaçon pourrait donc se comparer à une harpe éolienne qui aurait 3,000 cordes et qui résonnerait sympathiquement à tous les sons de la création.

Cette idée profonde a été confirmée d'une manière inattendue par les récentes recherches de M. Victor Hensen sur l'ouïe des crustacés décapodes. Ayant placé des palémons ou des mysis dans de l'eau de mer, chargée de strychnine afin d'augmenter le pouvoir réflexe des centres nerveux, M. Hensen a vu ces animaux tomber en convulsions au moindre bruit. Il a constaté ensuite que l'audition a lieu chez eux par l'intermédiaire de poils auditifs, et que chaque brin vibre à l'unisson d'une note déterminée. Lorsqu'il regardait sous le microscope le point d'attache d'une corde nerveuse à la languette d'un poil pendant qu'un musicien sonnait du cor, ce point devenait indistinct par suite du mouvement très-rapide du poil chaque fois qu'on donnait certaines notes, tandis que les poils voisins restaient immobiles. L'un de ces brins répondait à $ré_2$# et à $ré_3$#, un peu moins à sol_2 et encore moins à sol; il avait probablement pour ton fondamental un harmonique commun à ces quatre notes et situé entre $ré_4$ et $ré_4$#. Un autre brin vibrait sous l'influence des notes la_2#, $ré_2$# et la#, ce qui indiquait le ton la_3#.

Dans le vestibule et les canaux semi-circulaires les terminaisons des nerfs se trouvent dans d'autres conditions. On y remarque de petits cristaux appelés *otolithes* et des poils élastiques qui paraissent destinés à soutenir mécaniquement les vibrations des filets nerveux. Scarpa et Tréviranus croyaient que cette constitution différente des diverses ramifications du nerf acoustique devait avoir pour but de nous faire distinguer la hauteur et le timbre des sons; mais l'état actuel de nos connaissances ne permet pas encore de tout définir dans cette mystérieuse organisation de l'appareil auditif.

La paralysie du nerf acoustique entraîne une surdité incurable. L'atrophie de certaines parties du réseau de Corti expliquerait la surdité partielle qui est cause qu'on n'entend plus des sons d'une certaine hauteur.

Les notes très-élevées cessent d'être perceptibles pour beaucoup d'oreilles. Wollaston a trouvé plusieurs personnes incapables de distinguer la stridulation aiguë des grillons, et d'autres qui n'entendaient même plus le pépiement des moineaux. Pourquoi n'y aurait-il pas des animaux pour lesquels les sons trop aigus pour les oreilles humaines seraient encore perceptibles? Certaines espèces de criquets se trémoussent comme leurs congénères, mais sans qu'on entende la moindre stridulation : peut-être qu'en réalité ils font une musique qui n'est perceptible que pour ses auditeurs naturels.

On rencontre des musiciens qui jouent dans un orchestre et remarquent la moindre note fausse, mais qui ne peuvent faire une conversation sans se servir d'un cornet acoustique. Un phénomène très-bizarre est celui que M. Willis a désigné sous le nom de *paracousis*. Voici en quoi il consiste. Certaines personnes qui ont l'oreille dure et qui ordinairement n'entendent pas les sons faibles, les entendent tout à coup lorsqu'ils sont accompagnés d'un grand bruit. M. Willis a connu une dame qui se faisait toujours accompagner par une servante chargée de battre le tambour pendant qu'on lui parlait; elle entendait alors très-bien. Une autre personne n'entendait que lorsqu'on sonnait les cloches. Holder cite deux autres exemples analogues : celui d'un homme qui était sourd quand on ne battait pas la grosse caisse à côté de lui, et celui d'un autre qui n'entendait jamais si bien que lorsqu'il était dans une voiture qui cahotait sur le pavé. Un apprenti cordonnier ne comprenait que pendant que le maître battait le cuir sur la pierre. Ces faits s'expliquent probablement

par le relâchement habituel des muscles du marteau,
qui ne tendent plus le tympan que lorsqu'ils sont excités
par des vibrations très-fortes.

Chez beaucoup de personnes, les deux oreilles sont
inégalement sensibles. D'après les expériences de
M. Fechner, on entend généralement mieux du côté
gauche que du côté droit. M. Fechner croit que l'habitude de dormir sur l'oreille droite est la cause probable
de cette différence. Ittard cite un autre fait plus curieux : il dit avoir connu un individu dont les deux
oreilles entendaient toujours deux notes différentes.
M. Fessel, de Cologne, a fait récemment la même observation sur lui-même. En accordant des diapasons d'a-
bord par l'oreille, puis par un procédé plus rigoureux,
il a remarqué que tous ceux qu'il avait accordés par
l'oreille droite en portant le diapason normal à l'oreille
gauche étaient trop graves, et que les autres, accordés
de la manière inverse, étaient trop aigus. Il s'ensuit
que pour son oreille droite le même son est plus aigu
que pour l'autre oreille. Frappé de ce fait, M. Fessel a
examiné l'ouïe d'un grand nombre de personnes, et il
a constaté que la même infirmité était beaucoup plus
répandue qu'on ne l'aurait cru. De sorte qu'on peut
demander à un musicien s'il entend parler de son *la*
droit ou de son *la* gauche. M. Fessel prétend même que
le phénomène est objectif, et que le même diapason
donne réellement une note de résonnance plus élevée
lorsqu'il vibre devant l'oreille à laquelle il paraît plus
aigu que lorsqu'il vibre devant l'oreille opposée ; cette
note de résonnance est entendue de la même manière
par une autre personne que celle qui fait l'expérience.

M. Fessel priait différentes personnes de sa connaissance de porter alternativement à l'oreille gauche et à
l'oreille droite deux diapasons identiques, et d'après
les notes qu'il entendait il pouvait dire d'avance de
quel côté ces personnes entendaient trop haut ou trop
bas. Ces faits auraient peut-être besoin d'être vérifiés.

Comme les deux yeux nous procurent l'impression
du relief géométrique des corps, les deux oreilles nous
servent à juger de la direction des sons. Quand on a
les yeux bandés et une oreille bouchée, on croit que
tous les sons viennent dans la direction de l'oreille
libre ; ou, du moins, le jugement devient très-incertain.
C'est la conque de l'oreille qui nous aide surtout à
nous orienter et à reconnaître la direction des ondes
sonores. Diderot raconte qu'un aveugle qui se disputait
avec son frère prit un objet qu'il avait sous la main et
le jeta très-bien à la tête de l'autre ; l'oreille avait
guidé son bras.

Les aveugles ont en général l'ouïe très-fine, parce
qu'elle leur remplace jusqu'à un certain point la vue.
Ittard a imaginé, pour apprécier la finesse de l'ouïe,
un instrument qu'il appelle *acoumètre*. C'est un anneau
de cuivre suspendu à un fil, sur lequel frappe la boule
d'un petit pendule que l'on écarte de la verticale d'une
quantité toujours la même. On mesure la distance à
laquelle le son cesse d'être entendu. Freycinet s'est
servi de cet appareil pour étudier l'ouïe des sauvages.

Chez les oiseaux nocturnes et chez les animaux peureux, comme le lièvre, l'oreille externe est très-déve-
loppée.

Les oreilles des animaux inférieurs sont incomplètes.

Chez les poissons, c'est la caisse du tympan qui manque : les fenêtres ronde et ovale sont à fleur de tête.

Les articulés n'offrent pas d'appareil auditif apparent. Parmi les mollusques, on n'en connaît qu'aux céphalopodes : il s'y réduit à l'expression la plus simple : vestibule et nerf acoustique.

XV

MUSIQUE ET SCIENCE

Principe de la musique. — Euler. — Rameau. — Sauveur. — Helmholtz. — Consonnance et dissonance expliquées par les battements. — Accords. — Modes majeur et mineur.

Le dédain avec lequel la plupart des musiciens repoussent toute tentative d'invasion des sciences exactes dans leur domaine est jusqu'à un certain point justifié. Le secours que les mathématiques avaient apporté à la science musicale, se réduisait toujours à fort peu de chose; à peine avait-on indiqué quelques vagues analogies qui n'expliquaient rien. On tournait dans un cercle vicieux; le plaisir de l'oreille était érigé en principe et faisait la base de tous les systèmes.

On savait ceci : les accords consonnants correspondent à des rapports de nombres entiers. Les pythagoriciens tournaient et retournaient ce thème sans en tirer autre chose que des aphorismes sur l'harmonie du monde et sur la puissance occulte des nombres. On a voulu retrouver les sept notes de la gamme jusque dans les mouvements des corps célestes, et le grand Képler lui-même s'abandonnait volontiers à des spéculations mystiques sur cette matière. Gœthe rappelle ces idées au début du Faust :

> Le soleil, dans le chœur des sphères,
> Se meut harmonieusement ;
> Quand son cours finit, les tonnerres
> Font entendre leur roulement...

Dans la première moitié du dix-huitième siècle, vers 1740, le grand mathématicien Léonard Euler s'efforça d'expliquer les rapports des intervalles musicaux par des considérations tirées de la psychologie. Voici son raisonnement : Ce qui nous plaît, c'est toujours ce qui, à notre sentiment, possède une certaine perfection, et dans toute chose où il y a de la perfection, il y a nécessairement aussi de l'ordre, c'est-à-dire une loi quelconque. Un chant nous plaira donc si nous reconnaissons l'ordre des sons qui le composent, et il nous plaira d'autant plus qu'il nous sera plus facile de saisir cet ordre. Or, dans les sons il y a deux choses où l'ordre peut se manifester : l'une est la hauteur des sons représentée par le grave ou l'aigu, l'autre est la durée. La hauteur se mesure par la vitesse des vibrations, la durée par le temps durant lequel un son se fait entendre. L'ordre dans la durée est le rhythme ou la mesure ; l'ordre dans la hauteur consistera dans une proportion simple entre les vibrations. Le degré d'agrément de ces proportions, c'est-à-dire des intervalles musicaux, dépend de leur simplicité, car l'oreille les apprécie d'autant plus facilement qu'ils sont exprimés par des nombres plus simples, et le plaisir est plus grand lors-

qu'il nous coûte moins. En développant ces principes, Euler parvient à établir les règles de l'harmonie.

Ce qui manque à sa théorie, c'est qu'elle ne se fonde
sur aucun fait certain. Rien, en effet, ne nous autorise
à admettre que l'oreille puisse juger des rapports de
vibrations qui ne durent que des millièmes de seconde.
Les observations des astronomes montrent que l'oreille
sépare tout au plus deux battements de pendules dont
l'intervalle est d'un cinquantième de seconde. Comment
supposer qu'elle puisse apprécier numériquement les
rapports de deux nombres de vibrations tels que 5000
et 5050, par exemple. Et pourtant elle reconnaît facilement ce rapport en tant qu'intervalle musical; il ne
diffère pas beaucoup d'un comma.

Des idées analogues à celles d'Euler avaient été déjà
vaguement formulées en 1701 par Sauveur. « L'âme,
par sa nature, aime en même temps, dit-il, et les perceptions simples, parce qu'elles ne la fatiguent point,
et les perceptions variées, parce qu'elles lui épargnent
l'ennui de l'uniformité... Toute variété qui plaît à l'âme
est donc renfermée dans certaines bornes; il faut
qu'elle soit en deçà du point où elle deviendrait difficile à apercevoir, confuse, trop mêlée, trop compliquée... » Il explique ensuite que les accords sont
agréables par les rencontres plus ou moins fréquentes
des vibrations. Quand ces rencontres deviennent déjà
rares, comme dans les tierces, où elles n'ont lieu
qu'une fois pour cinq ou six vibrations, les perceptions sont moins simples, mais cependant encore agréables précisément parce qu'elles sont un peu variées,
les contrastes faisant mieux ressortir les concordances.

Mais il y a un terme où finit l'agrément de la variété, et ce terme est donné par le rapport 5 : 6. Sauveur fait ensuite remarquer que les accords ne donnent pas de battements et que les dissonances en donnent; malheureusement, il ne développe pas cette idée comme elle aurait mérité d'être développée.

En 1726, Rameau donna une autre théorie, que d'Alembert ne dédaigna pas de prendre sous son égide. Elle semble, au premier abord, pouvoir rendre raison du plaisir que nous cause la musique. Il est très-curieux de voir de quelle manière le célèbre artiste s'y est pris pour découvrir ce qu'il appelle le *principe de l'harmonie*.

« Je compris d'abord, dit-il, qu'il fallait suivre dans mes recherches, le même ordre que les choses avaient entre elles; et comme, selon toute apparence, on avait eu du chant avant que d'avoir eu de l'harmonie, je me demandai comment on était parvenu à obtenir du chant.

« Éclairé par la méthode de Descartes que j'avais heureusement lue, et dont j'avais été frappé, je commençai par descendre en moi-même; j'essayai des chants, à peu près comme un enfant qui s'exercerait à chanter; j'examinai ce qui se passait dans mon esprit et dans mon organe, et il me sembla toujours qu'il n'y avait rien du tout qui me déterminât, quand j'avais entonné un son, à entonner, entre la multitude de sons que je pouvais lui faire succéder, l'un plutôt que l'autre. Il y en avait, à la vérité, certains pour lesquels l'organe de la voix et mon oreille me paraissaient avoir de la prédilection, et ce fut là ma première perception; mais cette prédilection me parut une pure affaire d'habitude.

J'imaginai que dans un autre système de musique que le nôtre, avec une autre habitude du chant, la prédilection de l'organe et du sens aurait été pour un autre son; et je conclus que puisque je ne trouvais en moi-même aucune bonne raison pour justifier cette prédilection, et la regarder comme naturelle, je ne devais ni la prendre pour principe de mes recherches, ni même la supposer dans un autre homme qui n'aurait point l'habitude de chanter ou d'entendre du chant. »

Il constate cependant que les sons qui lui avaient semblé se succéder le plus naturellement, étaient la quinte et la tierce, ou les sons qui correspondent aux rapports de 2 à 3 et de 4 à 5. Mais cette simplicité de rapport ne lui paraît constituer qu'une sorte de convenance, insuffisante pour rendre raison d'un phénomène aussi net que celui qu'il s'agit d'expliquer.

« Je me mis, poursuit-il, à regarder autour de moi et à chercher dans la nature, ce que je ne pouvais tirer de mon propre fond, ni aussi nettement, ni aussi sûrement que je le désirais [1]. La recherche ne fut pas longue. Le premier son qui frappa mon oreille fut un trait de lumière. Je m'aperçus tout d'un coup qu'il n'était pas un, ou que l'impression qu'il faisait sur moi était composée; voilà, me dis-je sur-le-champ, la différence du *bruit* et du *son*. Toute cause qui produit sur mon

---

[1] La civilisation a trop dénaturé nos facultés pour qu'il soit si facile de retrouver en soi-même les tendances originelles. Je me rappellerai toujours M. de *** qui cherchait la *langue primitive*, et résolut de la découvrir par un mois de silence absolu. Lorsqu'il le rompit enfin, ce fut pour dire à son domestique : Cire-moi mes bottes ! C'est le même qui, pour *localiser* ses rhumatismes dans l'endroit le moins sensible, se mettait le soir à la fenêtre, le bas des-reins enveloppé de linges mouillés.

oreille une impression une et simple, me fait entendre du *bruit;* toute cause qui produit sur mon oreille une impression composée de plusieurs autres, me fait entendre du *son.* J'appelai le son primitif ou générateur, *son fondamental,* ses concomitants, *sons harmoniques.* »

Il reconnaît ensuite que les sons harmoniques sont très-aigus et très-fugitifs, de sorte qu'ils ne doivent pas frapper également une oreille musicale et une oreille qui ne l'est pas. Enfin, il s'assure que le cortége du son fondamental se compose de sa douzième et de sa dix-septième, c'est-à-dire de l'octave de la quinte et de la double octave de la tierce majeure. Or, comme il sait par expérience, dit-il, que l'octave n'est qu'une *réplique,* il trouve tout naturel que son organe et son imagination rabaissent les harmoniques à leurs moindres degrés, et qu'ainsi sa préoccupation s'est fixée sur la tierce et sur la quinte du son fondamental, et non sur leurs répliques, lorsqu'il a cherché les sons que l'oreille lui suggérait après le son fondamental. Ainsi, la résonnance multiple du corps sonore devient la base sur laquelle s'élève le système musical. Rameau en déduit la formation de l'échelle diatonique et les principales règles de l'harmonie. Mais son imagination exubérante l'entraîne plus tard jusqu'à vouloir tirer de la même source le principe de la géométrie, et c'est ici que d'Alembert, qui a eu le mérite de développer et de simplifier le système de Rameau, s'est vu dans l'obligation de placer son *veto* et de circonscrire nettement la portée de la découverte du musicien. D'Alembert ne cesse de répéter que la démonstration que Rameau prétend avoir donnée du principe de l'harmonie n'en est pas une, et qu'il entrera toujours dans la théorie des phénomènes musicaux une sorte de métaphysique qui y porte son obscurité naturelle. « Mais, dit-il, s'il est injuste d'exiger ici cette persuasion intime et inébranlable qui n'est produite que par la plus vive lumière, nous doutons en même temps qu'il soit possible de porter sur ces matières une lumière plus grande. »

Le jugement de d'Alembert sur le système de Rameau prouve assez que l'illustre mathématicien en connaissait parfaitement les côtés faibles ou, pour mieux dire, l'insuffisance. En effet, il ne suffit point de dire que l'octave est une réplique, pour rendre compte du rôle capital que cet intervalle joue dans la musique ; et, d'un autre côté, le phénomène de la résonnance harmonique n'a point la généralité que Rameau lui attribue. Un grand nombre de corps sonores rendent, en réalité, des sons simultanés parfaitement dissonants. Il n'est donc pas juste de poser en principe que les accords dérivent de la résonnance *naturelle* ; et cela fût-il exact, rappelons-nous que dans la nature le laid prend tout autant de place que le beau ; ce qui prouve qu'une chose peut être naturelle et désagréable.

Il faut donc encore avouer que cette théorie manque d'une base rationnelle, puisqu'elle n'explique en aucune manière l'origine des dissonances. Néanmoins, on est frappé d'admiration en voyant ce que Rameau a su tirer de données si incomplètes, et on peut dire, sans crainte d'exagérer, qu'il a inauguré une ère nouvelle dans la théorie de la musique.

Le célèbre Tartini publia, en 1754, un traité d'har-

monie dans lequel il prit pour point de départ les *sons
résultants*, qu'il croyait avoir découverts : il les avait
observés lorsqu'il jouait sur deux cordes à la fois. Tartini appelle les sons de la série 1, 2, 5... les *monades
harmoniques*, du concours desquelles résulte un son ;
toute l'harmonie, dit-il, est comprise entre la monade,
ou l'unité composante, et le son plein, ou l'unité composée. Il énumère ensuite les sons résultants des intervalles musicaux, en se trompant toujours d'octave, et il
trouve qu'on peut ranger les divers intervalles de manière qu'ils donnent tous le même son résultant, que l'on
peut dès lors considérer comme leur base commune, etc., etc.

Depuis ce temps, la théorie de la musique n'est pas
sortie d'un cercle d'idées complétement étrangères à la
physique et à la physiologie ; le plus souvent les auteurs
de *systèmes* se sont égarés dans de véritables spéculations mystiques. Le philosophe allemand Herbart n'a
pas été le moins loin dans cette voie. Pour lui, deux sons
quelconques éveillent toujours dans l'esprit deux idées
qui exercent l'une sur l'autre à la fois une attraction et
une répulsion. Dans l'âme de la quinte, la haine vient
de terrasser l'amour ; dans la tierce majeure, les deux
puissances s'observent dans une neutralité armée. La
conclusion la plus curieuse, c'est que la gamme tempérée est celle qui satisfait le plus une oreille musicale !
et dire que c'est Herbart qui a le premier essayé de poser
les fondements d'une psychologie mathématique. Il
était, en outre, lui-même très-bon musicien.

Aristoxène avait vivement combattu les subtilités
arithmétiques de l'école de Pythagore. Il a trouvé beau-

coup d'imitateurs parmi les musiciens des temps modernes. L'Espagnol Eximeno publia, vers la fin du siècle dernier, un ouvrage où il démontre que la musique n'a aucune espèce de rapport avec les mathématiques. Ceci doit être encore l'opinion de M. Fétis, à en juger d'après la préface de son *Traité d'harmonie*. Voici en quels termes ce savant théoricien expose la découverte du principe de l'harmonie qu'il a faite en allant de Passy à Paris, par un beau jour du mois de mai 1831 : elle lui causa une émotion telle qu'il fut obligé de s'asseoir au pied d'un arbre.

« La nature ne fournit pour éléments de la musique qu'une multitude de sons qui diffèrent entre eux d'intonation, de durée et d'intensité, par des nuances ou plus grandes ou plus petites.

« Parmi ces sons, ceux dont les différences sont assez sensibles pour affecter l'organe de l'ouïe d'une manière déterminée, deviennent l'objet de notre attention ; l'idée des rapports qui existent entre eux s'éveille dans l'intelligence, et sous l'action de la sensibilité d'une part, et de la volonté de l'autre, l'esprit les coordonne en séries différentes, dont chacune correspond à un ordre particulier d'émotions, de sentiments et d'idées.

« Ces séries deviennent donc des types de tonalités et de rhythmes, qui ont des conséquences nécessaires, sous l'influence desquelles l'imagination entre en exercice pour la création du beau. »

Après cela, ne faudrait-il pas tirer l'échelle?

En 1863, parut en Allemagne un livre qui fit immédiatement une très-grande sensation. C'est la *théorie de la perception des sons*, de Helmholtz[1]. L'auteur ramène enfin à des phénomènes physiques, susceptibles d'être soumis au calcul, les rapports secrets de sympathie et d'antipathie qui existent entre les sons naturels, et dévoile la cause des sensations qu'ils nous font éprouver.

M. Helmholtz est professeur de physiologie à l'université de Heidelberg, qui possède aussi Kirchhoff et Bunsen. Déjà illustre par les découvertes dont il a enrichi l'optique physiologique — c'est à lui que l'on doit l'ophthalmoscope — et par d'autres travaux hors ligne, il était l'homme qu'il fallait pour trouver la réponse à une énigme vieille de deux mille ans.

Nous avons déjà parlé en détail des recherches auxquelles M. Helmholtz s'est livré pour pénétrer la véritable nature du timbre; nous avons mentionné ses expériences sur les battements et les sons résultants. C'est là qu'il a découvert la clef de l'harmonie, le véritable principe des consonnances et des dissonances.

Essayons de comprendre ses ingénieux arguments, et occupons-nous d'abord des battements. La sensation désagréable qu'ils nous font éprouver s'explique aisément. Toute excitation intermittente d'un nerf nous fatigue. On sait combien est désagréable une lumière tremblotante, comme celle d'une flamme agitée par le vent. Une lumière forte, mais tranquille, émousse bientôt l'irritabilité de la rétine, comme une pression continue engourdit la peau; un éclairage intermittent, une pression rapide et souvent répétée, permettent au con-

---

[1] *Die Lehre von den Tonempfindungen*, von H. Helmholtz. Brunswick, 1863. — 2ᵉ édit. 1865. — J'ai donné une analyse de cet ouvrage dans *le Moniteur scientifique* du 1ᵉʳ mars 1865.

traire aux nerfs de reprendre incessamment leur sensibilité primitive et deviennent, pour cette raison, une
source de souffrance. Le chatouillement surexcite l'épi-
derme. De même, un son intermittent irrite l'oreille,
et c'est pour cela que les battements sont un principe de
dissonance.

Sauveur l'avait bien deviné. « Les battements, dit-il,
ne plaisent pas à l'oreille, à cause de l'inégalité du son, et
l'on peut croire avec beaucoup d'apparence que ce qui
rend les octaves si agréables, c'est qu'on n'y entend jamais de battements. En suivant cette idée, on trouve
que les accords dont on ne peut entendre les battements
sont justement ceux que les musiciens traitent de consonnances, et que ceux dont les battements se font sentir sont les dissonances, et que quand un accord est dissonance dans une certaine octave et consonnance dans
une autre, c'est qu'il bat dans l'une et qu'il ne bat pas
dans l'autre; aussi est-il traité de consonnance impar-
faite. Si cette hypothèse est vraie, elle découvrira la
véritable source des règles de la composition, inconnue
jusqu'à présent à la philosophie, qui s'en remettait
presque entièrement au jugement de l'oreille. Ces sortes
de jugements naturels, quelques bizarres qu'ils paraissent quelquefois, ne le sont point, ils ont des causes
très-réelles, dont la connaissance appartient à la philosophie, pourvu qu'elle s'en puisse mettre en possession[1]. »

Sauveur (ou plutôt Fontenelle, l'historien de l'Académie) ajoute plus tard, en revenant sur cette idée, que

[1] *Histoire de l'Académie*, 1700, p. 143.

le terme de l'agrément des accords n'a peut-être pas été fixé par la nature et que ce qu'on appelle une oreille fine est peut-être le résultat d'un long usage, d'anciennes habitudes et de préjugés arbitraires aussi bien que d'une faculté innée ; ce qui explique l'extrême différence du goût des nations pour la musique.

Ces idées profondes ne furent pas développées davantage par celui qui les avait émises, et elles tombèrent dans un oubli complet. Ce n'est que tout récemment que M. Helmholtz, en s'engageant dans cette voie avec toutes les ressources de la science moderne, a dévoilé les principes physiques de l'harmonie.

En étudiant les battements, M. Helmholtz a d'abord constaté que le degré de raucité qu'ils donnent à un intervalle musical, ne dépend pas uniquement de leur fréquence ; ils deviennent moins irritants dans les octaves basses, où le même nombre de battements correspond à un intervalle plus large. Ainsi, la seconde mineure si_3 ut_4 est très-dissonante tandis que la quinte *ut sol* est une consonnance, et pourtant ces deux intervalles donnent l'un comme l'autre 33 battements par seconde. Cette circonstance s'explique par l'écartement plus grand des fibres qui répondent à un intervalle plus large ; le *sol* n'agit plus sur la fibre accordée pour *ut*, et l'*ut* n'ébranle plus la fibre *sol*, d'où il suit que la résonnance est ici impuissante à réunir les deux notes dans la même fibre et d'y faire naître des battements. Au contraire, les notes *si* et *ut* font résonner un grand nombre de fibres en commun, ce qui fait que leurs battements deviennent sensibles pour le nerf acoustique.

Quand on observe des battements avec deux sons dont

l'intervalle est très-grand, le phénomène est dû aux harmoniques, ou bien aux sons résultants. Ainsi, l'ut_2, harmonique d'ut, battra avec toutes les notes dont il se rapproche, par exemple avec le $ré_2$ ou avec le si, lors même que ces notes se feraient entendre comme harmoniques d'un autre son fondamental. Deux sons trop éloignés pour s'atteindre directement, peuvent donc encore se faire la guerre par l'intermédiaire de leurs satellites ; ainsi le mi_3, harmonique d'ut, battra avec le mib_3 qui porte les couleurs du lab. Il peut même arriver bataille sous le même toit ; deux harmoniques de la même note, quand ils se trouvent trop serrés, se prennent à parti ; ainsi les harmoniques 8 et 9, ou 9 et 10, qui ne diffèrent entre eux que d'un ton, battent toujours et troublent l'harmonie intestine du timbre où ils sont un peu prononcés ; leur présence explique la strideur des sons de la trompette ou des voix de basse forcées.

Quand deux sons, d'un timbre quelconque, sont exactement à l'octave, les harmoniques du plus aigu se superposent chacun à un harmonique du plus grave.

UT	1	2	3	4	5	6	7	8	9	10	...
UT$_2$		2		4		6		8		10	...

ut ut_2 sol_2 ut_3 mi_3 sol_3 $la\#_3$ ut_4 $ré_4$ mi_4 ...

Dès lors plus de battements ; mais pour peu que l'accord se trouble, nous en sommes avertis par un grand vacarme que produisent les harmoniques dédoublés. L'ut_2 battra avec l'ut_2 altéré, l'ut_3 avec l'ut_3 faux, et ainsi de suite. Voilà pourquoi l'octave est l'intervalle consonnant par excellence, et celui dont l'oreille apprécie la justesse avec le plus de sûreté. Les battements *virtuels* ou éventuels des harmoniques le caractérisent par leur énergie; le plus léger désaccord se trahit aussitôt par une grande cacophonie. Les autres consonnances sont bien moins caractérisées, comme on va voir. Prenons la douzième 1 : 3; voici l'ordre des deux cortéges :

UT	1	2	3	4	5	6	7	8	9	...
SOL₂			3			6			9	...

$$ut \quad ut_2 \quad sol_2 \cdot ut_3 \quad mi_3 \quad sol_3 \ldots ut_4 \quad ré_4 \ldots$$

La coïncidence des harmoniques a encore lieu ici, mais elle est moins importante. Si l'*ut* est un peu faux, les harmoniques 3, 6, 9 qu'il a en commun avec le *sol₂* se dédoublent et battent; mais ils sont plus faibles que les harmoniques d'ordre moins élevé qui se dédoublent quand l'intervalle de l'octave est altéré; leurs battements sont moins sensibles, la consonnance est donc moins précisée.

Les autres consonnances, quinte, quarte, tierces, etc., renferment déjà des éléments de dissonance; ici les harmoniques ne se superposent qu'en partie; il reste un levain de discorde.

Voici, par exemple, la quinte :

UT	2		4	6	8		10	12	...
SOL		3		6		9		12	...

$$ut \quad sol \quad ut_2 \quad sol_2 \quad ut_3 \quad ré_3 \quad mi_3 \quad sol_3 \quad \ldots$$

Le *sol₂* et le *sol₃* sont à la fois harmoniques d'*ut* et de sol, et coïncident quand la quinte est juste; mais le *ré₃*, du cortége de SOL, peut battre avec l'*ut₃* et le *mi₃* du cortége d'UT. La consonnance de la quinte n'est donc pas absolument pure ; de plus, elle est moins caracté-risée que l'octave, car une quinte fausse fait seulement battre des harmoniques de même rang que ceux qui battent dans une douzième fausse.

On peut faire des remarques analogues sur les autres accords consonnants. Plus il y a d'harmoniques peu élevés qui coïncident, plus l'intervalle est pur et mieux il est caractérisé par les battements éventuels de ces harmoniques.

Dans les intervalles où il existe des harmoniques sus-ceptibles de troubler l'accord, il faut encore tenir compte du rapprochement plus ou moins étroit de ces notes, car les battements seront d'autant plus lents qu'elles seront plus voisines. Nous avons déjà dit que l'impres-sion est surtout désagréable aux environs de trente-trois battements par seconde ; des battements beaucoup plus rapides cessent d'être sensibles ; des battements très-lents, loin de blesser l'oreille, donnent à la musique quelque chose de solennel, ou bien une expression plus mouvementée, tremblante, émue, comme celle du tré-molo de la voix [1]. Il s'ensuit qu'un intervalle sera d'au-tant plus dissonant qu'il offrira un plus grand nombre d'harmoniques peu élevés qui pourront produire *des battements d'une certaine rapidité.*

D'après ces principes, il est facile de calculer *a priori* le degré de pureté de différents intervalles, considérés dans toutes les parties de l'échelle musicale. M. Helm-

---

[1] On trouve en effet dans les orgues modernes un jeu d'anches accou-plées qui battent. L'effet du registre dit *unda maris* repose aussi sur les battements lents.

holtz appelle consonnances *absolues* ou franches les intervalles où l'une des deux notes données coïncide avec un son partiel de l'autre, car, dans ce cas, il y a aussi coïncidence entre tous les harmoniques respectifs. C'est à cette catégorie qu'appartiennent l'unisson, les octaves successives, la douzième, la dix-septième, etc. Les intervalles qui viennent immédiatement après, au point de vue de la pureté, sont d'abord la quinte, puis la quarte, que l'on peut encore qualifier de consonnances parfaites; la sixte et la tierce majeures sont des consonnances moyennes : la tierce et la sixte mineures ne sont plus que des consonnances imparfaites.

Les battements des tierces sont déjà très-sensibles pour les notes graves de l'échelle; aussi ne les a-t-on admises, à titre de consonnances imparfaites, que depuis la fin du douzième siècle. L'emploi de la tierce et de la sixte mineures n'est guère justifié que par les nécessités de la construction des accords.

Si les intervalles sont redoublés, la quinte et la tierce majeure s'améliorent (elles se changent en douzième et en dixième majeure), au contraire, la quarte, la tierce mineure et les sixtes deviennent plus dissonantes.

M. Helmholtz a essayé de mettre en évidence ces phénomènes et les lois qui les règlent au moyen d'une figure qui représente par une courbe très-accidentée le degré relatif de dissonance de deux notes quelconques du violon, calculé d'après l'intensité et la fréquence des battements des sons supérieurs de ces notes en supposant que l'effet est maximum pour 33 battements par seconde (*fig.* 114). Sur une ligne droite par laquelle est représentée une note qui s'éloigne de l'*ut*$_3$ en mon-

tant par degrés insensibles jusqu'à la double octave
ut_5, on voit s'élever la Cordil-
lère du déplaisir. Des vallées
profondes sont indiquées aux
endroits de l'unisson, de la
quinte, de l'octave, de la
douzième et de la double octave ; le Chimborazo de la dissonance existe tout près de l'u-
nisson où le plus léger désaccord produit les battements les
plus sensibles ; des aspérités
plus ou moins prononcées caractérisent les autres régions
dissonantes et des dépressions
plus ou moins fortes, les diverses consonnances.

L'influence des sons résultants est de tout point analogue à celle des sons supérieurs
ou harmoniques. Lors de la
réunion de deux sons accompagnés de leurs harmoniques,
les premiers sons différentiels
ne produisent que des battements identiques à ceux des
harmoniques, et comme ils
sont, en général, beaucoup
plus faibles que ces derniers,
leur considération est peu im-
portante pour la pratique, où nous n'avons affaire qu'à

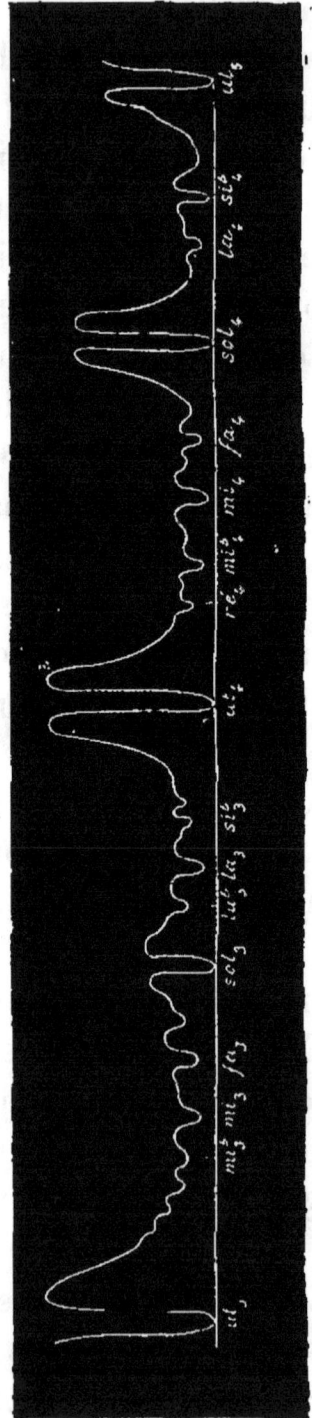

Fig. 114.

des sons musicaux doués d'harmoniques ; mais dès qu'il s'agit de sons simples, il faut recourir aux battements des sons résultants pour rendre compte des dissonances et pour caractériser les consonnances.

Ainsi, le premier son différentiel de l'octave coïncide avec la plus grave des deux notes données, il peut donc battre avec celle-ci dès que l'accord est troublé, et c'est là ce qui nous permet de juger encore de la justesse de l'octave formée de deux notes simples. La quinte, et peut-être aussi la quarte, sont encore caractérisées par les sons résultants, mais les autres intervalles perdent toute netteté, toute décision lorsqu'on n'emploie que des sons simples. C'est là la vraie raison qui fait que les sons dépourvus d'harmoniques sont impropres à la musique d'harmonie ; on ne peut s'en servir que pour renforcer des sons plus riches. Cette remarque s'applique, par exemple, aux tuyaux d'orgue larges et fermés. Lorsqu'on joue sur l'orgue un morceau de musique dans le registre fermé, il n'a plus ni caractère ni énergie ; l'absence des harmoniques est cause que les consonnances se distinguent à peine des dissonances, et cette indécision donne à la musique quelque chose de mou et de faible qui fatigue à la longue. Le timbre de la flûte contient déjà, outre le son fondamental, son octave aiguë et quelquefois la douzième ; les intervalles de l'octave et de la quinte y sont déjà un peu mieux caractérisés, les tierces et les sixtes ne le sont encore que très-faiblement. Aussi connait-on ce dicton, que la pire chose au monde après un solo de flûte, c'est un concert de deux flûtes. Cet instrument devient cependant très-utile lorsqu'il se joint à d'autres qui ont plus d'énergie. On peut dire la même chose de l'harmonium à diapasons.

Les qualités des intervalles musicaux varient donc nécessairement avec le timbre des instruments.

L'analyse du timbre des instruments les plus répandus a montré que l'oreille aime surtout les sons dans lesquels les deux premiers harmoniques (octave et douzième) sont fortement accentués, les deux suivants modérés, et les autres de moins en moins sensibles. En partant de là, il est facile d'expliquer l'effet particulier de chaque instrument et d'établir *a priori* une foule de règles pratiques connues des musiciens.

On le voit, la considération des battements permet d'expliquer le rôle des nombres entiers dans la fixation des intervalles musicaux. La loi de Fourier, en vertu de laquelle tout mouvement sonore est une somme de notes simples, devient ainsi la véritable base du contre-point, puisque les consonnances dérivent de la superposition des sons partiels, et les dissonances de leur antagonisme.

Il nous reste à parler des sons au point de vue de l'effet qu'ils produisent lorsqu'ils sont réunis en musique. Ce sujet empiète sur le domaine de l'esthétique, où nous n'avons plus, pour nous guider, des principes fixes et invariables comme ceux des sciences purement physiques. Les échelles musicales, les modes, etc., se sont développés pas à pas, à travers les siècles, et les changements que le goût des différentes nations y a apportés sont une preuve suffisante du peu de stabilité de leurs fondements. La science du contre-point se base, en partie du moins, sur des lois essentiellement perfectibles, et il serait téméraire d'affirmer qu'elle est arrivée au dernier terme de son développement.

Toutefois, ici encore, nous retrouvons quelques lois générales qui semblent avoir guidé les artistes à leur insu, et qui dérivent naturellement de celles que nous avons établies précédemment. Elles font comprendre la nécessité philosophique des règles auxquelles a conduit un tâtonnement séculaire.

Ainsi la formation des accords multiples repose sur les mêmes principes que celle des intervalles consonnants. Il faut que les trois intervalles entre les trois notes qui composent un accord triple, soient séparément consonnants pour que l'accord le soit aussi. En considérant les intervalles qui existent dans les différents accords, on peut les classer par degrés de consonnance.

La différence des modes majeur et mineur réside peut-être dans les sons résultants qui naissent de la combinaison de trois notes. Dans les accords majeurs, les sons résultants ne sont que des répétitions des notes données dans les octaves plus graves. On trouve que, dans les accords mineurs, il n'en est plus de même; les sons résultants y sortent de l'harmonie et ils forment entre eux des accords majeurs qui accompagnent en sourdine l'accord mineur. Cette intervention d'un élément étranger, et peut-être aussi les battements très-faibles des sons résultants de deuxième ordre, donnent aux accords mineurs quelque chose de voilé et d'indécis que tous les musiciens ont senti sans pouvoir s'en rendre compte.

Dans le tableau qui suit, les accords majeurs et mineurs sont figurés par des blanches, les sons résultants

des notes fondamentales par des noires, les sons résultants dus à la combinaison de notes fondamentales et
d'harmoniques par des croches et par des doubles
croches. Une pause placée après une note signifie que
cette note est un peu plus élevée que le son qu'elle
doit représenter.

Si nous passons à la réunion mélodique des sons,
nous trouvons que la mélodie repose, comme l'harmonie, sur le phénomène des sons supérieurs, en ce
sens que ce sont ces derniers qui déterminent l'affinité des sons entre eux, comme l'affinité des accords
résulte des notes qui leur sont communes. La mélodie
est une suite de sons qui se succèdent d'une manière
agréable à l'oreille. D'après Rameau et d'Alembert,
elle naît de l'harmonie; l'on doit en chercher les effets

dans l'harmonie, exprimée ou sous-entendue, ou plus
particulièrement dans la basse fondamentale sous-
entendue. Mais comme le chant homophone a existé
bien avant la musique polyphone, ou musique d'harmonie, l'histoire nous force à chercher pour la mélodie
une origine indépendante.

Remarquons d'abord que la mélodie est un mouvement qui se traduit par le changement de hauteur des
notes; elle peut imiter toutes les allures diverses des
mouvements mécaniques. Mais l'esprit ne pourrait apprécier ni sentir ces nuances, si la progression n'avait
pas lieu par degrés d'une valeur définie, c'est-à-dire par
intervalles de tons ou demi-tons, et dans un rhythme
déterminé. La mesure nous aide à diviser le temps, la
progression par tons et demi-tons nous permet de fractionner la hauteur des notes, et c'est ainsi que nous
comprenons le mouvement par le rhythme et par la
mélodie. Les sensations que nous fait éprouver le spectacle d'une eau agitée où les vagues se succèdent à
temps égaux, sont d'une nature tout à fait analogue.
Dans la voix du vent, les notes se fondent sans faire de
saut; aussi nous produit-elle une impression pénible et
confuse, à cause de l'absence de toute mesure ou division. La musique, au contraire, a un étalon pour mesurer le mouvement ascendant et descendant des sons,
et cet étalon c'est la gamme.

Mais quelle est la raison qui a fait adopter pour la
gamme les notes dont elle se compose aujourd'hui?
Pourquoi y rencontrons-nous tout d'abord l'octave, la
quinte, la quarte, les tierces? La réponse est facile,
après ce que nous avons dit des sons partiels ou har-

moniques. Le tableau suivant représente les rencontres des harmoniques des intervalles consonnants.

Tonique (1)	1	2	3	4	5	6	7	8	9
Octave (2)	—	2	—	4	—	6	—	8	—
Douzième (3)	—	—	3	—	—	6	—	—	9
Quinte ($\frac{3}{2}$)	—	—	3	—	—	6	—	—	9
Quarte ($\frac{4}{3}$)	—	—	—	4	—	—	—	—	8
Tierce ($\frac{5}{4}$)	—	—	—	—	5	—	—	—	—
Tierce ($\frac{6}{5}$)	—	—	—	—	—	6	—	—	—

L'octave, avec son cortége d'harmoniques, étant contenue dans le timbre de la tonique, il est clair qu'en montant d'octave on ne fait que répéter une partie, une fraction de la tonique. Voilà pourquoi il sera permis de dire, avec Rameau, que l'octave aiguë est une simple réplique, ou mieux, un rappel, un souvenir de la tonique, dont elle reproduit les harmoniques 2, 4, 6... C'est dans ce sens que les octaves successives d'un clavier ne sont que des répétitions de la même gamme.

La douzième étant le 3e son partiel de la tonique, elle est également annoncée par celle-ci, mais moins complétement que l'octave, car elle ne reproduit que les harmoniques 3, 6 ... de la tonique. En l'abaissant d'une octave, nous avons la quinte, dont le 2me son partiel reproduit l'harmonique 3 de la tonique, le 4me l'harmonique 6 de celle-ci, et ainsi de suite. La quinte est donc encore un écho partiel de la tonique, mais en même temps elle apporte des notes nouvelles qui ne sont pas comprises dans cette dernière; elle a donc moins d'affinité pour la tonique que l'octave ou la douzième. L'affinité de la quarte est encore moindre, car ici ce n'est que le 5me son partiel qui coïncide avec le 4me de la tonique. Aussi est-ce d'abord par les quintes que s'accompagnait le dessus du chant polyphone, dans le moyen âge. Les tierces et les sixtes rappellent la tonique d'une manière encore bien moins sensible; elles n'ont été introduites dans l'usage musical qu'à une époque où l'harmonie avait commencé à se développer.

M. Helmholtz appelle affinité du premier degré celle de deux sons qui ont au moins un harmonique de commun; affinité du deuxième degré celle de deux sons qui ont un harmonique de commun avec un troisième son. En partant de là, il réussit à construire d'une manière rationnelle l'échelle diatonique avec des notes qui ont pour la tonique une affinité au premier ou au deuxième degré.

La parenté directe de la tonique *ut* se compose des notes *ut*$_2$, *sol*, *fa*, *la*, *mi* et *mi*^{b}, si nous nous arrêtons aux six premiers harmoniques, les autres étant trop faibles pour caractériser l'affinité. Nous avons alors les gammes :

$$ut - - mi - fa - sol - la - - ut_2$$

ou bien :

$$ut - - mi^b_2 - fa - sol - la - - ut_2$$

car on ne saurait faire entrer dans la même gamme deux notes aussi rapprochées que *mi* et *mi*^{b}. Pour fractionner les deux intervalles trop grands qui existent dans cette série, il faut recourir à la parenté du *sol*, qui se compose des notes *ut*, *ré*, *mi*^{b}, *si*, *ut*$_2$. Le *ré* et le *si* se trou-

vent donc liés à l'*ut* par une affinité du second degré ;
en les intercalant dans les gammes ci-dessus, on obtient
la gamme diatonique

$$ut — ré — mi — fa — sol — la — si — ut_2$$

qui devient la gamme mineure ascendante si nous met-
tons *mi*^b à la place de *mi*. Le *ré*, que l'on prendrait dans
la parenté du *fa*, différerait d'un comma du *ré* déterminé par le *sol*. Ces exemples suffisent pour faire comprendre la marche suivie par M. Helmholtz.

En étudiant les règles de l'harmonie, on s'aperçoit
ensuite que les accords, considérés comme des sons complexes, présentent entre eux les mêmes relations d'affinité que les notes de la gamme, par suite de la coïncidence de quelques-unes de leurs notes. Le rôle capital
de la tonique dans la musique moderne, ou ce que
M. Fétis appelle le principe de la *tonalité*, s'explique
aussi par la nature des sons supérieurs de la tonique.
Ces principes si clairs et si simples ont permis à
M. Helmholtz de déduire, de considérations pour ainsi
dire mathématiques, les règles fondamentales de la
composition.

Toutefois, il faut bien l'avouer, le dernier mot de la
théorie de la musique n'est pas dit ; toutes les déductions de M. Helmholtz ne sont pas hors de conteste.
Ainsi, M. Arthur von Oettingen a critiqué avec beaucoup
de raison l'explication que M. Helmholtz donne de la
différence des modes majeur et mineur, car le phénomène des harmoniques est quelquefois bien peu apparent. M. d'Oettingen cherche cette différence dans les
principes réciproques de la *tonicité* et de la *phonicité*.

La tonicité d'un intervalle ou d'un accord consiste dans la possibilité de le considérer comme un groupe d'harmoniques d'un même son fondamental. C'est ainsi que l'accord majeur se compose avec les harmoniques 4, 5, 6 de la *tonique* ou basse fondamentale 1. La phonicité serait la propriété inverse d'avoir un harmonique en commun : l'accord mineur $\frac{1}{6}$, $\frac{1}{5}$, $\frac{1}{4}$ a le son 1 pour harmonique commun ou *phonique*. L'accord majeur a pour phonique 60, l'accord mineur a pour tonique $\frac{1}{60}$. Les relations peuvent s'exprimer comme il suit :

$\frac{1}{60}$	$-$	$\frac{1}{6}-\frac{1}{5}-\frac{1}{4}$	$-$	∎	$-$	$4-5-6$	$-$	60
Tonique	$-$	Accord mineur	$-$ Phonique	Tonique	$-$	Accord majeur	$-$	Phonique
fa	$-$	*la–ut–mi*	$-$ *mi*	*ut*	$-$	*ut–mi–sol*	$-$	*si*

Les musiciens appellent *ut* la tonique et *sol* la dominante de la gamme d'*ut* majeur, qui peut s'écrire ainsi :

ut	*ré*	*mi*	*fa*	*sol*	*la*	*si*	*ut*
1	$\frac{9}{8}$	$\frac{5}{4}$	$\frac{4}{3}$	$\frac{3}{2}$	$\frac{5}{3}$	$\frac{15}{8}$	2

M. d'Oettingen appelle *mi* la phonique et *la* la régnante de *la* mineur, et écrit cette gamme de la manière suivante :

mi	*fa*	*sol*	*la*	*si*	*ut*	*ré*	*mi*
$\frac{1}{2}$	$\frac{8}{15}$	$\frac{3}{5}$	$\frac{2}{3}$	$\frac{3}{4}$	$\frac{4}{5}$	$\frac{8}{9}$	1

En développant ce dualisme, il obtient la construction parallèle des modes majeur et mineur. Mais nous devons borner là ces détails, qui peut-être déjà fatiguent le lecteur.

S'il est possible ainsi d'établir *a priori* les lois les plus importantes de la musique, quelque grand que soit le résultat au point de vue de la philosophie de l'art, il ne s'ensuit pas que la connaissance de ces lois suffise pour devenir musicien. Il faut ici répéter ce que d'Alembert disait dans la préface de son livre sur la musique : « C'est à la nature à faire le reste; sans elle, on ne composera pas de meilleure musique pour avoir lu ces éléments, qu'on ne fera de bons vers avec le Dictionnaire de Richelet. Ce sont, en un mot, des éléments de musique, et non des éléments de génie que je prétends donner. »

Dans les œuvres d'art que nous admirons, nous devinons instinctivement une loi secrète à laquelle l'artiste a obéi, mais à son insu. C'est dans ce sens qu'il faut prendre le mot si souvent cité de Leibnitz :

Musica est exercitium arithmeticæ occultum nescientis se numerare animi.

Quand la loi est tellement manifeste qu'elle saute aux yeux, nous sentons l'intention, le calcul, et l'œuvre nous laisse froids; car, pour admirer, une condition essentielle est de ne pas comprendre complétement. L'admiration cesse quand on se sent l'égal de l'artiste. C'est la loi inconsciente qui distingue l'œuvre d'art d'une production systématique et calculée; il ne faut donc pas prétendre que la science puisse ou doive parvenir à découvrir et à mettre à nu tous les ressorts secrets de l'esprit créateur.

FIN

OUVRAGES A CONSULTER

ATHANASII KIRCHERI Fuldensis e S. I. presbyteri Musurgia universalis sive Ars magna consoni et dissoni, in X libros digesta. Romæ, MDCL.

ATH. KIRCHERI e Soc. Jesu Phonurgia nova, etc. Campidonæ, MDCLXXIII.

Harmonie universelle, par F. MARIN MERSENNE, de l'ordre des minimes. A Paris, MDCXXXVI.

L. EULER. Tentamen novæ theoriæ musicæ. Petropoli, 1739.

RAMEAU. Démonstration des principes de l'harmonie. Paris, 1750.

D'ALEMBERT. Éléments de musique. Lyon, 1762.

CHLADNI. Die Akustik. Leipzig, 1802. — Neue Beiträge zur Akustik. Leipzig, 1817.

E.-H. et W. WEBER. Wellenlehre. Leipzig, 1825.

ZAMMINER. Die Musik. Giessen, 1855.

H. HELMHOLTZ. Die Lehre von den Tonempfindungen, 2e édition. Brunswick, chez Vieweg et fils, 1865.

FR.-J. PISKO. Die neueren Apparate der Akustik. Avec 96 gravures. Vienne, chez Gerold, 1865. (Ouvrage que nous recommandons d'une manière spéciale à tous ceux qui désirent se familiariser avec les appareils d'acoustique.)

Catalogue des instruments d'acoustique qui se fabriquent chez R. KŒNIG. Paris, 1865.

TABLE DES GRAVURES

TABLE DES MATIÈRES

—

PARIS. — IMP. SIMON RAÇON ET COMP., RUE D'ERFURTH, 1.

www.ingramcontent.com/pod-product-compliance
Lightning Source LLC
Chambersburg PA
CBHW060136200326
41518CB00008B/1047